復刊　基礎数学シリーズ……………………17

微分解析幾何学入門

森本明彦

朝倉書店

小堀　憲
小松醇郎
福原満洲雄
編集

基礎数学シリーズ
編集のことば

近年における科学技術の発展は，極めてめざましいものがある．その発展の基盤には，数学の知識の応用もさることながら，数学的思考方法，数学的精神の浸透が大きい．理工学はじめ医学・農学・経済学など広汎な分野で，数学の知識のみならず基礎的な考え方の素養が必要なのである．近代数学の理念に接しなければ，知識の活用も多きを望めないであろう．

編者らは，このような事実を考慮し，数学の各分野における基本的知識を確実に伝えることを目的として本シリーズの刊行を企画したのである．

上の主旨にしたがって本シリーズでは，重要な基礎概念をとくに詳しく説明し，近代数学の考え方を平易に理解できるよう解説してある．高等学校の数学に直結して，数学の基本を悟り，更に進んで高等数学の理解への大道に容易にはいれるよう書かれてある．

これによって，高校の数学教育に携わる人たちや技術関係の人々の参考書として，また学生の入門書として，ひろく利用されることを念願としている．

このシリーズは，読者を数学という花壇へ招待し，それの観覚に資するとともに，つぎの段階にすすむための力を養うに役立つことを意図したものである．

ま　え　が　き

微分解析幾何学とは，微分幾何学的方法を用いて，解析的多様体ないしは解析空間の研究を主要な目的とする数学の分野であるといってもよいかと思う．当然，その守備範囲は非常に広く，多変数関数論，微分方程式論，代数幾何学，微分位相幾何学等が関連してくる．

本書では，その中の一分野である，複素数空間の中の有界領域の幾何学にまとをしぼって，どのような微分幾何学的手法が用いられるかを明かにすることを試みた．出来る限り self-contained であるようにつとめたので，ベクトル空間，位相空間などについても予備知識を殆んど仮定せず，常微分方程式の解の存在定理，陰関数の定理等もくわしく証明を与えた．

1章から3章までは，多様体への準備であって，4～9章において，多様体とリー群に関する基本的事項の解説を行った．従って，これらをもって，多様体入門と呼んでも差支えないであろう．10章では一変数の関数論に関する知識を若干仮定し，11章では複素多様体について簡単な説明を行った．12～13章では有界領域の正則変換群について述べ，14章において，2変数等質有界領域が対称領域になるというE．カルタンの定理の証明を試みる．

なお，微分幾何学の教科書には必ず登場するリーマン幾何学および微分型式ないしテンソルについての解説は（その方面の文献は豊富であるので）一切割愛し，用いないことにした．主なる武器はベクトル場であるといってよい．

終りに，本書を書くようにおすすめ戴いた小松醇郎先生に感謝の意を表したい．

1972年4月

著　者

目　　次

1. 可微分関数

n 個の変数をもった(微分のできる)関数についての基本的な性質を調べるのがこの章の目標である．導関数の記号を簡略にして取扱いを容易にするため，いくつかの記号を導入する．

実数全体からなる集合を $\boldsymbol{R}$, 整数全体からなる集合を $\boldsymbol{Z}$ であらわす．

n 個の実数(順序のついた)の組 $(x_1, \cdots, x_n)$ 全体からなる集合を $\boldsymbol{R}^n$ であらわす．従って，$\boldsymbol{R}^1=\boldsymbol{R}$ は実数直線，$\boldsymbol{R}^2$ は平面，$\boldsymbol{R}^3$ は3次元空間をあらわすと思ってよい．$x=(x_1, \cdots, x_n)\in\boldsymbol{R}^n$ に対して，

$$(1.1)\qquad \begin{aligned}|x|&=\mathrm{Max}\,\{|x_j|\,;\,j=1, \cdots, n\},\\ \|x\|&=(|x_1|^2+\cdots+|x_n|^2)^{1/2}\end{aligned}$$

とおく．また，$x, y\in\boldsymbol{R}^n$, $a\in\boldsymbol{R}$ に対し

$$(1.2)\qquad \begin{aligned}x+y&=(x_1+y_1, x_2+y_2, \cdots, x_n+y_n),\\ a\cdot x&=(ax_1, ax_2, \cdots, ax_n)\end{aligned}$$

によって"和" $x+y$, "スカラー倍" $a\cdot x$ を定義する．

$\boldsymbol{R}^n$ の点列 $\{x^{(\nu)}|\nu=1,2,\cdots\}$ に対し $x^{(0)}\in\boldsymbol{R}^n$ が存在して $\lim_{\nu\to\infty}|x^{(\nu)}-x^{(0)}|=0$ となるとき，$x^{(\nu)}$ は $x^{(0)}$ に収束すると言い，$x^{(\nu)}\to x^{(0)}$ $(\nu\to\infty)$ または $\lim_{\nu\to\infty}x^{(\nu)}=x^{(0)}$ であらわす．

点 $x\in\boldsymbol{R}^n$ と正数 r に対し，

$$(1.3)\qquad \begin{aligned}U(x, r)&=\{y|y\in\boldsymbol{R}^n, |x-y|<r\},\\ B(x, r)&=\{y|y\in\boldsymbol{R}^n, \|x-y\|<r\}\end{aligned}$$

とおき，$U(x, r)$ を x の r **近傍**，$B(x, r)$ を x を中心とする r **開球**(open r-ball)とよぶ．

$\boldsymbol{R}^n$ の部分集合 Ω が**開集合**(open set)であるとは，Ω の任意の点 x に対し，正数 r を十分小にとると，$U(x, r)\subset\Omega$ となるときを言う．もちろん r は x に関係してよい．x を含む開集合を x の**近傍**とよぶ．

$\boldsymbol{R}^n$ の部分集合 F が**閉集合**(closed set)であるとは F の補集合 $\boldsymbol{R}^n-F$ が

開集合であるときを言う.

$\boldsymbol{R}^n$ の部分集合 B が**有界集合**(bounded set)であるとは，ある正数 K があって $B\subset U(0,K)$ となるときを言う．ただし，0 は $\boldsymbol{R}^n$ の原点 $(0,\cdots,0)$をしめす.

$\boldsymbol{R}^n$ の開集合Ωで定義された関数 $f(x_1,\cdots,x_n)$ が導関数 $\partial^{\alpha_1+\cdots+\alpha_n}f/\partial x_1{}^{\alpha_1}\cdots\partial x_n{}^{\alpha_n}$ をもつとき，これを

(1.4) $$\partial^\alpha f=\left(\frac{\partial}{\partial x_1}\right)^{\alpha_1}\cdots\left(\frac{\partial}{\partial x_n}\right)^{\alpha_n}f$$

であらわす．ただし，$\alpha=(\alpha_1,\cdots,\alpha_n)$ は整数 $\alpha_i\geq 0$ の組をあらわす．このような α に対しては

(1.5) $$\alpha!=\alpha_1!\alpha_2!\cdots\alpha_n!,\qquad |\alpha|=\alpha_1+\cdots+\alpha_n$$

とおく．$\beta=(\beta_1,\cdots,\beta_n)$ も整数 $\beta_i\geq 0$ の組であって，$\beta_j\leq\alpha_j$ $(j=1,\cdots,n)$であるとき（$\beta\leq\alpha$ と書き），

(1.6) $$\binom{\alpha}{\beta}=\frac{\alpha!}{\beta!(\alpha-\beta)!}$$

によって“2項係数”$\binom{\alpha}{\beta}$が定義される.

また，$x=(x_1,\cdots,x_n)\in\boldsymbol{R}^n$ に対し，

(1.7) $$x^\alpha=(x_1)^{\alpha_1}\cdots(x_n)^{\alpha_n}$$

とおく.

1.1　C^r 級関数

Ω を $\boldsymbol{R}^n$ の開集合とし，$r\geq 0$ を整数とする.

定義 1.1　Ω で定義された実数値関数 $f(x_1,\cdots,x_n)$ が Ω 上の C^r 級可微分関数，または単に **C^r 関数**であるとは偏導関数 $\partial^\alpha f$ が，すべての $|\alpha|\leq r$ に対して存在し，かつ $\partial^\alpha f$ は Ω 上の連続関数であるときを言う.

Ω 上の C^r 関数 f 全体からなる集合を $C^r(\Omega)$ であらわす．$C^0(\Omega)$ は Ω 上の連続関数全体からなる集合である．つぎに

$$C^\infty(\Omega)=\bigcap_{r=1}^{\infty}C^r(\Omega)$$

とおく．$C^\infty(\Omega)$ の元 f は Ω 上の C^∞ 級可微分関数，または $\boldsymbol{C^\infty}$ **関数**とよぶ．即ち，f は Ω 上で何回でも偏微分できるとき，C^∞ 関数とよぶのである．

$f, g \in C^r(\Omega)$ に対し，関数 $f+g$ も C^r 関数であることは明かであるが，積 $f\cdot g$ に関し次の公式が成立つ．

命題 1.1 $f, g \in C^r(\Omega)$ ならば $f\cdot g \in C^r(\Omega)$ であって，$|\alpha| \leq r$ に対し，

$$\partial^\alpha(f\cdot g) = \sum_{\alpha\geq\beta}\binom{\alpha}{\beta}\partial^\beta f\cdot\partial^{\alpha-\beta}g. \tag{1.8}$$
（**ライプニッツ**(Leibniz)**公式**）

証明 $|\alpha|$ に関する帰納法で証明する．$\delta_i=(0,\cdots,0,1,0,\cdots,0)$ (i 番目以外 0) とおくと，$|\alpha|=1$ のときは，$\alpha=\delta_i$ であるから，(1.8) は $\dfrac{\partial}{\partial x_i}(f\cdot g)=\dfrac{\partial f}{\partial x_i}\cdot g+f\cdot\dfrac{\partial g}{\partial x_i}$ となって成立する．$|\alpha|=s$ のとき成立するとして，$|\alpha|=s+1$ のとき (1.8) を証明すればよい．

$\alpha'=\alpha+\delta_i$, $|\alpha|=s$ としよう．

$$\begin{aligned}
\partial^{\alpha'}(f\cdot g) &= \partial^{\delta_i}(\partial^\alpha(f\cdot g)) \\
&= \sum\binom{\alpha}{\beta}\{(\partial^{\delta_i}\partial^\beta f)\cdot\partial^{\alpha-\beta}g+\partial^\beta f\cdot(\partial^{\delta_i}\cdot\partial^{\alpha-\beta}g)\} \\
&= \sum\binom{\alpha}{\beta}\partial^{\beta+\delta_i}f\cdot\partial^{\alpha-\beta}g+\sum\binom{\alpha}{\beta}\partial^\beta f\cdot\partial^{\alpha+\delta_i-\beta}g \\
&= \sum_{\alpha'\geq\beta\geq\delta_i}\binom{\alpha}{\beta-\delta_i}\partial^\beta f\cdot\partial^{\alpha+\delta_i-\beta}g+\sum_{\alpha\geq\beta}\binom{\alpha}{\beta}\partial^\beta f\cdot\partial^{\alpha+\delta_i-\beta}g \\
&= \sum_{\alpha'\geq\beta}\binom{\alpha+\delta_i}{\beta}\partial^\beta f\cdot\partial^{\alpha'-\beta}g=\sum_{\alpha'\geq\beta}\binom{\alpha'}{\beta}\partial^\beta f\cdot\partial^{\alpha'-\beta}g.
\end{aligned}$$

よって帰納法が完結した． （証終）

定義 1.2 Ω から $\boldsymbol{R}^m$ の開集合 Ω' への写像 $f:\Omega\to\Omega'$ に対して，$f(x)=(f_1(x),\cdots,f_m(x))$ $(x\in\Omega)$ と $f(x)$ をその成分 $f_i(x)$ であらわすことによって，Ω 上の関数 $f_i(x)$ $(i=1,2,\cdots,m)$ がきまる．$f_i\in C^r(\Omega)$ $(i=1,2,\cdots,m)$ であるとき，写像 f は C^r 級可微分写像，または単に $\boldsymbol{C^r}$ **写像**(C^r-map)とよぶ．Ω から Ω' への C^r 写像全体からなる集合を $C^r(\Omega,\Omega')$ であらわす．

定義 1.3 Ω_1, Ω_2 を $\boldsymbol{R}^n$ の開集合とする．$f\in C^r(\Omega_1,\Omega_2)$ が Ω_1 から Ω_2 への C^r 級微分同型写像，略して $\boldsymbol{C^r}$ **同型**(C^r-diffeomorphism)であるとは，ある $g\in C^r(\Omega_2,\Omega_1)$ が存在して，$f\circ g=1_{\Omega_2}$，$g\circ f=1_{\Omega_1}$ が成立つときを言う．

ただし，1_Ω は Ω の恒等写像をあらわす．C^0 同型のことを**位相同型写像**(homeomorphism)と言う．

定義 1.4　R^n の開集合 Ω_1，Ω_2 に対し，少くとも1つの C^r 同型 $f \in C^r(\Omega_1, \Omega_2)$ が存在するとき，Ω_1 と Ω_2 とは $\boldsymbol{C^r}$ **同型**(C^r-diffeomorphic)であると言う．

1.2　テーラーの公式

まず，1変数のテーラーの公式から始めよう．正数 ε に対し，$\Omega_\varepsilon=\{t|t\in \boldsymbol{R}, -\varepsilon<t<1+\varepsilon\}$ とおくと，Ω_ε は $\boldsymbol{R}^1$ の開集合である．

関数 $f\in C^r(\Omega_\varepsilon)$ $(r\geq 1)$ をとる．

命題 1.2　$0\leq\xi\leq 1$ なる実数 ξ が存在し，

$$f(1)=\sum_{\nu=0}^{r-1}\frac{f^{(\nu)}(0)}{\nu!}+\frac{f^{(r)}(\xi)}{r!} \tag{1.9}$$

が成立つ．ただし，$f^{(\nu)}(t)=d^\nu f/dt^\nu$ $(\nu=0,1,\cdots,r)$．

証明　一般に $g\in C^0(\Omega_\varepsilon)$ に対し，関数 $I_k g$ $(k=0,1,\cdots)$ を

$$(I_0 g)(t)=g(t), \qquad (I_k g)(t)=\int_0^t (I_{k-1}g)(s)ds \quad (k=1,2,\cdots)$$

によって定義する．

もし，$g\in C^r(\Omega_\varepsilon)$，$g^{(\nu)}(0)=0$ $(0\leq\nu\leq r-1)$ ならば，$g=I_r g^{(r)}$ が成立つことが容易にたしかめられる(r に関する帰納法)．いま，

$$g(t)=f(t)-\sum_{\nu=0}^{r-1}\frac{f^{(\nu)}(0)}{\nu!}t^\nu \tag{1.10}$$

とおくと，明かに $g\in C^r(\Omega_\varepsilon)$，かつ $g^\nu(0)=0$ $(0\leq\nu\leq r-1)$ をみたす．また，$g^{(r)}=f^{(r)}$ でもあるから

$$g(1)=(I_r g^{(r)})(1)=(I_r f^{(r)})(1). \tag{1.11}$$

ところで，$m=\mathrm{Min}\{f^{(r)}(t)|0\leq t\leq 1\}$，$M=\mathrm{Max}\{f^{(r)}(t)|0\leq t\leq 1\}$ とおくと

$$m\leq f^{(r)}(t)\leq M \qquad (0\leq t\leq 1).$$

したがって，積分することによって，

$$mt\leq (I_1 f^{(r)})(t)\leq Mt \qquad (0\leq t\leq 1).$$

よって帰納法により

$$\frac{mt^r}{r!} \le (I_r f^{(r)})(t) \le \frac{Mt^r}{r!} \qquad (0 \le t \le 1),$$

特に $m \le r!(I_r f^{(r)})(1) \le M$ が成立つ．

一方，$f^{(r)}$ は区間 $[0,1]=\{t\in \boldsymbol{R} | 0\le t\le 1\}$ 上の連続関数であるから，中間値の定理により

(1.12)
$$f^{(r)}(\xi) = r! \cdot (I_r f^{(r)})(1)$$

をみたす $\xi \in [0,1]$ が存在するはずである．

(1.10)，(1.11)，(1.12) より (1.9) が得られる．　(証終)

定理 1.1　Ω を $\boldsymbol{R}^n$ の開集合とし，$f\in C^r(\Omega)$ $(r\ge 1)$ とする．2点 $x, y \in \boldsymbol{R}^n$ をとり，x と y を結ぶ線分 $L=\{t\cdot x+(1-t)\cdot y | 0\le t\le 1\}$ ((1.2)参照) が Ω に含まれるとする．

このとき，ある点 $\xi \in L$ が存在して，

(1.13)
$$f(x) = \sum_{|\alpha|\le r-1} \frac{1}{\alpha!}(\partial^\alpha f)(y)\cdot(x-y)^\alpha + \sum_{|\alpha|=r} \frac{1}{\alpha!}(\partial^\alpha f)(\xi)\cdot(x-y)^\alpha$$

(テーラー(Taylor)の公式)

が成立つ．

証明　Ω は $\boldsymbol{R}^n$ の開集合であるから，$\varepsilon>0$ を十分小にとれば，$L_\varepsilon=\{t\cdot x+(1-t)\cdot y | -\varepsilon<t<1+\varepsilon\}$ も Ω に含まれる．いま，$g(t)=f(t\cdot x+(1-t)\cdot y)$ $(-\varepsilon<t<1+\varepsilon)$ とおくと，$g\in C^r(\Omega_\varepsilon)$ である．ところで，$x_t=t\cdot x+(1-t)\cdot y$ とおけば，n 変数関数の合成関数の微分の公式より

$$\frac{d^\nu g}{dt^\nu} = \sum_{|\alpha|=\nu} (\partial^\alpha f)(x_t)\cdot(x-y)^\alpha \qquad (0\le \nu\le r)$$

が成立つことが容易にたしかめられる．よって命題 1.2 を g に対し適用すると (1.13) が得られる．　(証終)

次の命題は第4章において用いられる．

命題 1.3　$x_0\in \boldsymbol{R}^n$ の ε 近傍 $U(x_0, \varepsilon)$ ((1.3) 参照) を Ω とする．このとき，$f\in C^r(\Omega)$ に対し，$g_i \in C^r(\Omega)$ が存在し

$$f(x) = f(x_0) + \sum_{i=1}^{n} (x_i - a_i) g_i(x)$$

が $x\in\Omega$ に対し成立つ．ただし，$x_0=(a_1,\cdots,a_n)$．

証明
$$g_i(x)=\int_0^1 f_i(x_0+t(x-x_0))\,dt \qquad (x\in\Omega)$$
とおく．ただし，$f_i=\partial f/\partial x_i$ $(i=1,2,\cdots,n)$．
$$\int_0^1 \frac{\partial}{\partial t} f(x_0+t(x-x_0))\,dt=f(x)-f(x_0)$$
であるから
$$\begin{aligned}f(x)&=f(x_0)+\int_0^1 \frac{\partial}{\partial t} f(x_0+t(x-x_0))\,dt\\&=f(x_0)+\sum\int_0^1 (x_i-a_i)\frac{\partial f}{\partial x_i}(x_0+t(x-x_0))\,dt\\&=f(x_0)+\sum(x_i-a_i)g_i(x).\end{aligned}$$
（証終）

1.3 C^∞ 級関数の構成

この節では，$\boldsymbol{R}^n$ の開集合 Ω に対し $C^\infty(\Omega)$ が十分たくさんの関数を含むことを見よう．

補題 1.1 任意の正数 $a,b(a>b)$ に対し，$f\in C^\infty(\boldsymbol{R})$ であって，

(1.14)
$$f(t)=\begin{cases}1, & |t|\le b,\\ 0, & |t|\ge a,\end{cases}$$

かつ $0\le f(t)\le 1$ $(t\in\boldsymbol{R})$ をみたすものが存在する．

証明 $\boldsymbol{R}$ 上の関数 $h(t)$ を
$$h(t)=\begin{cases}e^{-1/t^2}, & t>0,\\ 0\ , & t\le 0\end{cases}$$
によって定義すると，$h\in C^\infty(\boldsymbol{R}^1)$ であることがわかる．$h(t)+h(1-t)>0$ $(t\in\boldsymbol{R})$ であるから $g(t)=h(t)/\{h(t)+h(1-t)\}$ によって関数 g が定義できる．容易に，$g\in C^\infty(\boldsymbol{R})$ であって，$g(t)=1$ $(t\ge 1)$，$g(t)=0$ $(t\le 0)$，かつ $0\le g(t)\le 1$ をみたすことがわかる．
$$f(t)=g\left(\frac{a+t}{a-b}\right)\cdot g\left(\frac{a-t}{a-b}\right)$$
とおけば，$f\in C^\infty(\boldsymbol{R})$ であって，f は求めるものであることがたしかめられ

る． (証終)

系 1.1 任意の正数 a, b $(a>b)$ と任意の点 $x\in \boldsymbol{R}^n$ に対し，$\eta\in C^\infty(\boldsymbol{R}^n)$ であって

$$\eta(y)=\begin{cases}1, & y\in B(x,b),\\ 0, & y\notin B(x,a),\end{cases}$$

かつ $0\leq \eta(y)\leq 1$ $(y\in \boldsymbol{R}^n)$ をみたすものが存在する．

証明 補題 1.1 により，$f\in C^\infty(\boldsymbol{R})$ であって

$$f(t)=\begin{cases}1, & |t|\leq b^2,\\ 0, & |t|\geq a^2,\end{cases}$$

かつ $0\leq f\leq 1$ をみたすものがとれる．いま

$$\eta(y)=f\left(\sum_{i=1}^{n}(x_i-y_i)^2\right)$$

によって関数 η を定義すれば，η が求めるものであることが容易にたしかめられる． (証終)

定理 1.2 K を $\boldsymbol{R}^n$ の有界閉集合とし，U は $\boldsymbol{R}^n$ の開集合であって，$U\supset K$ をみたすものとする．

このとき，$f\in C^\infty(\boldsymbol{R}^n)$ であって

$$f(x)=\begin{cases}1, & x\in K,\\ 0, & x\notin U,\end{cases} \tag{1.15}$$

かつ $0\leq f\leq 1$ をみたすものが存在する．

証明 K の点 x をとると，$x\in U$ であるから ε_x を十分小さい正数とすると

$$B(x,\varepsilon_x)\subset U$$

とできる((1.3) 参照)．明かに $K\subset \bigcup\left\{B\left(x,\frac{\varepsilon_x}{2}\right); x\in K\right\}$ が成立つ．K は有界閉集合であるから，ハイネ-ボレル(Heine-Borel)の定理により，有限個の点 $x^{(1)},\cdots,x^{(N)}\in K$ が存在し

$$K\subset \bigcup_{i=1}^{N}B(x^{(i)},b_i)$$

(ただし，$b_i=\varepsilon_{x^{(i)}}/2$) が成立つ．$a_i=2b_i=\varepsilon_{x^{(i)}}$ とおき，$a_i, b_i, x^{(i)}$ に対し，系 1.1

を適用すると，$\eta_i \in C^\infty(\boldsymbol{R}^n)$ が存在して，

$$\eta_i(y)=\begin{cases}1, & y\in B(x^{(i)}, b_i),\\ 0, & y\notin B(x^{(i)}, a_i),\end{cases}$$

かつ $0\leq\eta_i\leq 1$ をみたす．いま，

$$f=1-(1-\eta_1)(1-\eta_2)\cdots(1-\eta_N)$$

とおくと，$f\in C^\infty(\boldsymbol{R}^n)$ であって，$0\leq f\leq 1$ をみたす．f が (1.15) をみたすことを証明しよう．

まず，$x\in K$ なら，$x\in B(x^{(i)}, b_i)$ となる i がある．この i に対し，$\eta_i(x)=1$．よって $f(x)=1$.

もし，$x\notin U$ なら，すべての i に対し $x\notin B(x^{(i)}, a_i)$ である．よって $\eta_i(x)=0$ がすべての $i=1,\cdots,N$ に対し成立つから $f(x)=0$ である．　　(証終)

定義 1.5　一般に写像 $f:\Omega\to\Omega'$ (Ω, Ω' は任意の集合)に対し，f の定義域を Ω の部合集合 A に制限した写像を $f|A$ であらわす．即ち，写像

$$f|A: A\to\Omega'$$

は $(f|A)(a)=f(a)$ $(a\in A)$ で定義される．場合によっては $f|A$ を同じ記号 f であらわしたり，値域 Ω' の方も $f(A)$ に制限して $f|A$ を A から $f(A)$ への写像と考えたりする．これらは文章の前後関係で判断できる．

集合 A の**恒等写像**(identity map)を $1_A: A\to A$ であらわす: $1_A(x)=x$ $(x\in A)$.

1.4　逆写像の定理

定義 1.6　Ω を $\boldsymbol{R}^n$ の開集合とし，$f\in C^1(\Omega, \boldsymbol{R}^m)$ とする(定義 1.2)．$f(x)=(f_1(x),\cdots,f_m(x))$ とする．

$x\in\Omega$ に対し，$m\times n$ 行列 $(\partial f_j/\partial x_k)$ を f の x における**ヤコビ行列**とよび，$J_f(x)$ であらわす．

Ω' を $\boldsymbol{R}^m$ の開集合，Ω'' を $\boldsymbol{R}^l$ の開集合とすると，$f\in C^1(\Omega, \Omega')$，$g\in C^1(\Omega', \Omega'')$ に対し

$$J_{g\circ f}(x)=J_g(f(x))\cdot J_f(x) \qquad (x\in\Omega) \tag{1.16}$$

が成立つ.

特に $m=n$ のとき $J_f(x)$ の行列式を f の x におけるヤコビアン(Jacobian)とよぶ.

定理 1.3 $f\in C^1(\Omega, \boldsymbol{R}^n)$ の x におけるヤコビアンが 0 でなければ, x の十分小さい ε 近傍 U をとると $f(U)$ は $\boldsymbol{R}^n$ の開集合であって,

$$f|U: U\to f(U)$$

は位相同型である.

証明 $x, f(x)$ はともに $\boldsymbol{R}^n$ の原点 0 であるとしてよい(必要ならば, $\boldsymbol{R}^n$ の平行移動を行えばよい).

ヤコビ行列 $A=J_f(0)$ は $\boldsymbol{R}^n$ から $\boldsymbol{R}^n$ への写像とも考えられるから, 写像 $g=A^{-1}\circ f$ が考えられる. ただし, A^{-1} は A の逆行列($\det A\neq 0$ であるから逆行列がある)である. (1.16) を用いると, 容易に $J_g(0)=E_n$ (n 次単位行列)であることがわかるから, f の代りに g を考えることにして, 初めから $J_f(0)=E_n$ であるとしてよい.

写像 $g:\Omega\to\boldsymbol{R}^n$ を

$$g(x)=f(x)-x, \qquad x\in\Omega \tag{1.17}$$

で定義すると, $J_g(0)=0$ (ゼロ行列), 即ち $(\partial g_j/\partial x_i)(0)=0$ $(i, j=1, \cdots, n)$ が成立つ. ところが $\partial g_j/\partial x_i$ は連続関数であるから, $r>0$ を十分小にとれば, $W=U(0, r)$ とおくと, $W\subset\Omega$ かつ, $|\partial g_j/\partial x_i|\leq 1/2$ $(x\in W)$ をみたすようにできる. テーラーの公式 (1.13) を g_j に用いると ($r=1$ として)

$$|g(x)-g(y)|\leq\frac{1}{2}|x-y| \qquad (x, y\in W) \tag{1.18}$$

が成立つ. よって

$$|f(x)-f(y)|\geq\frac{1}{2}|x-y| \qquad (x, y\in W)$$

が成立つ. よって写像 $f: W\to\boldsymbol{R}^n$ は**単射**(injective), 即ち, $x, y\in W$, $x\neq y$ ならば $f(x)\neq f(y)$ である.

$$V=U\left(0, \frac{1}{2}r\right), \qquad U=W\frown f^{-1}(V)$$

とおく，ただし $f^{-1}(V)=\{x\in\Omega\,|\,f(x)\in V\}$.

つぎに，上の g を用いて，写像 $\varphi_\nu: V\to \boldsymbol{R}^n$ $(\nu=0,1,\cdots)$ を $\varphi_0(y)=0$ $(y\in V)$,

$$(1.19)\qquad \varphi_\nu(y)=y-g(\varphi_{\nu-1}(y))\qquad (\nu\geq 1, y\in V)$$

によって定義したい．そのためまず

$$\varphi_\nu(V)\subset W\qquad (\nu\geq 0)$$

であることを，帰納法でしめそう．

$\nu=0$ なら，$\varphi_0(V)=\{0\}\subset W$ で明か．$\varphi_{\nu-1}(V)\subset W$ が言えたとすると，任意の $x\in V$ に対し $\varphi_{\nu-1}(x)\in W$ であるから (1.18) によって $|g(\varphi_{\nu-1}(x))|\leq\dfrac{1}{2}|\varphi_{\nu-1}(x)|\leq\dfrac{1}{2}r$. ゆえに，$|\varphi_\nu(x)|=|x-g(\varphi_{\nu-1}(x))|\leq|x|+\dfrac{1}{2}r\leq r$. したがって，$\varphi_\nu(x)\in W$ となって $\varphi_\nu(V)\subset W$ がしめされた．

つぎに，$y\in V$, $\nu\geq 2$ に対し

$$\varphi_\nu(y)-\varphi_{\nu-1}(y)=g(\varphi_{\nu-1}(y))-g(\varphi_{\nu-2}(y))$$

であるから，(1.18) をくりかえし用いることにより

$$(1.20)\qquad |\varphi_\nu(y)-\varphi_{\nu-1}(y)|\leq\frac{r}{2^\nu}\qquad (\nu\geq 2)$$

であることがわかる．点 $\varphi_\nu(y)$ の i 座標を $\varphi_\nu^{(i)}(y)$ とすると，(1.20) より

$$|\varphi_\nu^{(i)}(y)-\varphi_{\nu-1}^{(i)}(y)|\leq\frac{r}{2^\nu}\qquad (\nu\geq 2)$$

が成立つから，関数列 $\{\varphi_\nu^{(i)}\}_{\nu=1,2,\cdots}$ は V 上のある関数 $\varphi^{(i)}$ へ一様収束する．即ち，任意の $\varepsilon>0$ に対し自然数 N が存在して，$|\varphi_\nu^{(i)}(y)-\varphi^{(i)}(y)|<\varepsilon$ がすべての $y\in V$, $\nu\geq N$ に対し成立つ．$\varphi_\nu^{(i)}$ は連続関数であったから $\varphi^{(i)}$ も連続である．ゆえに，$\varphi(y)=(\varphi^{(1)}(y),\cdots,\varphi^{(n)}(y))$ によって写像 $\varphi\in C^0(V,\boldsymbol{R}^n)$ が定義できる．

また，(1.19) において $\nu\to\infty$ とすれば

$$(1.21)\qquad \varphi(y)=y-g(\varphi(y)),\qquad y\in V$$

が成立つ．さて，

$$(1.22)\qquad \varphi(V)\subset W$$

であることをしめそう．$y \in V$ をとると，

$$|g(\varphi(y))| = \lim_{\nu\to\infty} |g(\varphi_\nu(y))| \le \frac{1}{2} r.$$

よって，(1.21) により

$$|\varphi(y)| \le |y| + |g(\varphi(y))| < \frac{1}{2} r + \frac{1}{2} r = r.$$

即ち，$\varphi(y) \in W$ である．

(1.17)，(1.21) と (1.22) により，$y \in V$ に対し

$$f(\varphi(y)) = \varphi(y) + g(\varphi(y)) = y$$

が成立つ．よって写像 $f: U \to V$ は**全射**(surjective)すなわち $f(U)=V$ であることと，$f^{-1}=\varphi$ であることがわかり，f は位相同型写像であることが証明された． (証終)

注意 1.1 実は $\varphi \in C^1(V, \boldsymbol{R}^n)$ であることが第2章で証明される．これを逆写像の定理と言う．$n=1$ の場合，いわゆる逆関数の定理である．

1.5 微分方程式の解

この節では，あとの章で用いられる常微分方程式の解の存在とその性質についてのべる．

一般に，集合 A，B に対し，集合 $A \times B$ を $A \times B = \{(a, b); a \in A, b \in B\}$ で定義し，A と B との**直積集合**(direct product)とよぶ．3つ以上の集合の直積も同様に定義される．

定義 1.7 $\boldsymbol{R}^n$ の部分集合 Ω をとり，写像 $g: \Omega \to \boldsymbol{R}^p$ を考える．ある部分集合 $S \subset \Omega$ に対し，正数 M が存在して，$\|g(x)-g(y)\| \le M\|x-y\|$ がすべての $x, y \in S$ に対し成立つとき，写像 g は S 上で**リプシッツ条件**(Lipschitz condition)，略して (L) 条件をみたすと言い，M を g の S 上での1つの**リプシッツ定数**，略して (L) 定数と言う．

定義 1.8 部分集合 $\Omega \subset \boldsymbol{R}^n$，$\Omega' \subset \boldsymbol{R}^m$ をとり，写像 $f: \Omega \times \Omega' \to \boldsymbol{R}^p$ を考える．$x' \in \Omega'$ に対し，写像 $g_{x'}: \Omega \to \boldsymbol{R}^p$ を $g_{x'}(x) = f(x, x')$ $(x \in \Omega)$ によって定義する．部分集合 $S \subset \Omega$，$S' \subset \Omega'$ に対し，写像 $g_{x'}$ $(x' \in S')$ が S 上で

(L) 条件をみたすとき，即ち正数 $M_{x'}$ が存在して

$$\|f(x,x')-f(y,x')\|\leq M_{x'}\|x-y\|$$

がすべての $(x,x'),(y,x')\in S\times S'$ に対して成り立つとき，写像 f は $S\times S'$ 上で $x\in\Omega$ について (L) 条件をみたすと言う．さらに，(L) 定数 $M_{x'}$ が $x'\in S'$ に無関係にとれるとき，写像 f は $S\times S'$ 上で $x\in\Omega$ についての (L) 条件を $x'\in S'$ に関して一様にみたすと言う．即ち，$\|f(x,x')-f(y,x')\|\leq M\|x-y\|$ が $(x,x'),(y,x')\in S\times S'$ に対し成立つような $M>0$ が存在するときである．

注意 1.2 Ω,Ω' を $\boldsymbol{R}^n,\boldsymbol{R}^m$ の開集合とし，$f\in C^k(\Omega\times\Omega',\boldsymbol{R}^p)$ $(k\geq 1)$ とすれば，任意の有界閉集合 $K\subset\Omega$，$K'\subset\Omega'$ に対し，f は $K\times K'$ 上で $x\in\Omega$ についての (L) 条件を $x'\in\Omega'$ に関して一様にみたす．何故なら，テーラーの公式 (1.13) を $k=1$ に対し適用すれば $\|f(x,x')-f(y,x')\|\leq M\|x-y\|$ $((x,x'),(y,x')\in K\times K')$ をみたす $M>0$ の存在が容易にたしかめられるからである．

定理 1.4 Ω,Ω' は $\boldsymbol{R}^n,\boldsymbol{R}^m$ の開集合とし，I は 0 を含む開区間 $\{t|a<t<b\}$ とする．$f\in C^0(\Omega\times I\times\Omega',\boldsymbol{R}^n)$ をとり，f は次の条件をみたすとする：

$\boldsymbol{R}^n,\boldsymbol{R}^m$ の有界閉集合 K,K' であって，$K\subset\Omega$，$K'\subset\Omega'$ なるものに対しては，f は $K\times I\times K'$ 上で $x\in\Omega$ についての (L) 条件を $(t,\alpha)\in I\times K'$ に関し一様にみたす．

このとき，任意の $x_0\in\Omega$ と $K'\subset\Omega'$ に対し，$0\in\boldsymbol{R}$ の ε 近傍 $I_0=\{t|\,|t|<\varepsilon\}\subset I$ が存在して，すべての $\alpha\in K'$ に対し，I_0 から Ω への C^1 写像 $t\to x(t,\alpha)$ であって，

$$(1.23)\qquad \begin{cases}\dfrac{\partial x}{\partial t}(t,\alpha)=f(x(t,\alpha),t,\alpha), & t\in I_0\\ x(0,\alpha)=x_0\end{cases}$$

をみたすものが，ただ1つ存在する．さらに，写像 $(t,\alpha)\to x(t,\alpha)$ は $I_0\times K'$ から Ω への連続写像である．

証明 f に対する (L) 条件より正数 M が存在して，

$$\|f(x,t,\alpha)-f(y,t,\alpha)\|\leq M\|x-y\|$$

が $x,y\in K$, $t\in I$, $\alpha\in K'$ に対して成立つ．正数 r を十分小にとって

$$\Omega_0=B(x_0,r)\subset\{x\in\boldsymbol{R}^n\,|\,\|x-x_0\|\leq r\}=K\subset\Omega$$

をみたすようにする．つぎに，$C>0$ を十分大にとって，$\Omega_0\times I'\times K'$ の上では $\|f\|<C$ であるとする．ただし，I' は I に含まれる 0 の近傍とする．$\{t;|t|\leq\varepsilon'\}\subset I'$ をみたす $\varepsilon'>0$ があるから，この ε', C, r に対し，$\varepsilon=\mathrm{Min}(\varepsilon',r/C)$ とおくと，$I_0=\{t|\,|t|<\varepsilon\}$ は I' に含まれる．

さて，写像 $x_\nu:I_0\times K'\to\boldsymbol{R}^n$ $(\nu=0,1,\cdots)$ を ν についての帰納法によって，つぎのように定義したい．

$$(1.24)\qquad x_0(t,\alpha)=x_0;\ x_\nu(t,\alpha)=x_0+\int_0^t f(x_{\nu-1}(s,\alpha),s,\alpha)\,ds.$$

そのため，$x_\nu(t,\alpha)\in\Omega_0$ $((t,\alpha)\in I_0)$ をしめそう．$\nu=0$ なら自明．$\nu-1$ までよいとすると，

$$\left\|\int_0^t f(x_{\nu-1}(s,\alpha),s,\alpha)\,ds\right\|\leq C\cdot|t|<C\cdot\varepsilon\leq r.$$

即ち，$\|x_\nu(t,\alpha)-x_0\|<r$ となって，$x_\nu(t,\alpha)\in\Omega_0$ である．

つぎに，

$$(1.25)\qquad \|x_{\nu+1}(t,\alpha)-x_\nu(t,\alpha)\|\leq\frac{1}{\nu!}M^\nu\cdot C\cdot|t|^\nu\qquad(\nu\geq 0)$$

を証明しよう．

$\nu=0$ なら，$\|x_1(t,\alpha)-x_0\|=\left\|\int_0^t f(x_0,s,\alpha)\,ds\right\|\leq|t|\cdot C$．よって (1.25) が成立つ．

$\nu\leq m$ まで (1.25) が成立つとして $\nu=m+1$ に対し (1.25) を証明しよう．

$$\begin{aligned}&\|x_{m+2}(t,\alpha)-x_{m+1}(t,\alpha)\|\\&=\left\|\int_0^t\{f(x_{m+1}(s,\alpha),s,\alpha)-f(x_m(s.\alpha),s,\alpha)\}\,ds\right\|\\&\leq\left|\int_0^t M\cdot\|x_{m+1}(s,\alpha)-x_m(s,\alpha)\|ds\right|\\&\leq\int_0^{|t|}M\cdot\frac{1}{m!}M^mCs^m\,ds=\frac{M^{m+1}}{(m+1)!}C\cdot|t|^{m+1}.\end{aligned}$$

よって (1.25) が証明された.

(1.25) が成立することより，写像 x_ν はある写像 $x: I_0\times K'\to \boldsymbol{R}^n$ に一様収束する. よって，(1.24) において $\nu\to\infty$ とすれば

$$x(t,\alpha)=x_0+\int_0^t f(x(s,\alpha),s,\alpha)\,ds \tag{1.26}$$

が得られる. (1.26) は $t\to x(t,\alpha)$ が (αを固定すると) C^1 写像であることをしめしており，かつ (1.23) の成立することも明かである.

つぎに，解 $x(t,\alpha)$ の一意性を証明するため，$u: I_0\to\Omega$ を C^1 写像とし，ある $\alpha_0\in K'$ に対し

$$\begin{cases}\dfrac{du}{dt}=f(u(t),t,\alpha_0),\\ u(0)=x_0\end{cases}$$

をみたしたとする. $w(t)=x(t,\alpha_0)-u(t)$ とおき，$w(t)=0$ $(t\in I_0)$ を証明すればよい.

ところで，(1.26) より，$w(t)=\int_0^t f(x(s,\alpha_0),s,\alpha_0)\,ds-\int_0^t f(u(s),s,\alpha_0)\,ds$ であるから，$t\geq 0$ に対し，

$$\|w(t)\|\leq\int_0^t\|f(x(s,\alpha_0),s,\alpha_0)-f(u(s),s,\alpha_0)\|ds$$
$$\leq M\cdot\int_0^t\|x(s,\alpha_0)-u(s)\|ds=M\cdot\int_0^t\|w(s)\|ds.$$

$t<0$ に対しても同様であるから，結局つぎの補題 1.2 が証明できれば $w(t)=0$ となって，定理の証明が完結する.

補題 1.2　I を 0 を含む $\boldsymbol{R}$ の開区間とし，$w: I\to\boldsymbol{R}$ を連続関数であって，$w(t)\geq 0$ $(t\in I)$ とする. いま，$M>0$，$\eta\geq 0$ が存在して

$$w(t)\leq M\left|\int_0^t w(s)\,ds\right|+\eta \qquad (t\in I) \tag{1.27}$$

をみたせば

$$w(t)\leq\eta\cdot e^{M\cdot|t|} \qquad (t\in I) \tag{1.28}$$

が成立つ.

証明　まず，$t\geq 0$ のとき，直接計算により

$$e^{Mt}\frac{d}{dt}\left\{e^{-Mt}\int_0^t w(s)ds\right\}=w(t)-M\int_0^t w(s)ds\leq\eta.$$

よって，

$$(1.29)\qquad e^{-Mt}\int_0^t w(s)ds\leq\eta\int_0^t e^{-Mt}ds=\frac{\eta}{M}(1-e^{-Mt}).$$

(1.27) と (1.29) とにより (1.28) が得られる.

つぎに，$t<0$ のとき (1.28) を証明するため，$w'(t)=w(-t)$ とおく．(1.27) は $t\geq 0$ に対し

$$w(-t)\leq M\left|\int_0^{-t} w(s)ds\right|+\eta=M\int_{-t}^0 w(s)ds+\eta$$

となるから，

$$w'(t)\leq -M\int_t^0 w(-s)ds+\eta=M\int_0^t w'(s)ds+\eta.$$

よって，すでに $t\geq 0$ のときに証明したことを w' に適用して，$w'(t)\leq\eta\cdot e^{Mt}$ $(t\geq 0)$ を得る．よって，$w(-t)\leq\eta e^{Mt}$ $(t\geq 0)$ が成立つ．即ち (1.28) が証明された. (証終)

定理 1.5 定理 1.4 と同じ記号のもとに，さらに $\Omega=\boldsymbol{R}^n$ であって f が不等式

$$(1.30)\qquad \|f(x,t,\alpha)\|\leq C_1\|x\|+C_2,\qquad C_1, C_2>0$$

を $\boldsymbol{R}^n\times I\times K'$ の上でみたすならば，解 x は $I\times\Omega'$ 全体の上で定義される. 特に $f(x,t,\alpha)$ が x について 1 次式であれば，解は $I\times\Omega'$ の上で定義される.

証明 x_ν を (1.24) で定義すると，正の定数 M_1, M_2 が存在して，$I\ni t\geq 0$ に対し

$$\|x_\nu(t,\alpha)\|\leq M_1\int_0^t\|x_{\nu-1}(s,\alpha)\|ds+M_2$$

をみたす．一方，$\|x_0\|\leq M_2e^{M_1t}$ と仮定してよいから，ν に関する帰納法により

$$\|x_\nu(t,\alpha)\|\leq M_2e^{M_1t}$$

がわかる．$t<0$ の場合も，同様にして

$$\|x_\nu(t,\alpha)\|\leq M_2'e^{-M_1't}$$

をみたす $M_1', M_2'>0$ の存在を知る．よって，正数 r を $r>\mathrm{Max}\{M_2e^{M_1t}\ (I\ni t\geq 0), M_2'e^{-M_1't}\ (I\ni t\leq 0)\}$ がみたされるようにとれば，

$$x_\nu(t,\alpha)\in\Omega_0=B(x_0,r)$$

がすべての $(t,\alpha)\in I\times K'$ に対し成立つ．ここで，f に対する（L）条件を $K\times I\times K'$ に用いると，(1.25) と同様にして，

$$\|x_\nu(t,\alpha)-x_{\nu+1}(t,\alpha)\|\leq\frac{1}{\nu!}AM^\nu|t|^\nu \qquad (\nu\geq 0)$$

をみたす正数 A, M の存在を知る．これからあとは，定理 1.4 の証明と全く同様である．（証終）

定理 1.4 において f が可微分のとき解 x も可微分であることを言うため，微積分でよく用いられる，次の記号を思い起す．

定義 1.9　$f:\Omega\to\boldsymbol{R}^m$ を $\boldsymbol{R}^n$ の開集合 Ω から $\boldsymbol{R}^m$ への写像とし，$g:\Omega\to\boldsymbol{R}$ を $g(x)\geq 0\ (x\in\Omega)$ なる関数とする．もし，関数 $\varepsilon:\Omega\to\boldsymbol{R}$ であって，$\varepsilon(x)\geq 0$，かつ，$|f(x)|\leq\varepsilon(x)\cdot g(x)$，$\varepsilon(x)\to 0\ (x\to a)$ をみたすものが存在するとき，

$$f(x)=o(g(x)) \qquad (x\to a)$$

と書く．従って，$f(x)=o(1)\ (x\to a)$ とは，$\lim_{x\to a}|f(x)|=0$ を意味する．

定理 1.6　定理 1.4 と同じ記号を用いる．J を区間 $\{a\leq x\leq b\}$ を含む開区間とする．$f\in C^k(\Omega\times J\times\Omega', \boldsymbol{R}^n)\ (k\geq 1)$ であれば，注意 1.2 によって，f は定理 1.4 の仮定をみたすから (1.23) の解 $x:I_0\times K'\to\Omega$ が存在するが，K' に含まれる任意の開集合 U をとると，

$$x\in C^k(I_0\times U, \Omega)$$

である．

証明　（第１段）　まず，$k=1$ のとき証明する．

$x=x(t,\alpha)$ は t については C^1 級であるから，$\partial x/\partial\alpha_j\ (j=1,\cdots,m)$ が $I_0\times U$ 上で存在して，連続であることを言えば十分である．いま，$(t,\alpha)\in I_0\times U$ に対し，$n\times n$ 行列 $A(t,\alpha)$ を

$$A(t,\alpha)=\left(\left(\frac{\partial f_j}{\partial x_k}\right)(x(t,\alpha),t,\alpha)\right) \tag{1.31}$$

で定義する．写像 $h_{t,\alpha}:\Omega\to\boldsymbol{R}^n$ を $h_{t,\alpha}(x)=f(x,t,\alpha)$ で定義すれば，$h_{t,\alpha}$ の

点 $x(t,\alpha)$ におけるヤコビ行列(定義 1.6)が $A(t,\alpha)$ にほかならない.

つぎに，j を1つ固定し，写像 $B:I_0\times U\to \boldsymbol{R}^n$ を

$$B(t,\alpha)=\frac{\partial f}{\partial \alpha_j}(x(t,\alpha),t,\alpha) \tag{1.32}$$

によって定義する．$f\in C^1(\Omega\times J\times\Omega',\boldsymbol{R}^n)$ であるから，B は連続写像である.

さて，微分方程式

$$\frac{\partial y}{\partial t}=A(t,\alpha)\cdot y+B(t,\alpha) \tag{1.33}$$

を考えよう．$g(y,t,\alpha)=A(t,\alpha)\cdot y+B(t,\alpha)$ とおけば，g は y について1次式であるから，定理 1.5 によって，$y(0,\alpha)=0$ をみたす (1.33) の解 $y:I_0\times U\to R^n$ がただ1つ存在し，α を固定すると，写像 $t\to y(t,\alpha)$ は C^1 級である.

$\partial x/\partial\alpha_j$ が $I_0\times U$ 上で存在して，連続であることを言うには,

$$\left(\frac{\partial x}{\partial \alpha_j}\right)(t,\alpha)=y(t,\alpha) \tag{1.34}$$

を証明すれば十分である.

$\alpha\in U$ を固定し，$t\geq 0$ の場合に (1.34) を証明する($t<0$ の場合も同様であるから).

いま，十分小な実数 $h\neq 0$ に対し，$\alpha(h)=(\alpha_1,\cdots,\alpha_{j-1},\alpha_j+h,\alpha_{j+1},\cdots,\alpha_m)$ とおけば，$\alpha(h)\in U$ である．よって,

$$u_h(t)=\frac{x(t,\alpha(h))-x(t,\alpha)}{h} \tag{1.35}$$

により，写像 $u_h:I_0\to\boldsymbol{R}^n$ が定義できる.

ここでテーラーの公式 (1.13) を用いると，$0\leq s\leq t$ に対し,

$$\begin{aligned}f(x(s,\alpha(h)),s,\alpha(h))&-f(x(s,\alpha),s,\alpha)\\&=h\cdot A(s,\alpha)\cdot u_h(s)+h\cdot B(s,\alpha)+\varepsilon(s,h)\end{aligned}$$

と書け，$\varepsilon(s,h)=o(|h|\cdot\|u_h(s)\|+|h|)$ $(|h|\to 0)$.

よって，$\delta(s,h)=\varepsilon(s,h)/h$ とおけば，(1.26) を用いて，次式が得られる:

$$u_h(t)=\int_0^t\{A(s,\alpha)u_h(s)+B(s,\alpha)+\delta(s,h)\}\,ds. \tag{1.36}$$

ところで，$\delta(s,h)=o(\|u_h(s)\|+1)$ $(|h|\to 0)$ であるから，(1.36) より，

$$\|u_h(t)\|\le C_1\int_0^t\|u_h(s)\|ds+C_1$$

をみたす正数 C_1 がとれる．補題 1.2 によれば，$\|u_h(t)\|\le C_1\cdot e^{C_1t}$ である．よって，

$$\lim_{h\to 0}\delta(s,h)=0 \tag{1.37}$$

は s に関して一様収束である．つぎに，

$$z_h(t)=u_h(t)-y(t,\alpha) \tag{1.38}$$

とおく．(1.33) によれば，

$$y(t,\alpha)=\int_0^t\{A(s,\alpha)y(s,\alpha)+B(s,\alpha)\}ds$$

であるから，(1.36) を用いると，

$$z_h(t)=\int_0^t A(s,\alpha)z_h(s)ds+\int_0^t\delta(s,h)ds$$

となる．よって，

$$\|z_h(t)\|\le M\int_0^t\|z_h(s)\|ds+\left\|\int_0^t\delta(s,h)ds\right\| \tag{1.39}$$

をみたす正数 M がとれる．

ところで，$\eta_h=\left\|\int_0^t\delta(s,h)ds\right\|$ とおくと，(1.37) より $\lim_{h\to 0}\eta_h=0$ である．よって，補題 1.2 を再び用いると，$z_h(t)\to 0$ $(h\to 0)$ が得られる．

よって，(1.35) と (1.38) とにより (1.34) が得られた．

（第2段） $k>1$ のとき k についての帰納法で証明する．

もし，$f\in C^k(\Omega\times J\times\Omega',\boldsymbol{R}^n)$ $(k>1)$ であれば，帰納法の仮定より，$x\in C^{k-1}(I_0\times U,\Omega)$ である．この x に対し (1.31)，(1.32) で定義される $A(t,\alpha)$，$B(t,\alpha)$ は明かに C^{k-1} 級である．よって (1.33) の解 y は帰納法の仮定より $y\in C^{k-1}(I_0\times U,\boldsymbol{R}^n)$ である．ところで，解 $x(t,\alpha)$ は (1.34) により

$$\frac{\partial x}{\partial\alpha_j}(t,\alpha)=y(t,\alpha),\qquad \frac{\partial x}{\partial t}=f(x(t,\alpha),t,\alpha)$$

をみたすから，$\partial x/\partial\alpha_j,\partial x/\partial t$ が C^{k-1} 級となり，x は C^k 級である．

（証終）

定理 1.7　Ω, I, Ω' は定理 16 と同じものとし，$f\in C^k(\Omega\times I\times\Omega', \boldsymbol{R}^n)$ ($k\leq\infty$) とする．このとき，任意の点 $p_0=(u_0, u_0, \alpha_0, \xi_0)\in I\times I\times\Omega'\times\Omega$ に対し，p_0 を含む開集合 $W=J\times J\times U'\times U$ と C^k 写像 $x: W\to\boldsymbol{R}^n$ が存在して，

$$(1.40)\qquad \begin{cases} \dfrac{\partial x}{\partial t}(t, u, \alpha, \xi)=f(x(t, u, \alpha, \xi), t, \alpha), \\ x(u, u, \alpha, \xi)=\xi \end{cases}$$

がすべての $t, u\in J$, $\alpha\in U'$, $\xi\in U$ に対しみたされる．

証明　$\boldsymbol{R}^n\times\boldsymbol{R}\times I\times\Omega'\times\Omega$ に含まれる，点 $(0, 0, u_0, \alpha_0, \xi_0)$ の十分小さい ε 近傍を D とすると C^k 写像 $g: D\to\boldsymbol{R}^n$ が

$$g(y, t, u, \alpha, \xi)=f(\xi+y, t+u, \alpha)$$

によって定義できる．定理 1.6 により，

$$\begin{cases} \dfrac{\partial y}{\partial t}=g(y, t, u, \alpha, \xi), \\ y(0, u, \alpha, \xi)=0 \end{cases}$$

をみたす C^k 級の解 $y(t, u, \alpha, \xi)$ が存在する．

$$x(t, u, \alpha, \xi)=\xi+y(t-u, u, \alpha, \xi)$$

とおけば，x は求める解である．　(証終)

系 1.2　Ω を $\boldsymbol{R}^n$ の開集合とし，$f\in C^k(\Omega, \boldsymbol{R}^n)$ $(1\leq k\leq\infty)$ とする．このとき，任意の有界閉集合 $K\subset\Omega$ に対し，正数 ε が存在し，すべての点 $\xi_0\in K$ に対し写像 $x: I_\varepsilon\to\Omega$ ($I_\varepsilon=\{t|-\varepsilon<t<\varepsilon\}$) であって，

$$\frac{dx}{dt}=f(x), \qquad x(0)=\xi_0$$

をみたすものがただ1つ存在する．この解 x を $x(t)=x(t, \xi_0)$ と書けば，写像 $x: I_\varepsilon\times K\to\Omega$ が考えられるが，この写像は，K に含まれる任意の開集合 U に対し，$x\in C^k(I_\varepsilon\times U, \Omega)$ である．

証明　定理 1.7 において，写像 $f: \Omega\times I\times\Omega'\to\boldsymbol{R}^n$ を $f(\xi, t, \alpha)=f(\xi)$ とおけば，$\xi_0\in K$ に対し，$(0, 0, \alpha_0, \xi_0)$ の近傍 W と (1.40) の解 $x: W\to\boldsymbol{R}^n$ が得られる．

W は ξ_0 に依存するから $W=W_{\xi_0}=J_{\xi_0}\times J_{\xi_0}\times U_{\xi_0}'\times U_{\xi_0}$ と書く．$K\subset\bigcup_{\xi_0\in K} U_{\xi_0}$

であるから，ハイネ-ボレルの定理によって，

$$K\subset\bigcup_{i=1}^{N}U_{\xi_i}$$

をみたす有限個の点 $\xi_1,\cdots,\xi_N\in K$ がとれる．$J=\bigcap_{i=1}^{N}J_{\xi_i}$ は 0 の近傍であるから，$I_\varepsilon\subset J$ をみたす $\varepsilon>0$ がとれる．ここで，

$$x(t,\xi)=x(t,0,\alpha_0,\xi)\qquad(t\in I_\varepsilon,\xi\in K)$$

とおけば，x は求める解である．解の一意性は定理 1.4 の解の一意性より明かであろう．　(証終)

問　題　1

1.1　Ω は $\boldsymbol{R}^n$ の開集合とし，K は Ω に含まれる有界閉集合とする．$f\in C^m(\Omega)$ に対し，

$$\|f\|_m=\sum_{|\alpha|\leq m}(1/\alpha!)\cdot\sup\{|(\partial^\alpha f)(x)|;x\in K\}$$

とおく．$f,g\in C^m(\Omega)$ に対し，次式が成立つ：

（i）　$\|f+g\|_m\leq\|f\|_m+\|g\|_m$,

（ii）　$\|f\cdot g\|_m\leq\|f\|_m\cdot\|g\|_m$.

1.2　K を $\boldsymbol{R}^n$ の有界閉集合とし，$K\subset U_1\cup\cdots\cup U_N$（$U_i$ は $\boldsymbol{R}^n$ の開集合）とする．このとき，$f_i\in C^\infty(\boldsymbol{R}^n)$，$f_i(p)=0$（$p\notin U_i$）であって，$\sum_{i=1}^{N}f_i(p)=1$（$p\in K$）をみたす $\{f_i\}_{i=1}^{N}$ が存在する．

1.3　系 1.3 の解 $x(t,\xi_0)$ に対し，$\Phi_t(\xi)=x(t,\xi)$ とおくと，十分小な t,s に対し，$\Phi_t(\Phi_s(\xi))=\Phi_{t+s}(\xi)$ が $\xi\in K$ に対し成立つ．

2. ベクトル空間

2.1 ベクトル空間の定義

まず，群の定義から始めよう．集合 G に対し，写像 $\mu:G\times G\to G$ が定義されていて，次の条件（i）〜(iii) がみたされる場合，集合 G と写像 μ を1組にして，(G,μ) のことを1つの**群**(group)であると言う．

（i） $\mu(\mu(x,y),z)=\mu(x,\mu(y,z))$ $(x,y,z\in G)$ （結合律），

（ii） $\mu(x,e)=\mu(e,x)=x$ $(x\in G)$ をみたす $e\in G$ が存在する．（e を単位元とよぶ）．

(iii) 各 $x\in G$ に対し，$\mu(x,x')=\mu(x',x)=e$ をみたす $x'\in G$ が存在する．(x' を x の逆元とよぶ)．

$\mu(x,y)$ を x と y との(μに関する)**積**または，**結合**とよび，記号を簡単にするため，$\mu(x,y)=x\cdot y$ と書くのが慣例になっている．このとき，上の（i）〜(iii) は，次の（i）$'$〜(iii)$'$ となる．

（i）$'$ $(x\cdot y)\cdot z=x\cdot(y\cdot z)$,

（ii）$'$ $x\cdot e=e\cdot x=x$,

(iii)$'$ $x\cdot x'=x'\cdot x=e$.

写像 μ を**群乗法**とよぶが，これを明記する必要のない場合，単に G が群であるという．（ii）の単位元 e はただ1つしかない．また (iii) の x' も x に対し，ただ一通りにきまるので $x'=x^{-1}$ であらわす．

$\mu(x,y)=\mu(y,x)$ がすべての $x,y\in G$ に対し成立つ場合 (G,μ) は**可換群**または，**アーベル群**とよばれる．この場合 $\mu(x,y)=x\cdot y$ と書くかわりに，$\mu(x,y)=x+y$ と $+$ 記号であらわすのが普通である．また，単位元 e は記号0であらわし，可換群 (G,μ) の**零元**(zero element)であるとも言う．また，逆元を x^{-1} の代りに $-x$ であらわすのが普通である．逆元 $-x$ は $x+(-x)=(-x)+x=0$ $(x\in G)$ をみたす．また，$x+(-y)$ のことを簡単のため，$x+(-y)=x-y$ と書く．

以下，実数全体からなる集合を $\boldsymbol{R}$，複素数全体からなる集合を $\boldsymbol{C}$ であらわす．

定義 2.1 集合 V に対し，写像 $\alpha:V\times V\to V$ と，$\sigma:\boldsymbol{R}\times V\to V$ が定義されていて，次の条件［1］，［2］をみたすとき，組 (V,α,σ) を**実ベクトル空間**(real vector space)とよぶ．

［1］ (V,α) は可換群である．(よって，$\alpha(x,y)=x+y$ と書き，単位元を 0，逆元を $-x$ であらわす)．

［2］ $\sigma(a,x)=a\cdot x$ $(a\in\boldsymbol{R}, x\in V)$ と書くことにすると，次の等式をみたす．

$$a\cdot(x+y)=a\cdot x+a\cdot y, \quad a\in\boldsymbol{R},\ x,y\in V,$$

$$(a+b)\cdot x=a\cdot x+b\cdot x, \quad a\cdot(b\cdot x)=(ab)\cdot x, \quad a,b\in\boldsymbol{R},\ x\in V,$$

$$1\cdot x=x \quad (1 \text{ は実数の } 1).$$

α,σ をそれぞれ，ベクトル空間 (V,α,σ) の**加法**(addition)，**スカラー乗法**(scalar multiplication)とよぶ．これらの写像 α，σ を明記する必要のない場合は，単に，V を実ベクトル空間であると言う．実ベクトル空間を単にベクトル空間とよぶこともある．

定義 2.1 において $\boldsymbol{R}$ の代りに $\boldsymbol{C}$ を用いると，**複素ベクトル空間**(complex vector space)が定義される．

例 2.1 $\boldsymbol{R}^n$ は (1.2) で定義された和およびスカラー倍によって実ベクトル空間になる．$\boldsymbol{R}$ の代りに $\boldsymbol{C}$ を用いると，同様にして，複素ベクトル空間 $\boldsymbol{C}^n$ が定義できる．

例 2.2 区間 $[0,1]$ で定義された実数値連続関数 f 全体からなる集合を V とし，$f,g\in V$，$a\in\boldsymbol{R}$ に対し，$\alpha(f,g),\sigma(a,f)$ を

$$(2.1) \qquad \begin{cases} (\alpha(f,g))(t)=f(t)+g(t), \\ (\sigma(a,f))(t)=a\cdot f(t), \end{cases} \qquad t\in[0,1]$$

によって定義すれば，［1］，［2］をみたすことが容易にたしかめられる．従って，定義 2.1 の約束によれば，$(f+g)(t)=f(t)+g(t)$，$(a\cdot f)(t)=a\cdot f(t)$ $(0\leq t\leq 1)$ が成立つ．このベクトル空間 (V,α,σ) を $C^0([0,1])$ であらわす．

例 2.3 $C^r(\Omega)$ (定義 1.1) も (2.1) と同様にして ($t\in[0,1]$ を $t\in\Omega$ で

おきかえて)，α, σ が定義され，$(C^r(\Omega), \alpha, \sigma)$ は実ベクトル空間になる．

命題 2.1　V を実ベクトル空間とすると，

(i)　$0\cdot x=0$,

(ii)　$a\cdot 0=0$,

(iii)　$a\cdot(-x)=-(a\cdot x)=(-a)\cdot x$

がすべての $a\in \boldsymbol{R}$, $x\in V$ に対して成立つ．

証明　(i)　$y=0\cdot x$ とおく．[2] を用いると，

$$y+y=0\cdot x+0\cdot x=(0+0)\cdot x=0\cdot x=y,$$

即ち，$y+y=y$. よって [1] を用いると，

$$y=y+0=y+(y-y)=(y+y)-y=y-y=0.$$

(ii)，(iii) も同様である．　(証終)

定義 2.2　実ベクトル空間 (V, α, σ) に対し，写像 $\mu: V\times V\to V$ が定義されていて，次の条件 [3] をみたすとき，組 (V, α, σ, μ) を $\boldsymbol{R}$ 上の多元環，または $\boldsymbol{R}$ 多元環($\boldsymbol{R}$-algebra)とよぶ:

[3]　$\mu(x, y)=x\cdot y$ $(x, y\in V)$ と書くと，すべての $x, y, z\in V$, $a\in \boldsymbol{R}$ に対し，次の等式をみたす．

$$x\cdot y=y\cdot x, \qquad x\cdot(y+z)=x\cdot y+x\cdot z, \qquad (x+y)\cdot z=x\cdot z+y\cdot z,$$
$$a\cdot(x\cdot y)=(a\cdot x)\cdot y=x\cdot(a\cdot y).$$

命題 2.1 と同様にして，$0\cdot x=0$ ($x\in V$, 0 は V のゼロ元) が証明される．

写像 α, σ, μ を明記する必要のない場合，単に V が $\boldsymbol{R}$ 多元環であると言う．

例 2.4　例 2.2, 2.3 の $C^0([0,1]), C^r(\Omega)$ は，f, g に対し，$\mu(f, g)$ を関数 f と g の積で定義すれば，$\boldsymbol{R}$ 多元環になることがたしかめられる．

つぎに，実ベクトル空間の複素化についてのべよう．

(V, α, σ) を実ベクトル空間とし，例によって，$\alpha(x, y)=x+y$, $\sigma(a, x)=a\cdot x$ $(a\in \boldsymbol{R},\ x, y\in V)$ と書く．

いま，$\tilde{V}=V\times V$ とおき，写像 $\tilde{\alpha}: \tilde{V}\times\tilde{V}\to\tilde{V}$ および $\tilde{\sigma}: \boldsymbol{C}\times\tilde{V}\to\tilde{V}$ を

$$(2.2)\qquad \begin{aligned} &\tilde{\alpha}((x_1, y_1), (x_2, y_2))=(x_1+x_2, y_1+y_2),\\ &\tilde{\sigma}(a+ib, (x, y))=(a\cdot x-b\cdot y, a\cdot y+b\cdot x) \end{aligned}$$

$(x_1, y_1, x_2, y_2, x, y \in V,\ a, b \in \boldsymbol{R},\ i=\sqrt{-1})$ によって定義すると，$(\tilde{V}, \tilde{\alpha}, \tilde{\sigma})$ は複素ベクトル空間になることが容易にたしかめられる．

$(\tilde{V}, \tilde{\alpha}, \tilde{\sigma})$ を (V, α, σ) の**複素化**(complexification)とよび，$\tilde{V}=V^C$ であらわす．$x \in V$ に対し，x と $(x, 0) \in V$ とを同一視して，$x=(x, 0)$ と書くことにすれば，(2.2) より $(0, x)=\tilde{\sigma}(i, (x, 0))=i \cdot x$ と書け，$(x, y)=(x, 0)+(0, y)=x+i \cdot y$ と書ける．また，

$$(2.3) \qquad (a+ib) \cdot (x+iy)=a \cdot x-b \cdot y+i(a \cdot y+b \cdot x)$$

が $x, y \in V,\ a, b \in \boldsymbol{R}$ に対し成立つ．従って，V の複素化とは形式的な和 $x+iy$ $(x, y \in V)$ 全体からなる集合に，(2.3) によるスカラー乗法を定義したベクトル空間であると考えても差支えない．

2.2 ベクトル空間の基と次元

この節では実ベクトル空間を単にベクトル空間とよぶ．

定義 2.3 (V, α, σ) をベクトル空間とする．V の部分集合 W が V の**部分ベクトル空間**(vector subspace)(または単に部分空間)であるとは，

(1) $x, y \in W$ ならば $x+y \in W$,

(2) $x \in W,\ a \in \boldsymbol{R}$ ならば $a \cdot x \in W$

をみたすときを言う．

このとき，写像 $\alpha' : W \times W \to W,\ \sigma' : \boldsymbol{R} \times W \to W$ が $\alpha'=\alpha | W \times W, \sigma'=\sigma | \boldsymbol{R} \times W$ によって定義され(定義 1.5)，(W, α', σ')は実ベクトル空間となる．

定義 2.4 $W,\ W_1,\ W_2$ をベクトル空間 V の部分空間とする．任意の元 $w \in W$ が $w=w_1+w_2,\ w_i \in W_i\ (i=1,2)$ と一意的にあらわせるとき，W は W_1 を W_2 との**直和**(direct sum)であるとよび

$$W=W_1 \oplus W_2$$

であらわす．

補題 2.1 (i) W_1, W_2 を V の部分空間とすれば，$W=\{x_1+x_2 | x_1 \in W_1, x_2 \in W_2\}$ も V の部分空間である．この W を $W=W_1+W_2$ であらわす．

(ii) $W_\alpha\ (\alpha \in A)$ を V の部分空間とすれば，$\bigcap_{\alpha \in A} W_\alpha$ も V の部分空間で

ある.

証明 定義 2.1 および 2.3 により容易に検証される. (証終)

定義 2.5 S をベクトル空間 V の部分集合とする. S を含む V の部分空間 W 全体からなる集合を $\mathcal{A}$ とすれば, $\bigcap_{W\in\mathcal{A}} W$ は補題 2.1 (ii) によって V の部分空間である. $\{S\}_{\boldsymbol{R}}=\bigcap_{W\in\mathcal{A}} W$ と書き, $\{S\}_{\boldsymbol{R}}$ を S で張られた部分空間(subspace spanned by S)とよぶ. $S=\phi$ (空集合)のときは, $\{S\}_{\boldsymbol{R}}=\{0\}$ と約束する.

補題 2.2 $S=\{v_1, \cdots, v_k\}$ が V の有限部分集合ならば,

(2.4) $$\{S\}_{\boldsymbol{R}}=\{a_1\cdot v_1+\cdots+a_k\cdot v_k | a_i\in\boldsymbol{R}\ (i=1,2,\cdots,k)\}.$$

証明 (2.4) の右辺を W_0 とおくと, $W_0\supset S$ であって W_0 は V の部分空間である. よって, $\{S\}_{\boldsymbol{R}}\subset W_0$.

一方, S を含む部分空間 W は $v_i\in S\subset W\ (i=1,\cdots,k)$, つまり $v_i\in W$ であるから, 定義 2.3 の (1), (2) より $a_1\cdot v_1+\cdots+a_k\cdot v_k\in W\ (a_i\in\boldsymbol{R})$ である. よって, $W_0\subset W$. W は S を含む任意の部分空間であったから, $W_0\subset\{S\}_{\boldsymbol{R}}$. (証終)

定義 2.6 $a_1\cdot v_1+\cdots+a_k\cdot v_k$ の形の元を $v_1, \cdots, v_k$ の**一次結合**(linear combination)とよび $\sum_{i=1}^{k} a_i v_i$ であらわす.

$$\sum_{i=1}^{k} a_i v_i=0 \quad となるのは \quad a_i=0\ (i=1,\cdots,k)$$

のときに限る場合, k 個の元 $v_1, \cdots, v_k$ は**一次独立**(linearly independent)であると言う.

いかなる自然数 n に対しても一次独立な n 個の元 $v_1, \cdots, v_n\in V$ が存在するとき, V は無限次元であると言い, $\dim V=+\infty$ であらわす.

$\dim V=+\infty$ でないとき, V は有限次元であると言い, 一次独立な元の最大個数 n を V の**次元**(dimension)とよび, $\dim V=n$ であらわす. V がゼロ元のみからなるときは, $\dim V=0$ と約束する.

定義 2.7 $v_1, \cdots, v_n$ をベクトル空間 V の n 個の元とする. V の任意の元 v が $v_1, \cdots, v_n$ の一次結合として一意的に書けるとき, $\{v_1, \cdots, v_n\}$ は V の**基**

または**基底**(base, basis)であると言う.

定理 2.1 $\{v_1, \cdots, v_n\}$ が有限次元ベクトル空間 V の基ならば, $n=\dim V$ が成立つ.

まず, 次の補題を準備する.

補題 2.3 $v_1, \cdots, v_k \in V$ が一次独立であるための必要十分条件は

$$\{v_1, \cdots, v_i\}_{\boldsymbol{R}} \not\ni v_{i+1} \qquad (i=0, 1, \cdots, k-1) \tag{2.5}$$

が成立つことである.

証明 必要性: (2.5) がある i について成立しなかったとせよ. $v_{i+1} \in \{v_1, \cdots, v_i\}_{\boldsymbol{R}}$ であるから, $v_{i+1}=\sum_{j=1}^{i} a_j v_j$ と書ける. よって, $\sum_{j=1}^{i} a_j v_j + (-1) \cdot v_{i+1} = 0$ となり, $v_1, \cdots, v_k$ が一次独立であることに反する.

十分性: $\sum_{j=1}^{l} a_j v_j = 0$ とせよ. $a_i=0$ $(i=1, \cdots, k)$ でないと仮定すると, $a_k = \cdots = a_{i+2} = 0$, $a_{i+1} \neq 0$ なる i がある. ゆえに, $\sum_{j=1}^{i} a_j v_j + a_{i+1} v_{i+1} = 0$. よって,

$$v_{i+1} = \sum_{j=1}^{i} \left(-\frac{a_j}{a_{i+1}}\right) \cdot v_j \in \{v_1, \cdots, v_i\}_{\boldsymbol{R}}$$

となって, (2.5) に反する.　(証終)

定理 2.1 の証明 $v_1, \cdots, v_n$ は明かに一次独立であるから, $\dim V \geq n$ である. $\dim V = m$ とおき, $m > n$ と仮定する. $w_1, \cdots, w_m$ を V の一次独立な元とする. 補題 2.3 により, $V = \{w_1, \cdots, w_m\}_{\boldsymbol{R}}$ がわかる. 何故なら, $V \neq \{w_1, \cdots, w_m\}_{\boldsymbol{R}}$ とすると, $w_{m+1} \notin \{w_1, \cdots, w_m\}_{\boldsymbol{R}}$ なる元 $w_{m+1} \in V$ をとると, $w_1, \cdots, w_{m+1}$ が一次独立となり, $m = \dim V$ なることに反する. 任意の元は $w_1, \cdots, w_m$ の一次結合となるから, 特に

$$v_j = \sum_{k=1}^{m} b_{jk} \cdot w_k \qquad (j=1, \cdots, n)$$

と書ける. 一方, $v_1, \cdots, v_n$ が V の基であるから,

$$w_i = \sum_{j=1}^{n} a_{ij} v_j \qquad (i=1, \cdots, m)$$

と書ける. これら2式より

$$w_i = \sum_{j=1}^{n} \sum_{k=1}^{m} a_{ij} b_{jk} w_k \qquad (i=1, \cdots, m).$$

ところで，$w_1, \cdots, w_m$ は一次独立であるから，

$$\delta_{ik} = \sum_{j=1}^{n} a_{ij} b_{jk} \qquad (i, k = 1, \cdots, m)$$

が成立つ．いま，$A=(a_{ij})$，$B=(b_{jk})$ によって，$m \times n$ 行列 A と $n \times m$ 行列 B を定義すると，

$$E_m = A \cdot B \qquad (E_m \text{ は } m \text{ 次単位行列})$$

が成立つ．行列式の性質によれば，$m > n$ であるとき，$A \cdot B$ の行列式は 0 である．他方 E_m の行列式は 1 であるから，これは矛盾である．$m > n$ なる仮定から矛盾を生じたのであるから，$m = n$ である．（証終）

系 2.1 V を $\dim V = n$ とし，W を V の部分空間とすれば，W の任意の基 $v_1, \cdots, v_k$ に対し，V の基 $v_1, \cdots, v_k, v_{k+1}, \cdots, v_n$ がとれる．

証明 $V = W$ なら自明であるから，$V \neq W$ とする．$v_{k+1} \notin W$ なる元 $v_{k+1} \in V$ がとれる．$\{v_1, \cdots, v_{k+1}\}_{\boldsymbol{R}} = V$ なら，$n = k+1$ として証明は終る．$\{v_1, \cdots, v_{k+1}\}_{\boldsymbol{R}} \neq V$ なら，$v_{k+2} \notin \{v_1, \cdots, v_{k+1}\}_{\boldsymbol{R}}$ なる $v_{k+2} \in V$ をとり，以下このとり方をくりかえすと基 $\{v_1, \cdots, v_n\}$ に到達する．（証終）

系 2.2 W を V の部分空間とし，$W \neq V$ とすれば，$\dim W < \dim V$ が成立つ．

証明 系 2.1 より殆んど明かである．（証終）

定理 2.2 $\dim V < +\infty$ とし，W_1, W_2 を V の部分空間とすると，

$$(2.6) \qquad \dim(W_1 + W_2) + \dim(W_1 \frown W_2) = \dim W_1 + \dim W_2$$

が成立つ．

証明 $\dim(W_1 \frown W_2) = p$，$\dim W_1 = p+m$，$\dim W_2 = p+n$ とする．$W_1 \frown W_2 \subset W_1, W_2$ であるから，系 2.1 により，$\{v_1, \cdots, v_p\}$ を $W_1 \frown W_2$ の基とし，$\{v_1, \cdots, v_p, t_1, \cdots, t_m\}$ が W_1 の，$\{v_1, \cdots, v_p, u_1, \cdots, u_n\}$ が W_2 の基であるように，t_j, u_k がとれる．

$\{v_1, \cdots, v_p, t_1, \cdots, t_m, u_1, \cdots, u_n\}$ が $W_1 + W_2$ の基であることがわかれば，$\dim(W_1 + W_2) = p+m+n$ となって (2.6) が成立つ．

まず，$W_1 + W_2$ の任意の元 $w_1 + w_2$ は $v_1, \cdots, v_p, t_1, \cdots, t_m, u_1, \cdots, u_n$ の一次

結合となることは明かである．従って，これら $p+m+n$ この元が一次独立であることがわかればよい．

$$\sum a_i v_i + \sum b_j t_j + \sum c_k u_k = 0$$

としよう．

$$\sum a_i v_i + \sum b_j t_j = \sum(-c_k) u_k \in W_1 \frown W_2$$

であるから，$\sum(-c_k)u_k=\sum d_i v_i$ と書ける．ところが，v_i, u_k は一次独立であったから，$c_k=0$ $(k=1, \cdots, n)$．よって，$\sum a_i v_i + \sum b_j t_j = 0$ が成立つ．v_i, t_j も一次独立であったから，$a_i=0$ $(i=1, \cdots, p)$，$b_j=0$ $(j=1, \cdots, m)$．これで，$v_1, \cdots, v_p, t_1, \cdots, t_m, u_1, \cdots, u_n$ の一次独立性が証明された．　　(証終)

2.3 線型写像

この節では，V, V_1, V_2, W 等は有限次元実(または複素)ベクトル空間とする．

定義 2.8　写像 $f: V \to W$ が**線型写像**(linear map)であるとは，

$$f(x+y)=f(x)+f(y), \qquad f(a \cdot x)=a \cdot f(x)$$

がすべての $x, y \in V$, $a \in \boldsymbol{R}$ (または $a \in \boldsymbol{C}$) に対し成り立つときを言う．

線型写像 $f: V \to W$ 全体からなる集合を $\mathcal{L}(V, W)$ であらわす．

つぎに，$f \in \mathcal{L}(V, W)$ が V から W への**線型同型写像**(linear isomorphism)であるとは，f が全単射であるときを言う．このとき，$f^{-1} \in \mathcal{L}(W, V)$ である．

定義 2.9　W を V の部分空間とし，$x \in V$ に対し，V の部分集合 $\bar{x}$ を $\bar{x}=\{x+w \mid w \in W\}$ で定義する．$\bar{x}=x \bmod W$ とも書く．$X=\{\bar{x} \mid x \in V\}$ とおくと．X は自然に，ベクトル空間となる．即ち，$\bar{x}, \bar{y} \in X$, $a \in \boldsymbol{R}$ に対し，

$$\bar{x}+\bar{y}=\overline{x+y}, \qquad a \cdot \bar{x}=\overline{a \cdot x}$$

によって，加法とスカラー乗法が矛盾なく定義できる．X を V の W による**商ベクトル空間**(quotient vector space)とよび，$X=V/W$ であらわす．つぎに，写像 $f: V \to V/W$ を $f(x)=\bar{x}$ $(x \in V)$ によって定義すれば，明かに f は線型写像である．この f を**自然な射影**(natural projection) とよぶことが

ある．$\bar{x}=\bar{y}$ のとき，$x\equiv y \pmod{W}$ と書く．

補題 2.4 $f\in\mathcal{L}(V, W)$ に対し，$\mathrm{Ker}f=\{v\in V|f(v)=0\}$，$\mathrm{Im}f=\{w\in W|w=f(v), v\in V\}$ とおくと，$\mathrm{Ker}f, \mathrm{Im}f$ はともに部分空間であって，V が有限次元ならば，

$$\dim V=\dim(\mathrm{Ker}f)+\dim(\mathrm{Im}f) \tag{2.7}$$

が成立つ．

証明 $\mathrm{Ker}f$, $\mathrm{Im}f$ が部分空間となることは，線型写像の定義より殆んど明かであろう．

(2.7) を証明するため，$\mathrm{Ker}f$ の基 $v_1, \cdots, v_k$ をとり，$\{v_1, \cdots, v_n\}$ を V の基とする(系 2.1)．$w_1=f(v_{k+1}), \cdots, w_{n-k}=f(v_n)$ とおくとき，$\{w_1, \cdots, w_{n-k}\}$ が $\mathrm{Im}f$ の基になることがわかれば，(2.7) の成立つことがわかる．ところで，任意の元 $w\in\mathrm{Im}f$ は $w=f(v), v\in V$ と書けるから，$v=\sum a_i v_i$ $(a_i\in\boldsymbol{R})$ とあらわすと，$w=\sum_{i=1}^{n} a_i f(v_i)=\sum_{i=k+1}^{n} a_i f(v_i)=\sum_{j=1}^{n-k} a_{k+j} w_j$ となる．従って，$w_1, \cdots, w_{n-k}$ が一次独立であることを言えばよい．

$\sum b_i w_i=0$ とせよ．これは，$\sum b_i f(v_{i+k})=0$ を意味するから，$\sum b_i v_{i+k}\in\mathrm{Ker}f$．よって，$\sum b_i v_{i+k}=\sum_{j=1}^{k} a_j v_j$ と書ける．$v_1, \cdots, v_n$ の一次独立性から，$b_i=0$，$a_j=0$ を得て，$w_1, \cdots, w_{n-k}$ の一次独立性が証明された． (証終)

定義 2.10 $f\in\mathcal{L}(V, W)$ に対し，$\mathrm{rank}f=\dim\mathrm{Im}f$ を f の**階数**(rank)とよぶ．

系 2.3 $\dim V=\dim W$ とする．$f\in\mathcal{L}(V, W)$ に対し，次の条件 (i)～(iii) は互いに同値である．

(i) f は全射，

(ii) f は単射，

(iii) f は同型写像．

証明 (iii)⇒(i) は自明．

(i)⇒(ii)：f が全射であるから，$\mathrm{Im}f=W$．よって，(2.7) より，$\dim(\mathrm{Ker}f)=0$ となり，$\mathrm{Ker}f=0$，つまり，f は単射である．

(ii)⇒(iii)：f は単射であるから，$\mathrm{Ker}f=0$．よって，(2.7) より，dim

$(\mathrm{Im} f)=\dim W$. よって，$\mathrm{Im} f=W$. つまり，f は全射であるから，f は同型写像となる．　　　　(証終)

次の補題は階数の定義より殆んど明かである．

補題 2.5　有限次元ベクトル空間 U, V, W と，$f\in\mathcal{L}(V, W)$，$g\in\mathcal{L}(U, V)$ が与えられ，g が同型写像であれば，$\mathrm{rank}(f\circ g)=\mathrm{rank} f$ が成立つ．

定義 2.11　$\{v_1, \cdots, v_n\}$ を V の基とし，$f\in\mathcal{L}(V, V)$ とすると，$f(v_j)=\sum_{i=1}^{n} a_{ij}v_i$ $(j=1, 2, \cdots, n)$ とあらわせる．$n\times n$ 行列 $A=(a_{ij})$ を f の基 $\{v_1, \cdots, v_n\}$ に関する行列表示とよぶ．

$\{v_1', \cdots, v_n'\}$ を同じく V の基とすると，

$$v_j=\sum_{i=1}^{n} c_{ij}v_i' \qquad (j=1, \cdots, n),$$

$$v_j'=\sum_{i=1}^{n} c_{ij}'v_i \tag{2.8}$$

と書ける．$C=(c_{ij})$，$C'=(c_{ij}')$ によって行列 C, C' を定義すると，$C\cdot C'=E_n$ が成立つ．

補題 2.6　f の基 $\{v_1', \cdots, v_n'\}$ による行列表示を $A'=(a_{ij}')$ とすれば，

$$A'=CAC^{-1} \tag{2.9}$$

が成立つ．

証明　$f(v_j')=\sum a_{ij}'v_i'$ の両辺に (2.8) を代入して v_i の係数を比較すると，$AC'=C'A'$ を得る．一方，$C\cdot C'=E_n$ であるから (2.9) が得られる．

(証終)

系 2.4　$f, \{v_i\}, A$ は定義 2.11 の記号とする．

$$\mathrm{Tr} f=\mathrm{Tr}\, A=\sum_{i=1}^{n} a_{ii}$$

とおくと，$\mathrm{Tr} f$ は基 $\{v_i\}$ の取り方によらない．この値 $\mathrm{Tr} f$ を f の**トレース** (trace) とよぶ．

証明　$n\times n$ 行列 $A=(a_{ij})$，$B=(b_{ij})$ に対し，$\mathrm{Tr}\, AB=\sum_{i,j} a_{ij}b_{ij}=\mathrm{Tr}\, BA$ が成立つことより，補題 2.6 を用いると，

$$\mathrm{Tr}\, A'=\mathrm{Tr}(CA)\cdot C^{-1}=\mathrm{Tr}\, C^{-1}(CA)=\mathrm{Tr}\, A.$$

(証終)

系 2.5 $f\in\mathcal{L}(V,V)$ の基 $\{v_1,\cdots,v_n\}$ による行列表示を $A=(a_{ij})$ とすれば $\det A$ は基 $\{v_i\}$ の取り方によらない．$\det A=\det f$ を f の行列式とよぶ．

証明 補題 2.6 により $A'=CAC^{-1}$ であるから，$\det A'=\det A$ が成立つ．

(証終)

系 2.6 $f\in\mathcal{L}(V,V)$ が線型同型であるための必要十分条件は，$\det f\neq 0$ が成立つことである．

証明 V の基 $\{v_1,\cdots,v_n\}$ を一つ固定すると，$f\in\mathcal{L}(V,V)$ と $n\times n$ 行列との間に 1 対 1 対応がつくことより容易に検証される． (証終)

定義 2.12 $f\in\mathcal{L}(V,V)$ とする．$f(v)=c\cdot v$ をみたす $c\in\boldsymbol{R}$ (または $c\in\boldsymbol{C}$) と $0\neq v\in V$ が存在するとき，v を f の**固有ベクトル**(eigen vector)，c を v に属する f の**固有値**(eigen value)とよぶ．

定理 2.3 V を有限次元複素ベクトル空間とし，$V\neq\{0\}$ とすれば，任意の $f\in\mathcal{L}(V,V)$ は固有ベクトルをもつ．

証明 V の基 $\{v_1,\cdots,v_n\}$ をとり，f の $\{v_i\}$ による行列表示を $A=(a_{ij})$ とせよ．$\det(A-xE_n)=P(x)$ とおくと，$P(x)$ は変数 x についての n 次の多項式である．従って $P(c)=0$ をみたす根 $c\in\boldsymbol{C}$ が存在する．写像 $f-c\cdot 1_V$: $V\to V$ に対しては，

$$\det(f-c\cdot 1_V)=\det(A-cE_n)=P(c)=0.$$

系 2.6 によって $f-c\cdot 1_V$ は線型同型ではない．よって系 2.3 によって $(f-c\cdot 1_V)(v)=0$ なる元 $0\neq v\in V$ がある． (証終)

定義 2.13 定理 2.3 の証明中にある多項式 $P(x)$ を f の**固有多項式**(characteristic polynomial)と言う．

2.4 陰関数定理，階数定理

定義 2.14 Ω_1,Ω_2 をそれぞれ $\boldsymbol{R}^{n_1}$，$\boldsymbol{R}^{n_2}$ の開集合とし，点 $(a,b)\in\Omega_1\times\Omega_2$ をとる．$\boldsymbol{R}^{n_1}$ の座標を $(x_1,\cdots,x_{n_1})$，$\boldsymbol{R}^{n_2}$ のそれを $(y_1,\cdots,y_{n_2})$ とする．写像 $f\in C^1(\Omega_1\times\Omega_2,\boldsymbol{R}^p)$ に対し，

$$(d_1 f)_{(a,b)}=\left(\frac{\partial f_i}{\partial x_j}(a,b)\right),$$

$$(d_2 f)_{(a,b)} = \left(\frac{\partial f_i}{\partial y_k}(a,b)\right)$$

によって，$p\times n_i$ 行列 $(d_i f)_{(a,b)}$ $(i=1,2)$ が定義される．$(d_i f)_{(a,b)}$ はベクトル空間 $\boldsymbol{R}^{n_i}$ から $\boldsymbol{R}^p$ への線型写像と考えてよい．

定理 2.4 $f:\Omega_1\times\Omega_2\to\boldsymbol{R}^{n_2}$ を C^1 写像とする(定義 1.2)．ある点 $(a,b)\in\Omega_1\times\Omega_2$ に対し

$$f(a,b)=0,\qquad \det((d_2 f)_{(a,b)})\neq 0$$

がみたされれば，点 (a,b) を含む開集合 $U_1\times U_2\subset\Omega_1\times\Omega_2$ が存在し，任意の $x\in U_1$ に対し，点 $y=g(x)\in U_2$ がただ1つきまり，

$$f(x,g(x))=0 \tag{2.10}$$

をみたす．さらに写像 $x\to g(x)$ は U_1 から U_2 への連続写像である．

証明　写像 $F:\Omega_1\times\Omega_2\to\boldsymbol{R}^{n_1+n_2}$ を

$$F(x,y)=(x,f(x,y)),\qquad (x,y)\in\Omega_1\times\Omega_2$$

によって定義しよう．F の点 (a,b) におけるヤコビ行列(定義 1.6) $J_F((a,b))$ は

$$J_F((a,b))=\begin{pmatrix} E_{n_1} & 0 \\ * & (d_2 f)_{(a,b)} \end{pmatrix}$$

の型をしているので，$\det(J_F((a,b)))=\det((d_2 f)_{(a,b)})\neq 0$ である．よって，定理 1.3 によって，(a,b) の近傍 $U_1\times U_2\subset\Omega_1\times\Omega_2$ と $(a,0)\in\boldsymbol{R}^{n_1}\times\boldsymbol{R}^{n_2}$ の近傍 W が存在して，

$$F|(U_1\times U_2): U_1\times U_2\to W$$

は位相同型写像である．$\varphi=(F|(U_1\times U_2))^{-1}$ とおく．

$a\in\boldsymbol{R}^{n_1}$ の十分小さい近傍 U_1 をとれば $U_1\times\{0\}\subset W$ であるとしてよい．

$x\in U_1$ に対し，$g(x)=\pi_2(\varphi(x,0))$ とおく．ただし $\pi_2:\boldsymbol{R}^{n_1}\times\boldsymbol{R}^{n_2}\to\boldsymbol{R}^{n_2}$ を $\pi_2(x,y)=y$ で定義しておく．写像 $x\to g(x)$ は明かに連続であって，かつ $f(x,g(x))=0$ をみたす．また (2.10) をみたす $g(x)\in U_2$ がただ1つであることも明かであろう．　(証終)

補題 2.7 $f:\Omega_1\times\Omega_2\to\boldsymbol{R}^{n_2}$ は定理 2.4 と同じ仮定をみたすものとする．定理 2.4 の $g(x)$ を用いて，$n_2\times n_2$ 行列 $A(x)$ と $n_2\times n_1$ 行列 $B(x)$ を

(2.11) $A(x)=(d_2 f)_{(x,g(x))}$, $B(x)=(d_1 f)_{(x,g(x))}$

によって定義する．

このとき，$a\in \boldsymbol{R}^{n_1}$ の近傍 U を十分小にとれば，

(i) $\det(A(x))\neq 0$ $(x\in U)$,

(ii) $g\in C^1(U, \boldsymbol{R}^{n_2})$，かつ

(2.12) $J_g(x)=-A(x)^{-1}\cdot B(x)$ $(x\in U)$

が成立つ．

証明 $x\to g(x)$ は連続で，$f\in C^1(\Omega_1\times\Omega_2, \boldsymbol{R}^{n_2})$ であったから，写像 $x\to A(x)$ は連続である．従って，関数 $x\to\det(A(x))$ は U_1 上で連続であって $\det(A(a))\neq 0$ であるから，(i) をみたす a の ε 近傍 $U\subset U_1$ が存在する．

つぎに，$x, x+\xi\in U$ なる 2 点に対し，

(2.13) $\eta=g(x+\xi)-g(x)$

とおく．$f(x+\xi, g(x)+\eta)=f(x+\xi, g(x+\xi))=0$ であるから，テーラーの公式により，

$$0=f(x, g(x))+B(x)\xi+A(x)\eta+o(|\xi|+|\eta|) \qquad (|\xi|\to 0)$$

と書ける(定義 1.9)．さらに，$\eta\to 0$ $(\xi\to 0)$，かつ $f(x, g(x))=0$ であるから，

(2.14) $A(x)\eta=-B(x)\xi+o(|\xi|+|\eta|)$ $(|\xi|\to 0)$

が成立つ．

a の $\varepsilon/2$ 近傍を U_0 とすれば，$A(x)^{-1}$ の成分は U_0 上で有界な関数である．よって，(2.14) より，

(2.15) $\eta=-A(x)^{-1}\cdot B(x)\xi+o(|\xi|+|\eta|)$ $(|\xi|\to 0)$

が成立つ．(2.15) より，ある正数 c があって，$|\xi|$が十分小なら $|\eta|\leq c\cdot|\xi|+\frac{1}{2}|\eta|$ の成立することがわかる．即ち，$|\eta|\leq 2c|\xi|$．これを (2.15) に代入すると，(2.13) を用いて，

(2.16) $g(x+\xi)-g(x)=-A(x)^{-1}B(x)\xi+o(|\xi|)$ $(|\xi|\to 0)$

が得られる．(2.16) は $g\in C^1(U, \boldsymbol{R}^{n_2})$，かつ $J_g(x)=-A(x)^{-1}B(x)$ を意味する． (証終)

定理 2.5 $f\in C^1(\Omega_1\times\Omega_2, \boldsymbol{R}^{n_2})$ および g は定理 2.4 と同じものとし，

$a\in\Omega_1$ の近傍 U に対して,

$$\det((d_2 f)_{(x,g(x))})\neq 0 \qquad (x\in U)$$

がみたされているとする. このとき, もし, $f\in C^k(\Omega_1\times\Omega_2, \boldsymbol{R}^{n_2})$ $(1\leq k\leq\infty)$ ならば, $g\in C^k(U, R^{n_2})$ である. **(陰関数定理)**

証明 $k=1$ なら, 補題 2.7 にほかならない.

$k>1$ に対しては, 帰納法で証明する. $k-1$ までよいとすると, $f\in C^k(\Omega_1\times\Omega_2, \boldsymbol{R}^{n_2})$ なら, 当然 $f\in C^{k-1}(\Omega_1\times\Omega_2, \boldsymbol{R}^{n_2})$ であるから, 帰納法の仮定によって, $g\in C^{k-1}(U, \boldsymbol{R}^{n_2})$ である. 従って, (2.11) によれば, $A(x)$, $B(x)$ も x に関し C^{k-1} 級である. よって, (2.12) により, $J_g(x)$ も x に関し, C^{k-1} 級である. これは, $g\in C^k(U, \boldsymbol{R}^{n_2})$ であることを示している. (証終)

定理 2.6 Ω を $\boldsymbol{R}^n$ の開集合とし, $f\in C^k(\Omega, \boldsymbol{R}^n)$ $(k\geq 1)$ とする. 1 点 $a\in\Omega$ において, $\det(J_f(a))\neq 0$ ならば, 定理 1.3 によって, a の十分小な近傍 U が存在して, $f|U$ は位相同型であるが, 実は $f|U$ は C^k 同型写像である. **(逆写像定理)**

証明 写像 $h:\boldsymbol{R}^n\times\Omega\to\boldsymbol{R}^n$ を $h(x,y)=x-f(y)$ で定義すると, h に対し, 定理 2.4 の仮定がみたされ, (2.10) 式 $h(x,g(x))=0$ をみたす写像 g は $(f|U)^{-1}$ にほかならない. よって, 定理 2.5 により, $(f|U)^{-1}$ は C^k 級である. 即ち, $f|U$ は C^k 同型である. (証終)

定義 2.15 $\boldsymbol{R}^n$ の部分集合 $\{x\in\boldsymbol{R}^n \mid |x_j-a_j|<r_j\ (j=1,\cdots,n)\}$ を $a=(a_1,\cdots,a_n)$ を中心とする**立方体**(cube)とよぶ.

定理 2.7 Ω を $\boldsymbol{R}^n$ の開集合とし, $f\in C^k(\Omega, \boldsymbol{R}^m)$ $(1\leq k\leq\infty)$ とする. もし

$$\operatorname{rank}(J_f(x))=r \qquad (x\in\Omega)$$

がみたされれば, $a\in\Omega$ の近傍 U, $f(a)\in\boldsymbol{R}^m$ の近傍 V, $\boldsymbol{R}^n$, $\boldsymbol{R}^m$ の立方体 Q, Q' および C^k 同型写像 $\psi:Q\to U$, $\psi':V\to Q'$ が存在して, 次の条件をみたすようにできる.

(i) $f(U)\subset V$,

(ii) $\varphi=\psi'\circ f\circ\psi$ とおくと,

$$\varphi(x_1, \cdots, x_n) = (x_1, \cdots, x_r, 0, \cdots, 0) \quad (x \in Q). \qquad \textbf{(階数定理)}$$

証明 $a=0$, $b=0$（原点）として差支えない．また，適当に $\boldsymbol{R}^n$, $\boldsymbol{R}^m$ の基をとりなおして，$J_f(0)=\begin{pmatrix} E_r & 0 \\ 0 & 0 \end{pmatrix}$ であるとしてよい．$f(x)$ の成分を $f(x) = (f_1(x), \cdots, f_n(x))$ $(x \in \Omega)$ とするとき，写像 $g: \Omega \to \boldsymbol{R}^n$ を

$$g(x) = (f_1(x), \cdots, f_r(x), x_{r+1}, \cdots, x_n)$$

で定義する．もちろん，原点における g のヤコビ行列は $J_g(0)=E_n$ である．よって，陰関数の定理 2.5 により，$0 \in \boldsymbol{R}^n$ の近傍 U と立方体 Q が存在して，$g|_U: U \to Q$ は C^k 同型となる．$\psi = (g|U)^{-1}$ とおく．写像 $f \circ \psi$ は $y \in Q$ に対して，

$$(2.17) \qquad (f \circ \psi)(y) = (y_1, \cdots, y_r, \varphi_{r+1}(y), \cdots, \varphi_m(y))$$

と書け，$\varphi_j \in C^k(Q)$ $(j=r+1, \cdots, m)$ である．

そこで，$h = f \circ \psi$ とおくと，

$$J_h(y) = J_f(\psi(y)) \cdot J_\psi(y) \qquad (y \in Q)$$

が成立つから，補題 2.5 により，$\mathrm{rank}(J_h(y)) = r$ $(y \in Q)$．

よって，(2.17) により，すべての $j, k > r$ に対し，$\partial\varphi_j / \partial y_k = 0$ が成立つ．つまり，φ_j は $y_{r+1}, \cdots, y_m$ に依存しない．

いま，立方体 Q を $\boldsymbol{R}^r$, $\boldsymbol{R}^{n-r}$ の中の立方体 Q_1, Q_2 の直積集合としてあらわす： $Q = Q_1 \times Q_2$.

つぎに，写像 $\theta: Q_1 \times \boldsymbol{R}^{m-r} \to Q_1 \times \boldsymbol{R}^{m-r}$ を

$$\theta(y_1, \cdots, y_m) = (y_1, \cdots, y_r, y_{r+1} - \varphi_{r+1}(y_1, \cdots, y_r), \cdots, y_m - \varphi_m(y_1, \cdots, y_r))$$

によって定義すると，明かに θ は C^k 微分同型である．

立方体 Q を十分小にとれば，$\theta h(Q) \subset Q' \subset Q_1 \times \boldsymbol{R}^{m-r}$ なる立方体 Q' がとれる．この Q' に対し，$V = \theta^{-1}(Q')$, $\psi' = \theta | Q'$ とおけば，

$$f(U) = (f \circ \psi)(Q) = h(Q) \subset \theta^{-1}(Q') = V$$

が成立ち，かつ $x \in Q$ に対し，

$$\begin{aligned} (\psi' \circ f \circ \psi)(x_1, \cdots, x_n) &= \psi'(h(x_1, \cdots, x_n)) \\ &= \theta(h(x_1, \cdots, x_n)) = \theta(x_1, \cdots, x_r, \varphi_{r+1}(x_1, \cdots, x_n), \cdots, \varphi_m(x_1, \cdots, x_n)) \\ &= (x_1, \cdots, x_r, 0, \cdots, 0) \end{aligned}$$

が成立つ.　　　　(証終)

問題 2

V, W は有限次元の実ベクトル空間とし, $\mathcal{L}(V, W)$ は V から W への線型写像全体のなすベクトル空間とする.

2.1 $f \in \mathcal{L}(V, V)$ が $f \circ f = 1_V$ をみたす時, $V_{\pm} = \{x \in V \mid f(x) = \pm x\}$ (複号同順) とおけば,

$$V = V_+ \oplus V_- \qquad \text{(直和)}$$

である.

2.2 $f \in \mathcal{L}(V, V)$ であって, $f \circ f = -1_V$ をみたすものが存在すれば, V は偶数次元である.

2.3 $f \in \mathcal{L}(V, V)$ に対し, $f^m = 0$ をみたす自然数 m が存在すれば, $f^n = 0$ である. ただし, $n = \dim V$.

2.4 $f \in \mathcal{L}(V, V)$ とする. すべての $g \in \mathcal{L}(V, V)$ に対し, $f \circ g = g \circ f$ が成立てば, ある $\alpha \in \boldsymbol{R}$ が存在して $f = \alpha \cdot 1_V$ である.

2.5 $\dim \mathcal{L}(V, W) = \dim V \cdot \dim W$ が成立つ.

3. 位 相 空 間

3.1 位相空間の定義

集合 M の部分集合全体からなる集合を $\mathcal{P}(M)$ であらわす: $\mathcal{P}(M)=\{U|U\subset M\}$.

定義 3.1 集合 M の**位相**(topology)とは，$\mathcal{P}(M)$の部分集合 $\mathcal{U}$ であって，次の条件をみたすものを言う．

(i) $\phi\in\mathcal{U}$，$M\in\mathcal{U}$ (ϕ は空集合)，

(ii) $U, V\in\mathcal{U}$ ならば，$U\frown V\in\mathcal{U}$，

(iii) $U_\alpha\in\mathcal{U}\,(\alpha\in A)$ ならば，$\bigcup_{\alpha\in A} U_\alpha\in\mathcal{U}$.

集合 Mと位相$\mathcal{U}$ とを一組にして，$(M,\mathcal{U})$ のことを**位相空間**(topological space)とよび，$\mathcal{U}$ の元 U をこの位相空間の**開集合**(open set)と言う．$\mathcal{U}$ を明記する必要のない場合は，単に M を位相空間と言う．

上の条件のほかに，

(iv) $p, q\in M$，$p\neq q$ に対し，$U, V\in\mathcal{U}$ が存在して，$p\in U$，$q\in V$，$U\frown V=\phi$

をみたすとき，M を**ハウスドルフ空間**(Hausdorff space)と言う．

本書で取扱う位相空間は，断りのないかぎり，ハウスドルフ空間である．

定義 3.2 $(M,\mathcal{U})$ を位相空間とする．$p\in M$ に対し，

$$\mathcal{U}(p)=\{U\in\mathcal{U}|p\in U\}$$

とおき，$\mathcal{U}(p)$ の元 U を p の**開近傍**(open neighborhood)とよぶ．p の開近傍を含む任意の集合をpの**近傍**と言い，pの近傍全体からなる集合を$\mathcal{U}'(p)$であらわす．

定義 3.3 $(M,\mathcal{U})$ を位相空間とし，$p\in M$ に対し，$\mathcal{U}'(p)$ の部分集合 $\mathcal{U}_p$ を考える．

任意の $U\in\mathcal{U}(p)$ に対し，$V\subset U$ かつ $V\in\mathcal{U}_p$ をみたす V が存在するとき，$\mathcal{U}_p$ を位相 $\mathcal{U}$ についての p の**基本近傍系**とよぶ．

定義 3.4　$(M, \mathcal{U})$ を位相空間とする．点列 $\{p_\nu\}$ が $p_0 \in M$ に収束するとは，任意の $U \in \mathcal{U}(p)$ に対し，十分大きい自然数 N をとると $p_\nu \in U$ $(\nu \geq N)$ が成立つときを言う．

命題 3.1　$(M, \mathcal{U})$ を位相空間とすると，次のことが成立つ．

(1)　$U \in \mathcal{U}(p)$ ならば $p \in U$,

(2)　$U, V \in \mathcal{U}(p)$ ならば $W \subset U \frown V$ かつ，$W \in \mathcal{U}(p)$ をみたす W が存在する．

(3)　$U \in \mathcal{U}(p)$，$q \in U$ ならば，$V \subset U$ かつ $V \in \mathcal{U}(q)$ をみたす V が存在する．

逆に，集合 M の各点 p に対し，$\mathcal{U}_p \subset \mathcal{P}(M)$ が与えられて，(1), (2), (3) を ($\mathcal{U}(p)$ を $\mathcal{U}_p$ にかえて) みたせば，$\{\mathcal{U}_p\}$ を基本近傍系とする M の位相 $\mathcal{U}$ が，ただ一つ存在する．

証明　(1) は自明．(2) は $W = U \frown V$，(3) は $V = U$ とおけばよい．

逆に，(1)〜(3) をみたす $\{\mathcal{U}_p\}$ が与えられたとする．$\mathcal{V} = \bigcup_{p \subset M} \mathcal{U}_p$ とおき，$\mathcal{V}$ の元の(有限でも，無限でもよい)和集合としてあらわせる M の部分集合全体および空集合 ϕ からなる集合を $\mathcal{U}$ であらわす．

(1), (2), (3) を用いて，$\mathcal{U}$ が定義 3.1 の (i), (ii), (iii) をみたすことがたしかめられる．$\mathcal{U}$ が求める位相であること，およびその一意性も容易に検証される．　(証終)

定義 3.5　$(M, \mathcal{U})$ を位相空間とし，W を M の部分集合とする．$\mathcal{U}|W = \{U \frown W | V \in \mathcal{U}\}$ とおくと，$\mathcal{U}|W$ は W の位相である．この位相を $\mathcal{U}$ から導かれた**相対位相**(relative topology)と言う．W を相対位相によって位相空間と考える場合，W を部分(位相)空間とよぶ．

定義 3.6　集合 M に対し写像 $\rho: M \times M \to \boldsymbol{R}$ が次の条件をみたすとき，ρ を M 上の**距離**(metric)とよぶ．

(i)　$\rho(x, y) \geq 0$ $(x, y \in M)$ であって，$\rho(x, y) = 0$ となるのは $x = y$ のときに限る．

(ii)　$\rho(x, y) = \rho(y, x)$.

(iii) $\rho(x,y)+\rho(y,z)\geq\rho(x,z) \qquad (x,y,z\in M)$.

組 (M,ρ) のことを**距離空間**(metric space)とよぶ．ρ を明記する必要のないときは，単に M を距離空間とよぶ．次の命題は容易に証明できる．

命題 3.2 (M,ρ) を距離空間とする．$p\in M$ と正数 δ に対し，$U(p,\delta)=\{q\in M|\rho(p,q)<\delta\}$ とおき，p の δ 近傍とよぶ．$\mathcal{U}_p=\{U(p,\delta)|\delta>0\}$ とおくと，$\{\mathcal{U}_p\}$ は命題 3.1 の条件をみたす．従って，$\{\mathcal{U}_p\}$ を基本近傍系とする位相 $\mathcal{U}$ が定義される．この位相空間 $(M,\mathcal{U})$ を距離空間 (M,ρ) に付随する位相空間(または，$\mathcal{U}$ を ρ から導かれた位相)とよぶ．

例 3.1 $M=\boldsymbol{R}^n$ とし，任意の $t=(t_1,\cdots,t_n)\in\boldsymbol{R}^n$ に対し，$|t|=\mathrm{Max}\{|t_i|;i=1,\cdots,n\}$ とおき，写像 $\rho:M\times M\to\boldsymbol{R}$ を $\rho(t,u)=|t-u|$ で定義すれば，$(\boldsymbol{R}^n,\rho)$ は距離空間である．従って，$\boldsymbol{R}^n$ は自然に，位相空間となる．この位相を $\boldsymbol{R}^n$ の自然な位相とよぶ．自然な位相による $\boldsymbol{R}^n$ の点列の収束(定義 3.4)は普通の意味の収束の概念と一致する．

例 3.2 $t\in\boldsymbol{R}^n$ に対し，$\|t\|=(\sum t_i{}^2)^{1/2}$ とおき，$\rho_0:\boldsymbol{R}^n\times\boldsymbol{R}^n\to\boldsymbol{R}$ を $\rho_0(t,u)=\|t-u\|$ で定義すると，ρ_0 は $\boldsymbol{R}^n$ 上の距離となる．距離空間 $(\boldsymbol{R}^n,\rho_0)$ を n 次元ユークリッド空間とよぶ．この $(\boldsymbol{R}^n,\rho_0)$ に付随する位相は例 3.1 の位相と一致する．付随する位相が一致する距離 ρ_1,ρ_2 は同値な距離であると言う．

例 3.3 集合 M に対し，$\mathcal{U}=\mathcal{P}(M)$ とおけば，明かに，$\mathcal{U}$ は M の位相である(すべての部分集合が開集合ということになる)．この位相を M の**ディスクリート位相**(discrete topology)とよぶ．

定義 3.7 位相空間 $(M,\mathcal{U})$ に対し，$\mathcal{U}^c=\{F\in\mathcal{P}(M)|M-F\in\mathcal{U}\}$ とおき，$\mathcal{U}^c$ の元 F は，位相空間 $(M,\mathcal{U})$ の**閉集合**(closed set)であると言う．

補題 3.1 (i) $\phi\in\mathcal{U}^c$, $M\in\mathcal{U}^c$,

(ii) $F_1,F_2\in\mathcal{U}^c$ ならば，$F_1\cup F_2\in\mathcal{U}^c$,

(iii) $F_\alpha\in\mathcal{U}^c(\alpha\in A)$ ならば，$\bigcap F_\alpha\in\mathcal{U}^c$.

証明 定義 3.1 の (i), (ii), (iii) より殆んど自明． (証終)

定義 3.8 $(M,\mathcal{U})$ を位相空間とする．任意の $A\subset M$ に対し，

$$\bar{A}=\bigcap\{F|F\in\mathcal{U}^c, F\supset A\}$$

とおき，$\bar{A}$ を A の(位相 $\mathcal{U}$ に関する)**閉包**(closure)とよぶ．$\bar{A}=Cl(A)$ と書くこともある．補題 3.1 (iii) により，$\bar{A}\in\mathcal{U}^c$，つまり，$\bar{A}$ は A を含む最小の閉集合である．

補題 3.2 $(M,\mathcal{U})$ を位相空間とする．$A\subset M$ に対し，

(3.1) $$\bar{A}=\{p\in M \mid U\in\mathcal{U}(p) \text{ ならば，} U\frown A\neq\phi\}$$

が成立つ．

証明 (3.1) の右辺を B とおく．まず，$p\notin B$ とせよ．$U\frown A=\phi$ をみたす $U\in\mathcal{U}(p)$ がある．$F=M-U$ とおけば，$F\in\mathcal{U}^c$ であって，$A\subset F$ である．よって，$\bar{A}\subset F$．従って，$\bar{A}\subset M-U$ であるから，$M-\bar{A}\supset U\ni p$，即ち，$p\notin\bar{A}$．これで，$\bar{A}\subset B$ が言えた．

つぎに，$p\notin\bar{A}$ とせよ．$\bar{A}$ の定義より，$p\notin F\supset A$ をみたす $F\in\mathcal{U}^c$ がある．$U=M-F$ とおくと，$p\in U\in\mathcal{U}$ である．即ち，$U\in\mathcal{U}(p)$．この U に対し，$U\frown A\subset U\frown F=\phi$．$B$ の定義より，$p\notin B$．これで，$B\subset\bar{A}$ が言えた．

(証終)

定義 3.9 位相空間 $(M,\mathcal{U})$ の部分集合 A に対し，1点 $p\in M$ が A の**集積点**(accumulation point)であるとは，次の条件をみたすときを言う：

任意の $U\in\mathcal{U}(p)$ に対し，$U\frown A$ は p 以外の点を含む．

3.2 直積と位相のはり合わせ

命題 3.3 $(M_1,\mathcal{U}_1),(M_2,\mathcal{U}_2)$ を 2 つの位相空間とする．$M_1\times M_2$ の点 $p=(p_1,p_2)$ に対し，

$$\mathcal{V}_p=\{U_1\times U_2 \mid U_1\in\mathcal{U}_1(p_1),\ U_2\in\mathcal{U}_2(p_2)\}$$

とおくと，$\{\mathcal{V}_p \mid p\in M_1\times M_2\}$ は，命題 3.1 の条件 (1)〜(3) をみたす．従って，$\{\mathcal{V}_p\}$ を基本近傍系とする位相 $\mathcal{V}$ が $M=M_1\times M_2$ に定義できる．

証明 $\mathcal{U}_1,\mathcal{U}_2$ が (1)〜(3) をみたすことから，$\mathcal{V}$ も (1)〜(3) をみたすことが容易にたしかめられる．(証終)

定義 3.10 命題 3.3 の位相空間 $(M_1\times M_2,\mathcal{V})$ を位相空間 $(M_1,\mathcal{U}_1)$，$(M_2,\mathcal{U}_2)$ の直積位相空間(または**直積**)(direct product)とよぶ．

定理 3.1 集合 M が部分集合 M_i $(i \in J)$ の和集合であって，それぞれの M_i には位相 $\mathcal{U}_i$ が定義されていて，（i）$M_i \frown M_j \in \mathcal{U}_i$，（ii）$\mathcal{U}_i|(M_i \frown M_j) = \mathcal{U}_j|(M_i \frown M_j)$ がすべての $i, j \in J$ に対し成立っているとする．

このとき，M の位相 $\mathcal{U}$ であって，（1）$\mathcal{U}|M_i = \mathcal{U}_i$，（2）$M_i \in \mathcal{U}$ がすべての $i \in J$ に対し成立つような $\mathcal{U}$ がただ一つ存在する．

（位相はり合わせ定理）

証明

(3.2) $$\mathcal{U} = \{V \in \mathcal{P}(M) \mid V \frown M_i \in \mathcal{U}_i (i \in J)\}$$

とおくと，$\mathcal{U}$ が M の位相であることは容易にたしかめられる．$M_{ij} = M_i \frown M_j$ $(i, j \in J)$ とおく．

（1）を証明しよう．任意に $V \in \mathcal{U}_i$ をとる．すべての $j \in J$ に対し，$V \frown M_j = V \frown M_{ij} \in \mathcal{U}_i|M_{ij} = \mathcal{U}_j|M_{ij}$．よって，$V \frown M_j = V' \frown M_{ij}$ の成立つ $V' \in \mathcal{U}_j$ が存在する．（i）より，$M_{ij} \in \mathcal{U}_j$ であるから $V' \frown M_{ij} \in \mathcal{U}_j$．ゆえに，$V \frown M_j \in \mathcal{U}_j$ がすべての $j \in J$ に対し成立つことがわかり，$\mathcal{U}$ の定義 (3.2) によって $V \in \mathcal{U}$ である．$V \subset M_i$ であったから，$V \in \mathcal{U}|M_i$．よって，$\mathcal{U}_i \subset \mathcal{U}|M_i$ がわかった．

逆に，$V \in \mathcal{U}|M_i$ を任意にとると，$V = V' \frown M_i$ となる $V' \in \mathcal{U}$ がある．(3.2) より $V \in \mathcal{U}_i$ である．よって，$\mathcal{U}|M_i \subset \mathcal{U}_i$ がわかった．これで（1）が証明された．

（2）が成立つことは仮定（i）と定義 (3.2) とによる．

つぎに，$\mathcal{U}$ の一意性を言うため，$\mathcal{U}'$ も（1），（2）をみたす M の位相としよう．$\mathcal{U} = \mathcal{U}'$ を証明すればよい．

任意に $V \in \mathcal{U}$ をとると，$V \frown M_i \in \mathcal{U}_i = \mathcal{U}'|M_i$ だから，$V \frown M_i = V' \frown M_i$，$V' \in \mathcal{U}'$ をみたす V' がある．$M_i \in \mathcal{U}'$ であるから $V' \frown M_i \in \mathcal{U}'$．即ち，$V \frown M_i \in \mathcal{U}'$ である．よって，$V = \bigcup_{i \in J} (V \frown M_i) \in \mathcal{U}'$．$V$ は任意であったから，$\mathcal{U} \subset \mathcal{U}'$ が示された．

同様に，$\mathcal{U}$ と $\mathcal{U}'$ の役割を交換すると，$\mathcal{U}' \subset \mathcal{U}$ が成立ち，従って，$\mathcal{U} = \mathcal{U}'$ が証明された．（証終）

定義 3.11　位相空間 $(M, \mathcal{U})$ に対し，$M=\bigcup_{i\in J} U_i$，$U_i\in\mathcal{U}$ をみたす開集合の集合 $\{U_i\}$ を M の**開被覆**(open covering)とよぶ.

3.3　連続写像，位相同型写像

位相空間に対しては，連続の概念が定義される．と言うよりも，連続性を定義するため，位相空間の概念が生れたのだと言った方がよいかも知れない.

定義 3.12　$(M_1, \mathcal{U}_1)$, $(M_2, \mathcal{U}_2)$ を位相空間とする. 写像 $f: M_1\to M_2$ が**連続写像**(continuous map)である(または，連続である)とは，任意の $V\in\mathcal{U}_2$ に対し，$f^{-1}(V)\in\mathcal{U}_1$ であるときを言う.

f が 1 点 $p\in M_1$ において連続であるとは，任意の $V\in\mathcal{U}_2(f(p))$ に対し，ある $U\in\mathcal{U}_1(p)$ が存在して，$f(U)\subset V$ となるときを言う.

命題 3.4　$f: M_1\to M_2$ を位相空間 $(M_1, \mathcal{U}_1)$ から $(M_2, \mathcal{U}_2)$ への写像とする.

(1)　f が連続写像であれば，すべての点 $p\in M_1$ において f は連続である．逆に，

(2)　f がすべての点 $p\in M$ において連続ならば，f は連続写像である.

証明　(1)　任意の $V\in\mathcal{U}_2(f(p))$ に対し，$U=f^{-1}(V)$ とおくと，$V\in\mathcal{U}_2$ であるから $U\in\mathcal{U}_1$ である. 一方，$U\ni p$ は自明. よって，$U\in\mathcal{U}_1(p)$. $f(U)\subset V$ も $U=f^{-1}(V)$ だから明か.

(2)　任意に $V\in\mathcal{U}_2$ をとる．$U=f^{-1}(V)$ とおき，$p\in U$ を任意にとる. ($U=\phi$ なら $U\in\mathcal{U}_1$ だから証明することなし)．$V\in\mathcal{U}_2(f(p))$ に注意すると，f は p において連続であるから，ある $U_p\in\mathcal{U}_1(p)$ があって，$f(U_p)\subset V$ をみたす．$U_p\subset f^{-1}(V)=U$ であるから，$U=\bigcup\{U_p|p\in U\}\in\mathcal{U}_1$ が成立つ.　(証終)

注意 3.1　$M_1=M_2=\boldsymbol{R}^1$ であって，$\mathcal{U}_1$，$\mathcal{U}_2$ がともに $\boldsymbol{R}^1$ の自然な位相(例 3.1) であるとき，$f: \boldsymbol{R}\to\boldsymbol{R}$ が連続写像であることと，f が(普通の意味の)連続関数であることとは同じである．つまり，連続写像は連続関数の概念の拡張である.

定義 3.13 M_1, M_2 を位相空間とするとき，M_1 から M_2 への連続写像全体からなる集合を $C^0(M_1, M_2)$ であらわす.

定義 3.14 $\boldsymbol{R}^1$ を自然な位相で位相空間と考えた場合 $C^0(M, \boldsymbol{R}^1)$ の元を M 上の実数値連続関数とよぶ.

補題 3.3 M_1, M_2, M_3 を位相空間とする．$f \in C^0(M_1, M_2), g \in C^0(M_2, M_3)$ ならば，$g \circ f \in C^0(M_1, M_3)$ である.

証明 $\mathcal{U}_i$ $(i=1,2,3)$ を M_i の位相とする．任意の $W \in \mathcal{U}_3$ に対し，$g^{-1}(W) \in \mathcal{U}_2$. ゆえに $(g \circ f)^{-1}(W) = f^{-1}(g^{-1}(W)) \in \mathcal{U}_1$. よって，$g \circ f$ は連続である. (証終)

定義 3.15 $(M_i, \mathcal{U}_i)$ $(i=1,2)$ を位相空間とする．$f \in C^0(M_1, M_2)$ が全単射であって，$f^{-1} \in C^0(M_2, M_1)$ であるとき，f は M_1 から M_2 への**位相同型写像**(homeomorphism)と言う．(M_1, M_2 が $\boldsymbol{R}^n$ の開集合であって，自然な位相による位相空間 $\boldsymbol{R}^n$ の部分空間と考えた場合，定義 1.3 の位相同型写像と一致する).

位相同型写像 $f: M_1 \to M_2$ が少くとも 1 つ存在するとき，M_1 と M_2 は位相同型または**同相**(homeomorphic)であると言い，$M_1 \simeq M_2$ であらわす.

同相 "$\simeq$" は同値関係である.

例 3.4 $M_1 = \boldsymbol{R}^1$, $M_2 = \boldsymbol{R}^+ = \{t \in \boldsymbol{R} | t > 0\}$ とし，M_2 を M_1 よりの相対位相による位相空間とする．$f: M_1 \to M_2$ を $f(t) = e^t$ $(t \in \boldsymbol{R})$ で定義すると，f は位相同型写像である.

3.4 連結集合，連結成分

$(M, \mathcal{U})$ を位相空間とするとき，定義 3.1 と補題 3.1 によれば，ϕ, M は M の開かつ閉集合である．開かつ閉集合が ϕ, M に限るような位相空間を連結空間と言う．M の部分集合は部分空間として連結空間であるとき，連結集合であると言う．くわしくのべると：

定義 3.16 位相空間 $(M, \mathcal{U})$ の部分集合 W が**連結**(connected)であるとは，

$$W=W_1\cup W_2, \quad W_i\in\mathcal{U}|W\ (i=1,2), \quad W_1\cap W_2=\phi$$

ならば，$W=W_1$ または $W=W_2$.

$(M,\mathcal{U})$ が**局所連結**(locally connected)であるとは，任意の $p\in M$ と $U\in\mathcal{U}(p)$ に対し，$V\subset U$ をみたす連結な $V\in\mathcal{U}(p)$ が存在するときを言う．

M が連結であっても，局所連結でない場合がある．

例 3.5　区間 $W=[0,1]\subset\boldsymbol{R}^1$ は連結であることを示そう．$W=W_1\cup W_2$, $W_1\cap W_2=\phi$, $W_i\in\mathcal{U}|W$ ($\mathcal{U}$ は $\boldsymbol{R}$ の自然な位相）とせよ．$0\in W_1$ としてよい．

$W_1\in\mathcal{U}|W$ であるから，$U(0,\varepsilon_0)\cap W\subset W_1$ をみたす $\varepsilon_0>0$ がある(例 3.1 参照)．いま，$A=\{t\in W|s<t$ ならば $s\in W_1\}$ とおくと，$\varepsilon_0/2\in A$ であるから，$A\neq\phi$ である．$\delta=\sup\{t|t\in A\}$ とおく．任意の $\varepsilon>0$ に対し，$U(\delta,\varepsilon)\cap W_1\neq\phi$ である．ところで W_1 は W において閉であったから $\delta\in W_1$ である．

$\delta<1$ と仮定すると，W_1 が W の開集合であることから，$1>\delta'>\delta$ かつ $[\delta,\delta']\subset W_1$ をみたす δ' があることになり，δ の取り方に矛盾する．よって，$\delta=1$ となり，$W_1=[0,1]$ となる．よって，W は連結である．

定理 3.2　$f\in C^0(M_1,M_2)$ とする．$W\subset M_1$ が連結であれば，$f(W)$ も連結である．

証明　$W'=f(W)=W_1'\cup W_2'$, $W_i'\in\mathcal{U}_2|W'$, $W_1'\cap W_2'=\phi$ とせよ．$W_i'=V_i\cap W'$ $(i=1,2)$, $V_i\in\mathcal{U}_2$ と書ける．よって，

$$\begin{aligned}W&=f^{-1}(f(W))\cap W=(f^{-1}(W_1')\cup f^{-1}(W_2'))\cap W\\&=(f^{-1}(V_1)\cap W)\cup(f^{-1}(V_2)\cap W)\end{aligned}$$

となり，$f^{-1}(V_i)\cap W=W_i$ $(i=1,2)$ とおくと，

$$W=W_1\cup W_2, \quad W_1\cap W_2=\phi, \quad W_i\in\mathcal{U}_1|W\ (i=1,2)$$

が成立つ．W は連結であるから，$W_1=W$ または，$W_2=W$ である．例えば，$W_1=W$ ならば，$W\subset f^{-1}(V_1)$，従って，$W'=f(W)\subset V_1$, ゆえに，$W_1'=W'$ となる．

よって，W' は連結である．　　(証終)

補題 3.4 W_i $(i \in J)$ が位相空間 $(M, \mathcal{U})$ の連結部分集合であって，$W_i \frown W_j \neq \phi$ $(i, j \in J)$ ならば，和集合 $\bigcup_{i \in J} W_i$ も連結である．

証明 $W = \bigcup_{i \in J} W_i$ とおき，$W = A \smile B$，$A \frown B = \phi$，$A, B \in \mathcal{U}|W$ とせよ．$A = U \frown W$，$B = V \frown W$ をみたす $U, V \in \mathcal{U}$ がある．$A \frown W_i = U \frown W \frown W_i = U \frown W_i \in \mathcal{U}|W_i$，$B \frown W_i = V \frown W_i \in \mathcal{U}|W_i$，かつ

$$W_i = (A \frown W_i) \smile (B \frown W_i)$$

であるから，$A \frown W_i = W_i$ または $B \frown W_i = W_i$ である．

（1） すべての $i \in J$ に対し，$A \frown W_i = W_i$ が成立つ場合：$W = \bigcup W_i = \bigcup (A \frown W_i) = A \frown W$ となり，$W = A$ が成立つ．

（2） すべての $i \in J$ に対し，$B \frown W_i = W_i$ が成立つ場合は $W = B$ が成立つ．

（3） ある $i, j \in J$，$i \neq j$ に対し，$A \frown W_i = W_i$，$B \frown W_j = W_j$ が成立つことはない．何故なら，$A \supset W_i$，$B \supset W_j$ であるから $W_i \frown W_j \subset A \frown B = \phi$，即ち，$W_i \frown W_j = \phi$ となり仮定に反するからである． （証終）

定理 3.3 M_1, M_2 を連結位相空間とすれば，直積 $M_1 \times M_2$ も連結である．

証明 $(p, q) \in M_1 \times M_2$ に対し，$W_p{}^{(1)} = \{p\} \times M_2$，$W_q{}^{(2)} = M_1 \times \{q\}$ とおくと，対応 $(p, p_2) \to p_2$ によって $W_p{}^{(1)}$ は M_2 と同相であるから，定理 3.2 によって連結である．同様に，$W_q{}^{(2)}$ も連結である．従って，補題 3.4 により，$W_p{}^{(1)} \smile W_q{}^{(2)} = W(p, q)$ も連結である．再び補題 3.4 により，$M_1 \times M_2 = \bigcup \{W(p, q) | (p, q) \in M_1 \times M_2\}$ も連結である． （証終）

定理 3.4 W を位相空間 $(M, \mathcal{U})$ の連結な部分集合とすれば，閉包 $\overline{W}$ も連結である．

証明 $\overline{W} = A \smile B$，$A \frown B = \phi$，$A, B \in \mathcal{U}|\overline{W}$ とせよ．A, B は $\overline{W}$ の閉集合であるから，M の閉集合でもある．

さて，$W = (W \frown A) \smile (W \frown B)$ であって，$W \frown A$，$W \frown B \in \mathcal{U}|W$ であるから，$W \frown A = W$ または，$W \frown B = W$ が成立つ．$W \frown A = W$ ならば $W \subset A$．よって，$\overline{W} \subset \overline{A} = A$．即ち，$\overline{W} = A$ が成立つ．$W \frown B = W$ のときは同様にして，$\overline{W} = B$ が成立つ． （証終）

定理 3.5　位相空間 $(M,\mathcal{U})$ の点 $p_0\in M$ をとる．p_0 を含む連結集合全体からなる集合を $\mathcal{C}(p_0)$ とすれば，$\mathcal{C}(p_0)$ には最大の集合 W_0 があって，それは閉である．

証明　$W_0=\bigcup\{A|A\in\mathcal{C}(p_0)\}$ とおく．$A,A'\in\mathcal{C}(p_0)$ ならば，$A\frown A'\ni p_0$ であるから，補題 3.4 により，W_0 は連結である．ゆえに，$W_0\in\mathcal{C}(p_0)$．W_0 が $\mathcal{C}(p_0)$ の中で最大であることも自明である．また，定理 3.4 により，$\bar{W}_0$ も連結であるから，$\bar{W}_0\in\mathcal{C}(p_0)$．従って，$\bar{W}_0\subset W_0$．即ち，$\bar{W}_0=W_0$ である．

（証終）

定義 3.17　定理 3.5 の W_0 を p_0 を含む M の**連結成分**(connected component)とよび．$W_0=C_{p_0}(M)$ と書く．

定義 3.18　$I=[0,1]$ を単位区間とする．位相空間 $(M,\mathcal{U})$ に対し，$f\in C^0(I,M)$ を M 上の**道**(path)または，**曲線**(curve)とよび，$f(0)$ を f の始点，$f(1)$ を f の終点とよぶ．$(M,\mathcal{U})$ が**弧状連結**(arcwise connected)であるとは，任意の 2 点 $p,q\in M$ に対し，p を始点，q を終点とする M 上の道が存在するときを言う．

定理 3.6　弧状連結な位相空間 M は連結である．

証明　1 点 $p_0\in M$ を固定する．p_0 を始点とする M 上の道全体からなる集合を Ω とする：

$$\Omega=\{f|f\in C^0(I,M),f(0)=p_0\}.$$

例 3.5 により，I は連結であるから，定理 3.2 により，$f(I)$ は連結である．$f,g\in\Omega$ ならば，$f(I)\frown g(I)\ni p_0$ であるから，補題 3.4 により，$M_0=\bigcup\{f(I)|f\in\Omega\}$ も連結である．ところが，仮定より，M は弧状連結であるから，$M=M_0$ が成立ち，M は連結である．　（証終）

例 3.6　開区間 $(0,1)$，実数直線 $\boldsymbol{R}$ は連結である．何故なら，弧状連結であることが明かであるから．従って，定理 3.3 により，ユークリッド空間 $\boldsymbol{R}^n$ も連結である．

3.5 コンパクト集合

定義 3.19 K を(ハウスドルフ)位相空間 $(M, \mathcal{U})$ の部分集合とする. K が**コンパクト**(compact)であるとは, 次の条件をみたすときを言う:

$K \subset \bigcup_{i \in J} U_i$, $U_i \in \mathcal{U}$ ならば, $K \subset \bigcup_{k=1}^{N} U_{i_k}$ をみたす有限個の元 $i_1, \cdots, i_N \in J$ が存在する.

注意 3.2 上の条件を閉集合について言うと, 次のようになる:

$K \supset F_i$ $(i \in J)$, $F_i \in \mathcal{U}^c$ であって, $\bigcap_{i \in J} F_i = \phi$ ならば, $\bigcap_{k=1}^{N} F_{ik} = \phi$ をみたす有限個の $i_1, \cdots, i_N \in J$ が存在する.

定理 3.7 K を位相空間 $(M, \mathcal{U})$ のコンパクト部分集合とすれば, K は M の閉集合である. K の任意の閉部分集合 L はコンパクトである.

証明 $M-K$ の任意の点 p_0 をとり, 固定する. K の点 q をとると, $p_0 \neq q$ であるから, $U \in \mathcal{U}(p_0)$, $V \in \mathcal{U}(q)$ であって, $U \frown V = \phi$ をみたすものがある. U, V は q に関係するから, $U = U_q$, $V = V_q$ と書くことにすると, 明かに $K \subset \bigcup \{V_q | q \in K\}$ が成立つ. K はコンパクトであるから, 有限個の点 $q_1, \cdots, q_N \in K$ があって $K \subset \bigcup_{i=1}^{N} V_{q_i}$ となる. $U_0 = \bigcap_{i=1}^{N} U_{q_i}$ とおくと, $U_0 \frown K = \phi$ が成立つ. 即ち, $U_0 \subset M-K$. 一方, $U_0 \in \mathcal{U}(p_0)$ である. U_0 は p_0 に関係するから, $U_0 = U(p)$ とおけば, $M-K = \bigcup \{U(p_0) | p_0 \in M-K\}$. よって $M-K \in \mathcal{U}$. 即ち, K は閉集合であることが証明された.

つぎに, L がコンパクトであることを言うため, $L \subset \bigcup_i U_i$, $U_i \in \mathcal{U}$ とせよ. $M-L \in \mathcal{U}$ であって, $V = M-L$ とおくと, $K \subset V \smile \bigcup_i U_i$ が成立つ. よって, 有限個の $i_1, \cdots, i_N$ が存在して, $K \subset V \smile \bigcup_{k=1}^{N} U_{i_k}$ となる. 従って, $L \subset \bigcup_{k=1}^{N} U_{i_k}$ となるから, L はコンパクトである. (証終)

定理 3.8 $f: M_1 \to M_2$ を位相空間 $(M_1, \mathcal{U}_1)$ から $(M_2, \mathcal{U}_2)$ への連続写像とする. K を M_1 のコンパクト部分集合とすれば, $f(K)$ もコンパクトである.

証明 $f(K) \subset \bigcup_{i \in J} V_i$, $V_i \in \mathcal{U}_2$ とせよ. $K \subset f^{-1}(\bigcup V_i) = \bigcup f^{-1}(V_i)$ であって, $f^{-1}(V_i) \in \mathcal{U}_1$. よって, $i_1, \cdots, i_N \in J$ が存在して, $K \subset \bigcup_{k=1}^{N} f^{-1}(V_{i_k})$ と

なる．従って，

$$f(K)\subset\bigcup ff^{-1}(V_{i_k})\subset\bigcup V_{i_k}.$$ （証終）

定理 3.9 $(M_i,\mathcal{U}_i)$ $(i=1,2)$ をコンパクト位相空間とすれば，直積 $M_1\times M_2$ もコンパクトである（定義 3.10）．

証明 $(p,q)\in M_1\times M_2$ に対し，$M_1{}^{(q)}=M_1\times\{q\}$，$M_2{}^{(p)}=\{p\}\times M_2$ とおくと，$M_1{}^{(p)}\simeq M_1$，$M_2{}^{(q)}\simeq M_2$ であるから，それぞれコンパクトである．さて，

$$M_1\times M_2=\bigcup_{i\in J}W_i,\qquad W_i\in\mathcal{V}$$

とせよ．ただし，$\mathcal{V}$ は $M_1\times M_2$ の位相（定義 3.10）である．

$(p,q)\in M_1\times M_2$ に対し，$(p,q)\in W_i$ となる．$i=i(p,q)\in J$ があるが，$W_i\in\mathcal{V}$ であることから，$U_i\in\mathcal{U}_1(p)$，$V_i\in\mathcal{U}_2(q)$ であって，$U_i\times V_i\subset W_i$ をみたすものがある．これら U_i, V_i を用いると，

$$M_1\times M_2=\bigcup\{U_{i(p,q)}\times V_{i(p,q)}|(p,q)\in M_1\times M_2\}$$

が成立つ．$p_0\in M_1$ に対し，$J(p_0)=\{i(p,q)|U_{i(p,q)}\ni p_0\}$ とおくと，$M_2{}^{(p_0)}\subset\bigcup\{U_i\times V_i|i\in J(p_0)\}$ が成立つから，$i_1,\cdots,i_{N(p_0)}\in J(p_0)$ が存在して，

$$M_2{}^{(p_0)}\subset\bigcup\{U_{i_k}\times V_{i_k}|k=1,\cdots,N(p_0)\}$$

となる．$J_0(p_0)=\{i_1,\cdots,i_{N(p_0)}\}$ とおき，$U(p_0)=\bigcap\{U_i|i\in J_0(p_0)\}$ とおけば，$U(p_0)\in\mathcal{U}_1(p_0)$ であって，

$$U(p_0)\times M_2\subset\bigcup\{U_i\times V_i|i\in J_0(p_0)\}$$

が成立つ．ところで，$M_1=\bigcup_{p_0\in M_1}U(p_0)$ であるから，$M_1=\bigcup_{\nu=1}^{N_0}U(p_\nu)$ となる $p_1,\cdots,p_{N_0}\in M_1$ が存在する．このとき，$M\times M_2\subset\bigcup\{U_i\times V_i|i\in J_0(p_\nu),\ \nu=1,\cdots,N_0\}$ が成立つ．$J_0=\bigcup_{\nu=1}^{N_0}J_0(p_\nu)$ とおくと，J_0 は J の有限部分集合であって，$M_1\times M_2=\bigcup_{i\in J_0}W_i$ が成立つ．よって，$M_1\times M_2$ はコンパクトである．

（証終）

定義 3.20 位相空間 $(M,\mathcal{U})$ が**局所コンパクト**(locally compact) であるとは，任意の $p\in M$ に対し，コンパクトな近傍 $V\in\mathcal{U}'(p)$ （定義 3.2）が存在するときを言う．

例 3.7 ハイネ-ボレルの定理により，区間 $[0,1]$ はコンパクトであるから，$\boldsymbol{R}^n$ の立方体 $\{x\in\boldsymbol{R}^n|0\leq x_i\leq 1\}$ もコンパクトである（定理 3.9）．これから，

$\boldsymbol{R}^n$ の部分集合 K がコンパクトであるための必要十分条件は K が有界閉集合であることがわかる.

定理 3.10 コンパクト位相空間 M に対し，任意の $f\in C^0(M,\boldsymbol{R})$ は M 上で最大値および最小値をとる.

即ち，$p_0\in M$，$p_1\in M$ が存在して，

$$f(p_0)\leq f(p)\leq f(p_1) \tag{3.3}$$

がすべての $p\in M$ に対し成立つ.

証明 定理 3.8 により，$f(M)$ は $\boldsymbol{R}^1$ のコンパクト集合，従って，有界閉集合である(例 3.7).

$$\inf\{f(p)|p\in M\}=a_0, \qquad \sup\{f(p)|p\in M\}=a_1$$

とおくと，$f(M)$ は有界だから，$-\infty<a_0\leq a_1<+\infty$ であって，$f(M)$ は閉集合だから，$a_0, a_1\in f(M)$ である．よって，$p_0\in M$，$p_1\in M$ が存在して，$a_0=f(p_0)$，$a_1=f(p_1)$ となり，(3.3) をみたす. （証終）

定理 3.11 $(M,\mathcal{U})$ を局所コンパクト-ハウスドルフ空間とし，$M=\bigcup_{n=1}^{\infty}M_n$，$M_n\in\mathcal{U}^c$ とすると，少くとも 1 つの M_n は M の(空でない)開集合を含む.

（カテゴリー定理）

まず，次の補題を証明する.

補題 3.5 $(M,\mathcal{U})$ を局所コンパクトとすると，任意の $U\in\mathcal{U}(p)$ に対し，

$$\bar{V}\subset U \quad かつ \quad V\in\mathcal{U}(p) \tag{3.4}$$

をみたす V が存在する.

証明 M は局所コンパクトであるから，$\bar{U}$ はコンパクトであるとしてよい．$U'=M-U$，$B=\bar{U}\frown U'$ とおく．$U'\in\mathcal{U}^c$ だから，$B\in\mathcal{U}^c$ である．$B=\phi$ なら，$\bar{U}\frown U'=\phi$ だから，$\bar{U}\subset U$．よって，$V=U$ として (3.4) がみたされる.

$B\neq\phi$ のときは，$q\in B$ に対し，$p\notin B$ より，$U_q\in\mathcal{U}(p)$，$U_q\subset U$，$V_q\in\mathcal{U}(q)$ かつ $U_q\frown V_q=\phi$ をみたす U_q, V_q が存在する．$B\subset\bigcup\{V_q|q\in B\}$ であって，B はコンパクトである(定理 3.7)から，$B\subset\bigcup_{i=1}^{N}V_{q_i}$ をみたす $q_i\in B$ がとれる．$V=\bigcap_{i=1}^{N}U_{q_i}$ とおく．$V\in\mathcal{U}(p)$ であるから，$\bar{V}\subset U$ が言えればよい．$V\subset U$ は明かである．もし，$\bar{V}\not\subset U$ であるとすると，$p_1\in\bar{V}\subset\bar{U}$，$p_1\notin U$ をみたす点

p_1 がある．$p_1 \in \bar{U} \frown U' = B$ であるから，$p_1 \in V_{q_i}$ をみたす i がある．$V_{q_i} \in \mathcal{U}(p_1)$ である．一方，$p_1 \in \bar{V}$ であるから，(3.1) より，$V \frown V_{q_i} \neq \phi$ が成立つ．$V \subset U_{q_i}$ でもあるから，$U_{q_i} \frown V_{q_i} \neq \phi$ となり，これは矛盾である．

定理 3.11 の証明　すべての M_n が M の(空でない)開集合を含まないとして，矛盾をみちびけばよい．点 $p_0 \in M$ を固定する．M は局所コンパクトであるから，$U_0 \in \mathcal{U}(p_0)$ であって $\bar{U}_0$ がコンパクトなものがある．$U_0 \not\subset M_1$ であるから，$p_1 \in U_0$，$p_1 \notin M_1$ をみたす点 p_1 がある．いま，$V_n = M - M_n$ ($n = 1, 2, \cdots$) とおくと，$V_n \in \mathcal{U}$ であって，$U_0 \frown V_1 \in \mathcal{U}(p_1)$ である．よって，補題 3.5 により，$U_1 \in \mathcal{U}(p_1)$ かつ $\bar{U}_1 \subset U_0 \frown V_1$ をみたす U_1 が存在する．次に $U_1 \not\subset M_2$ であるから，今の論法と同様にして，$\bar{U}_2 \subset U_1 \frown V_2$ をみたす $U_2 \in \mathcal{U}(p_2)$ がある．以下，これをくりかえすと，点列 $\{p_n\}$ と $\bar{U}_n \subset U_0 \frown V_n$ をみたす $U_n \in \mathcal{U}(p_n)$ ($n = 1, 2, \cdots$) が存在する．$\bar{U}_0$ はコンパクトであったから，注意 3.2 によって，$\bigcap \bar{U}_n \neq \phi$ である．$p^* \in \bigcap \bar{U}_n$ なる点 p^* をとると，$p^* \in \bar{U}_n \subset V_n = M - M_n$．即ち，$p^* \notin M_n$ がすべての n に対し成立つ．一方，$p^* \in M = \bigcup M_n$ であるから，これは矛盾である．　(証終)

3.6　コンパクト開位相

$(M_i, \mathcal{U}_i)$ ($i = 1, 2$) を位相空間とする．M_1 のコンパクト部分集合全体からなる集合を $\mathcal{K}$ であらわす．

$f \in C^0(M_1, M_2)$ (定義 3.13) に対し，

$$P(f) = \{(K, U) \mid K \in \mathcal{K},\ U \in \mathcal{U}_2, f(K) \subset U\}$$

とおく．また，$(K, U) \in P(f)$ に対し，

$$W(K, U) = \{g \in C^0(M_1, M_2) \mid g(K) \subset U\}$$

とおく．

定義 3.21　$f \in C^0(M_1, M_2)$ に対し，

$$\mathcal{U}_f = \left\{ \bigcap_{i=1}^{N} W(K_i, U_i) \mid (K_i, U_i) \in P(f)\ \ (i = 1, \cdots, N) \right\}$$

とおくと，$\{\mathcal{U}_f \mid f \in C^0(M_1, M_2)\}$ は命題 3.1 の条件 (1)〜(3) をみたす．

よって，$\{\mathcal{U}_f\}$ を基本近傍系とする位相が $C^0(M_1, M_2)$ の中に定義されるこの位相を**コンパクト開位相**(compact-open topology)略して，C-O 位相とよぶ．

命題 3.5　M_2 がハウスドルフ空間であれば，$C^0(M_1, M_2)$ は C-O 位相によってハウスドルフ空間となる．

証明　$f, g \in C^0(M_1, M_2)$ で，$f \neq g$ なるものをとると，$p_1 \in M_1$ が存在して，$f(p_1) \neq g(p_1)$ である．M_2 はハウスドルフ空間であるから，$V \in \mathcal{U}_2(f(p_1))$，$V' \in \mathcal{U}_2(g(p_1))$ であって，$V \frown V' = \phi$ をみたすものがある．$W = W(\{p_1\}, V)$，$W' = W(\{p_1\}, V')$ とおけば，$W \in \mathcal{U}_f$，$W' \in \mathcal{U}_g$，$W \frown W' = \phi$ をみたす．よって $C^0(M_1, M_2)$ はハウスドルフ空間である．　(証終)

問　題　3

3.1　位相空間 M_1，M_2 と集合 E に対し，写像 $f: M_1 \to E$，$g: E \to M_2$ があって，$g \circ f: M_1 \to M_2$ は連続であるとする．このとき，E の位相 $\mathcal{U}$ であって，f，g がともに連続となるものが存在することを示せ．

3.2　$\{x \in \boldsymbol{R} | 0 < x < 1\}$ と $\{x \in \boldsymbol{R} | 0 \leq x < 1\}$ とは自然な位相に関し，位相同型でないことを示せ．

3.3　K_1, K_2 をハウスドルフ空間 M のコンパクト集合であって，$K_1 \frown K_2 = \phi$ とする．$U_i \supset K_i$ $(i=1,2)$，かつ $U_1 \frown U_2 = \phi$ をみたす開集合 U_1, U_2 の存在を示せ．

3.4　M を連結位相空間とし，$D \subset M \times M$ を直積空間 $M \times M$ の開集合であって，$D \supset \{(x, x) | x \in M\}$ をみたすものとする．このとき，任意の 2 点 $x, y \in M$ に対し，$x_0 = x, x_1, x_2, \cdots, x_N = y$ が存在して，$(x_i, x_{i+1}) \in D$ $(i = 0, 1, \cdots, N-1)$ とできる．

4. 多　様　体

4.1　多様体の定義

我々が学ぼうとする微分解析幾何学の舞台は，微分可能な多様体とよばれるものである．この章では，多様体の定義，その例，および基本的な性質についてのべる．

定義 4.1　$(M, \mathcal{U})$ を(ハウスドルフ)位相空間とする(定義 3.1)．開集合 $U \in \mathcal{U}$ と，U から $\boldsymbol{R}^n$ の開集合 V への位相同型 $\varphi: U \to V$ とからなる組 (U, φ) を M の上の(n 次元の)**チャート**(chart)とよぶ．M の上のチャート全体からなる集合を $\mathrm{Chart}(M) = \mathrm{Chart}(M, \boldsymbol{R}^n)$ であらわす．

定義 4.2　$(U_i, \varphi_i) \in \mathrm{Chart}(M, \boldsymbol{R}^n)$ $(i=1,2)$ とする．(U_1, φ_1) と (U_2, φ_2) が $\boldsymbol{C^r}$ **適合**(C^r-compatible)であるとは，$U_{12} = U_1 \frown U_2$ とおくとき，(i) $U_{12} = \phi$ であるか，(ii) $U_{12} \neq \phi$ であって，$\varphi_1 \circ \varphi_2^{-1} \in C^r(\varphi_2(U_{12}), \varphi_1(U_{12}))$，かつ $\varphi_2 \circ \varphi_1^{-1} \in C^r(\varphi_1(U_{12}), \varphi_2(U_{12}))$ であるか，のいずれかであるときを言う．このとき，$(U_1, \varphi_1) \underset{r}{\sim} (U_2, \varphi_2)$ であらわすことにする($\underset{r}{\sim}$ は同値関係ではない)．

定義 4.3　$r \geq 0$ は整数または，$r = \infty$ とする．$\mathrm{Chart}(M, \boldsymbol{R}^n)$ の部分集合 $\mathcal{A} = \{(U_\alpha, \varphi_\alpha) | \alpha \in A\}$ が M 上の n 次元 C^r 級可微分構造，または簡単に，$\boldsymbol{C^r}$ **構造**(C^r-differentiable structure)であるとは，次の (1)～(3) をみたすときを言う．

(1)　$M = \bigcup_{\alpha \in A} U_\alpha$,

(2)　$\alpha, \beta \in A$ ならば，$(U_\alpha, \varphi_\alpha) \underset{r}{\sim} (U_\beta, \varphi_\beta)$,

(3)　$\mathcal{A}$ は (1)，(2) をみたす $\mathrm{Chart}(M, \boldsymbol{R}^n)$ の部分集合の中で極大である．即ち，$(U, \varphi) \in \mathrm{Chart}(M, \boldsymbol{R}^n)$ かつ，すべての $\alpha \in A$ に対し，$(U, \varphi) \underset{r}{\sim} (U_\alpha, \varphi_\alpha)$ ならば，$(U, \varphi) \in \mathcal{A}$.

定義 4.4　M とその上の C^r 構造 $\mathcal{A}$ との組 $(M, \mathcal{A})$ (もっとくわしくは組 $(M, \mathcal{U}, \mathcal{A})$) のことを n 次元 C^r 級可微分多様体，または単に $\boldsymbol{C^r}$ **多様体**(C^r-manifold)とよぶ．微分構造 $\mathcal{A}$ を明記する必要のない場合，単に M

を C^r 多様体とよぶ.

注意 4.1 (1), (2) をみたす $\mathcal{A}=\{(U_\alpha,\varphi_\alpha)|\alpha\in A\}$ が与えられれば, $\mathcal{A}$ を含む C^r 構造 $\tilde{\mathcal{A}}$ が一意的にきまる. 何故なら,

$$\tilde{\mathcal{A}}=\{(U,\varphi)\in\mathrm{Chart}(M,\boldsymbol{R}^n)\,|\,(U,\varphi)\underset{r}{\sim}(U_\alpha,\varphi_\alpha)\quad(\alpha\in A)\}$$

とおけばよい.

よって, (1), (2) をみたす $\mathcal{A}$ と M との組 $(M,\mathcal{A})$ を C^r 多様体とよんでも差支えない.

定義 4.5 C^r 多様体 $(M,\mathcal{A})$ に対し, $(U_\alpha,\varphi_\alpha)\in\mathcal{A}$, $p\in U_\alpha$ であるとき, $(U_\alpha,\varphi_\alpha)$ を p の**座標近傍**(coordinate neighborhood)とよび, $\varphi_\alpha(q)=(x_1(q),\cdots,x_n(q))$ $(q\in U_\alpha)$ とおくとき, U_α 上の関数の組 $\{x_1,\cdots,x_n\}$ を U_α 上の**局所座標系**(local coordinate system)とよぶ.

注意 4.2 $r=0$ のとき, C^0 多様体のことを**位相多様体**(topological manifold)と言うこともある.

注意 4.3 定義 4.2 において C^r 写像の代りに, 解析的写像を用いると, C^ω 適合が定義できる. 定義 4.3 において C^ω 適合を用いると C^ω 多様体, または解析的多様体が定義できる. また $\boldsymbol{R}^n$ の代りに $\boldsymbol{C}^n$ でおきかえ, C^r 写像を正則写像におきかえると, 複素多様体が定義できる. (解析的写像, 正則写像, 複素多様体については 10, 11 章を見られたい).

例 4.1 n 次元ユークリッド空間 $\boldsymbol{R}^n$ の任意の開集合 Ω (特に $\boldsymbol{R}^n$ 自身) は, 自然に C^∞ 多様体となる. 即ち, $\mathcal{A}$ として, チャート $(\Omega,1_\Omega)$ 1元のみからなる集合をとればよい.

例 4.2 $\boldsymbol{R}^3$ の中の半径 1 の球面 $S^2=\{(x,y,z)|x^2+y^2+z^2=1\}$ を考える. $\boldsymbol{R}^3$ の部分空間として, S^2 は自然に, 位相空間となっている. S^2 の開集合 U_i $(i=1,2,\cdots,6)$ を

$$U_1=\{(x,y,z)\in S^2|x>0\},\qquad U_2=\{(x,y,z)\in S^2|y>0\},$$
$$U_3=\{(x,y,z)\in S^2|x<0\},\qquad U_4=\{(x,y,z)\in S^2|y<0\},$$
$$U_5=\{(x,y,z)\in S^2|z>0\},\qquad U_6=\{(x,y,z)\in S^2|z<0\}$$

によって定義する. 次に, 写像 $\varphi_i\colon U_i\to\boldsymbol{R}^2$ を次式で定義する:

$$\varphi_1(x,y,z)=(y,z),\qquad \varphi_2(x,y,z)=(x,z),$$
$$\varphi_3(x,y,z)=(y,z),\qquad \varphi_4(x,y,z)=(x,z),$$
$$\varphi_5(x,y,z)=(x,y),\qquad \varphi_6(x,y,z)=(x,y).$$

このとき，$\mathcal{A}=\{(U_i,\varphi_i)|i=1,2,\cdots,6\}$ は S^2 の上の C^∞ 微分構造を定義することがたしかめられる．

例 4.3 $\boldsymbol{R}^n$ の中の半径 1 の球面 $S^{n-1}=\{(x_1,\cdots,x_n)|\sum x_i{}^2=1\}$ も例 4.2，と同様にして，C^∞ 多様体となる．

例 4.4 $(M,\mathcal{A})$（ただし，$\mathcal{A}=\{(U_\alpha,\varphi_\alpha)|\alpha\in A\}$）を C^r 多様体とし，W を M の開集合とする．いま，$\mathcal{B}=\{(U_\alpha\cap W,\varphi_\alpha|(U_\alpha\cap W))|\alpha\in A\}$ とおくと，容易に，$(W,\mathcal{B})$ は C^r 多様体となることが検証される．この多様体を M の**開部分多様体**(open submanifold)とよび，$\mathcal{B}=\mathcal{A}|W$ であらわす．

例 4.5 $(M_1,\mathcal{A}_1)$，$(M_2,\mathcal{A}_2)$ を 2 つの C^r 多様体とし，$\mathcal{A}_1=\{(U_i,\varphi_i)|i\in A_1\}$，$\mathcal{A}_2=\{(V_j,\psi_j)|j\in A_2\}$ とする．いま，直積空間 $M_1\times M_2$ を考え，

$$\mathcal{B}=\{(U_i\times V_j,\varphi_i\times\psi_j)|i\in A_1,j\in A_2\}$$

とおく．ただし，$(\varphi_i\times\psi_j)(x,y)=(\varphi_i(x),\psi_j(y))$ $((x,y)\in U_i\times V_j)$ と定義する．このとき，$(M_1\times M_2,\mathcal{B})$ は C^r 多様体となる．これを多様体 M_1 と M_2 との**直積多様体**(product manifold)とよぶ．

例 4.6 $\boldsymbol{R}^{n+1}$ から原点 0 を除いた集合を X とし，$x,x'\in X$ に対し，

$$x\sim x'\Longleftrightarrow \exists c\in\boldsymbol{R}-\{0\},\qquad x'=c\cdot x$$

によって，“$\sim$” を定義すれば，$\sim$ は X の中の同値関係である．即ち，

（i） $x\sim x$ がすべての $x\in X$ に対し成立つ，

（ii） $x\sim y$ ならば，$y\sim x$，

（iii） $x\sim y$，$y\sim z$ ならば，$x\sim z$．

X の同値類全体からなる集合を $P^n(\boldsymbol{R})$ であらわす．即ち，$P^n(\boldsymbol{R})=\{[x]|x\in X\}$．ただし，$[x]=\{y\in X|y\sim x\}$．

$P^n(\boldsymbol{R})$ は次のようにして，n 次元 C^∞ 多様体になる．

まず，写像 $\pi:X\to P^n(\boldsymbol{R})$ を $\pi(x)=[x]$ $(x\in X)$ によって定義する．$P^n(\boldsymbol{R})$ の部分集合 U は，$\pi^{-1}(U)$ が X の開集合であるとき，$P^n(\boldsymbol{R})$ の開集合で

あると定義すると，$P^n(\boldsymbol{R})$ に1つの位相が入る．また，$P^n(\boldsymbol{R})$ の部分集合 U_i $(i=0,1,\cdots,n)$ を

$$U_i=\{[x]\,|\,x=(x_0,x_1,\cdots,x_n),\ x_i\neq 0\} \tag{4.1}$$

で定義すると，$\pi^{-1}(U_i)=\boldsymbol{R}\times\cdots\times\boldsymbol{R}\times(\boldsymbol{R}-\{0\})\times\boldsymbol{R}\times\cdots\times\boldsymbol{R}$ となるから，U_i は開集合である．つぎに，写像 $\varphi_i\colon U_i\to\boldsymbol{R}^n$ を

$$\varphi_i([x])=(x_0',\cdots,x_{i-1}',x_{i+1}',\cdots,x_n') \tag{4.2}$$

で定義する．ただし，$[x]=[x']$，$x'=(x_0',\cdots,x_{i-1}',1,x_{i+1}',\cdots,x_n')$．

$\mathcal{A}=\{(U_i,\varphi_i)\,|\,i=0,1,\cdots,n\}$ とおくと，$(P^n(\boldsymbol{R}),\mathcal{A})$ は n 次元 C^∞ 多様体であることが容易にたしかめられる．これを n 次元**実射影空間**(real projective space)とよぶ．

定理 4.1　位相空間 M の開被覆 $M=\bigcup_{i\in J}U_i$ があって，開集合 U_i 上には n 次元 C^r 構造 $\mathcal{A}_i$ が定義されていて，$\mathcal{A}_i|(U_i\cap U_j)=\mathcal{A}_j|(U_i\cap U_j)$ が任意の $i,j\in J$ に対し，成立つものとする．このとき，M 上の C^r 構造 $\mathcal{A}$ であって，$\mathcal{A}|U_i=\mathcal{A}_i$ $(i\in J)$ なるものがただ1つ存在する．

（**微分構造のはり合わせ定理**）

証明　U_i は M の開集合であるから，明かに，$\mathrm{Chart}(U_i)\subset\mathrm{Chart}(M)$ $(i\in J)$ が成立つ．従って，$\mathcal{A}_i\subset\mathrm{Chart}(M)$ $(i\in J)$．いま，$\mathcal{A}'=\bigcup_{i\in J}\mathcal{A}_i$ とおくと，$\mathcal{A}'\subset\mathrm{Chart}(M)$ であって，$\mathcal{A}'$ は定義 4.3 の（1），（2）をみたすことがたしかめられる．よって，注意 4.1 にのべたように，$\mathcal{A}=\widetilde{\mathcal{A}'}$ とおけば，$\mathcal{A}$ は求める C^r 構造である．一意性は明かであろう．（証終）

4.2　C^∞ 関数，C^∞ 写像と接ベクトル

この節では，C^∞ 多様体上の C^∞ 関数の性質についてのべる．C^r 多様体上の C^r 関数についても，殆んど平行に議論できることに注意しておく．

$(M,\mathcal{A})$ を n 次元 C^∞ 多様体とする(定義 4.3)．

定義 4.6　関数 $f\colon M\to\boldsymbol{R}$ が M 上の **C^∞ 関数**であるとは，任意の $(U_\alpha,\varphi_\alpha)\in\mathcal{A}$ に対し，$f\circ\varphi_\alpha^{-1}\in C^\infty(\varphi_\alpha(U_\alpha))$ であるときを言う(定義 1.1 参照)．

M 上の C^∞ 関数全体からなる集合を $C^\infty(M)$ であらわす．M が $\boldsymbol{R}^n$ の開

集合であるときは，定義 1.1 と一致する．

命題 4.1　$C^\infty(M)$ は自然に，$\boldsymbol{R}$ 上の多元環になる．

証明　$f, g\in C^\infty(M)$，$a\in\boldsymbol{R}$ に対し，M 上の関数 $f+g$，$f\cdot g$，af を (4.3) で定義する：

$$(4.3)\qquad \begin{aligned}(f+g)(p)&=f(p)+g(p),\\(f\cdot g)(p)&=f(p)\cdot g(p),\\(af)(p)&=a\cdot f(p).\end{aligned}$$

定義 4.6 により，容易に，$f+g$，$f\cdot g$，af は $C^\infty(M)$ の元であることがわかるから，これらによって，和，積，スカラー倍が定義されたので，あとは，多元環の公理(定義 2.2)がみたされることをたしかめればよい．　　(証終)

定理 4.2　n 次元 C^∞ 多様体 M に対し，$C^\infty(M)$ は，次の (i)～(iii) が成立するという意味で，十分たくさんの関数を含む．

(i)　M の開集合 U とコンパクト集合 K であって，$K\subset U$ なるものに対しては，$f\in C^\infty(M)$ が存在して，

$$(4.4)\qquad f(q)=1\ \ (q\in K),\qquad f(q)=0\ \ (q\notin U).$$

(i)′　任意の 2 点 $p, q\in M$ $(p\neq q)$ に対し，$f\in C^\infty(M)$ が存在して，$f(p)\neq f(q)$．

(i)″　任意の点 p_0 の近傍 U に対し，U に含まれる十分小さい近傍 W をとると，任意の $f\in C^\infty(M)$ に対し，$g(p)=f(p)$ $(p\in W)$，$g(p)=0$ $(p\notin U)$ をみたす $g\in C^\infty(M)$ が存在する．

(ii)　任意の点 $p_0\in M$ に対し，$f_i\in C^\infty(M)$ $(i=1,\cdots,n)$ と p_0 の近傍 U が存在して，$x_i=f_i|U$ とおくと，$\{x_1,\cdots,x_n\}$ は U 上の局所座標系(定義 4.5)となる．

(iii)　M のある点列 $\{p_k|k=1,2,\cdots\}$ が M の中に集積点をもたなければ，任意の数列 $\{a_k\}$ に対し，$f\in C^\infty(M)$ が存在して，$f(p_k)=a_k$ $(k=1,2,\cdots)$ をみたす．

証明　(i)　まず，$f_0\in C^\infty(\boldsymbol{R}^n)$ であって，

(4.5)
$$f_0(x)=\begin{cases}1, & |x|\leq\dfrac{1}{3},\\ 0, & |x|>\dfrac{2}{3},\end{cases}$$

をみたすものを１つとり，固定する(定理 1.2)．

さて，任意の点 $p\in K$ に対し，p の座標近傍 $(U(p),\varphi_p)$ をとる．$\varphi_p(U(p))=V(p)$ とおくと，$V(p)$ は $\boldsymbol{R}^n$ の開集合であるが，$U(p)$ を十分小さくとり，必要ならば，$\boldsymbol{R}^n$ の中で平行移動と相似変換を行なうことにより，$V(p)=\{x\in\boldsymbol{R}^n\,|\,|x|<1\}$ として差支えない．また，$U(p)\subset U$ としてよい．いま，$f_p'=f_0\circ\varphi_p$ とおくと，f_p' は $U(p)$ 上の関数であるが，M 上の関数 f_p を

(4.6)
$$f_p(q)=\begin{cases}f_p'(q), & q\in U(p),\\ 0, & q\notin U(p)\end{cases}$$

で定義すると，$f_p\in C^\infty(M)$ であることがわかる．

つぎに，$U'(p)=\varphi_p^{-1}(\{x\in\boldsymbol{R}^n\,|\,|x|<1/3\})$ とおくと，$U'(p)$ は p の近傍であって，K は $\bigcup_{p\in K}U'(p)$ でおおわれる．K はコンパクトであるから，有限個の $p_i\in K$ $(i=1,\cdots,N)$ が存在して，

(4.7)
$$K\subset\bigcup_{i=1}^{N}U'(p_i).$$

$f_i=f_{p_i}$ $(i=1,\cdots,N)$ とおき，

(4.8)
$$f=1-(1-f_1)(1-f_2)\cdots(1-f_N)$$

を考える．$f_i\in C^\infty(M)$ であるから，命題 4.1 によって，$f\in C^\infty(M)$ である．(4.4) が成立することを示そう．

$q\in K$ ならば，(4.7) により，$q\in U'(p_{i_0})$ をみたす $i_0\leq N$ がある．$|\varphi_{i_0}(q)|<1/3$ であるから，$f_{i_0}(q)=f_0(\varphi_{i_0}(q))=1$．従って，$\prod_{i=1}^{N}(1-f_i)(q)=0$．ゆえに，$f(q)=1$ である．

一方，$q\notin U$ ならば，任意の $i\leq N$ に対し，$q\notin U(p_i)$ である．よって，(4.6) により，$f_i(q)=0$ $(i=1,\cdots,N)$．ゆえに，$f(q)=0$ が得られる．

(ｉ)′　$p\neq q$ であるから，p の近傍 U であって，$q\notin U$ なるものがある．$K=\{p\}$ とおくと，K,U は(ｉ)の仮定をみたすから，(4.4) をみたす f

$\in C^\infty(M)$ が存在する．特に，$f(p)=1\neq 0=f(q)$ である．

（i）″ $\bar{W}\subset U$ であって，$\bar{W}$ がコンパクトな p_0 の近傍 W をとり，$K=\bar{W}$ として，（i）を用いると，ある $h\in C^\infty(M)$ であって，$h(p)=1$ $(p\in\bar{W})$，$h(p)=0$ $(h\notin U)$ をみたすものが存在する．$g=f\cdot h$ とおけばよい．

（ii） p_0 の座標近傍 (U_0,φ) を1つとる．U, U' を p_0 の近傍であって，$\bar{U}'$ はコンパクトで，かつ

$$\bar{U}\subset U'\subset\bar{U}'\subset U_0$$

をみたすものをとる．$\bar{U}$ と U' に対し，（i）を適用すると，$f\in C^\infty(M)$ であって，

$$f(q)=1\quad(q\in U),\qquad f(q)=0\quad(q\notin U') \tag{4.9}$$

をみたすものが存在する．座標系 $\varphi=(\tilde{x}_1,\cdots,\tilde{x}_n)$ に対し，M 上の関数 f_i を

$$f_i(q)=\begin{cases} f(q)\cdot\tilde{x}_i(q), & q\in U_0,\\ \quad 0\quad, & q\notin U_0\end{cases}$$

によって定義すると，$f_i\in C^\infty(M)$ $(i=1,\cdots,n)$ であることがわかる．また，(4.9) によって $f_i|U=\tilde{x}_i|U$ であるから，$x_i=f_i|U$ とおくと，$\{x_1,\cdots,x_n\}$ は U 上の座標系である．

（iii） $\{p_k\}$ は集積点をもたないから，p_k の近傍 U_k を十分小さくとると，$U_k\frown U_j=\phi$ $(k\neq j)$ としてよい．つぎに，（i）より適当に $f_k\in C^\infty(M)$ をとると，

$$f_k(q)=1\quad(q=p_k),\qquad f_k(q)=0\quad(q\notin U_k)$$

としてよい．そこで，

$$f(q)=\begin{cases} a_k f_k(q), & q\in U_k,\\ \quad 0\quad, & q\notin \bigcup_{k=1}^{\infty} U_k\end{cases}$$

によって，f を定義すると，f は求めるものである．　　（証終）

定義 4.7 $(M,\mathcal{A}),(M',\mathcal{A}')$ を2つの C^∞ 多様体とする．写像 $\Phi:M\to M'$ が，M から M' への **C^∞ 写像**（C^∞-map）であるとは，

$$f'\in C^\infty(M')\quad\text{ならば}\quad f'\circ\Phi\in C^\infty(M)$$

であるときを言う．M から M' への C^∞ 写像全体からなる集合を $C^\infty(M,M')$

であらわす.

$\Phi\in C^\infty(M, M')$ が1対1, 上への写像(即ち全単射)であって, $\Phi^{-1}\in C^\infty(M', M)$ であるとき, Φ を **C^∞ 同型写像**(C^∞-diffeomorphism)であると言う. M と M' に対し, C^∞ 同型写像 $\Phi: M\to M'$ が少くとも1つ存在するとき, M と M' とは **C^∞ 同型**(C^∞-diffeomorphic)であると言い, $M\simeq M'$ であらわす.

補題 4.1 M_i $(i=1,2,3)$ を C^∞ 多様体とし, $\Phi\in C^\infty(M_1, M_2)$, $\Psi\in C^\infty(M_2, M_3)$ とすれば, $\Psi\circ\Phi\in C^\infty(M_1, M_3)$ である.

証明 任意の $f\in C^\infty(M_3)$ に対し, $f\circ\Psi\in C^\infty(M_2)$ である. よって, $f\circ(\Psi\circ\Phi)=(f\circ\Psi)\circ\Phi\in C^\infty(M_1)$. f は任意であったから, $\Psi\circ\Phi\in C^\infty(M_1, M_3)$ である.

(証終)

系 4.1 C^∞ 多様体 M から M 自身への C^∞ 同型写像全体からなる集合 $\mathrm{Diff}^\infty(M)$ は群をなす.

定義 4.8 $\Phi: M\to M'$ を多様体 M から M' への連続写像とする. 一点 $p_0\in M$ の座標近傍 (U,φ) と $\Phi(p_0)$ の座標近傍 (U',φ') をとり, $\Phi(U)\subset U'$ であるとする. $\varphi=(x_1,\cdots,x_n)$, $\varphi'=(y_1,\cdots,y_m)$ とすると, $\Phi^*=\varphi'\circ\Phi\circ\varphi^{-1}$ は $V=\varphi(U)$ から $V'=\varphi'(U')$ への写像であるから,

$$\Phi^*(x)=(f_1(x),\cdots,f_m(x)),\qquad x\in V \tag{4.10}$$

と書け, $f_i: V\to \boldsymbol{R}$ は V 上の連続関数である. (4.10) の Φ^* を Φ の, 局所座標系 φ,φ' による, p_0 のまわりの表示とよぶ.

命題 4.2 定義 4.8 の Φ が C^∞ 写像であるための必要十分条件は, 任意の点 $p_0\in M$ に対し, 定義 4.8 の φ, φ' をとると, Φ の, φ, φ' による, p_0 のまわりの表示 (4.10) において, $f_1,\cdots,f_m$ がすべて V 上の C^∞ 関数となることである.

証明 定義 4.7, 4.8 と定理 4.2 により, 容易に証明される.　(証終)

次に, 多様体の話をする場合, 最も基本的な概念である接ベクトルを定義したい. 直観的には, 多様体 M の1点 p_0 における M の接ベクトルとは, p_0 を通る任意の曲線を考えて, この曲線の p_0 における接線の方向(曲線の p_0 での微係数)とも言うべきものであるが, M がユークリッド空間の部分集合で

ない場合は，かかる接線の方向という考え方は少々とらえにくいので，見方をかえて，曲線が与えられると M 上の関数は，その曲線の方向に微分できるということに着目して，次のように定義する．

定義 4.9　C^∞ 多様体 M の一点 p_0 における，M の**接ベクトル**(tangent vector)とは $C^\infty(M)$ から $\boldsymbol{R}$ への線型写像 $X:C^\infty(M)\to\boldsymbol{R}$ であって，次の条件 (4.11) をみたすもののことである．

$$X(f\cdot g)=Xf\cdot g(p_0)+f(p_0)\cdot Xg,\quad f,g\in C^\infty(M). \tag{4.11}$$

定義 4.10　区間 $(-\varepsilon,\varepsilon)$ (ただし $\varepsilon>0$) から M への C^∞ 写像 $c:(-\varepsilon,\varepsilon)\to M$ のことを M 上の $p_0=c(0)$ を通る $\boldsymbol{C^\infty}$ **曲線**(C^∞-curve)とよぶ．区間 $(-\varepsilon,\varepsilon)$ が C^∞ 多様体と考え得ることは例 4.1 による．

命題 4.3　C^∞ 多様体 M の1点 p_0 を通る C^∞ 曲線 $c:(-\varepsilon,\varepsilon)\to M$ が与えられたとき，$f\in C^\infty(M)$ に対し，

$$Xf=\left[\frac{d(f\circ c(t))}{dt}\right]_{t=0} \tag{4.12}$$

とおくことによって，写像 $X:C^\infty(M)\to\boldsymbol{R}$ を定義すると，X は p_0 における一つの接ベクトルである．

証明　X が線型写像であることは明かである．また，(4.11) は次のようにして証明される．

$$\begin{aligned}X(f\cdot g)&=\left[\frac{d((f\cdot g)\circ c(t))}{dt}\right]_{t=0}=\left[\frac{d((f\circ c)\cdot(g\circ c)(t))}{dt}\right]_{t=0}\\&=\left[\frac{d(f\circ c)(t)}{dt}\right]_{t=0}(g\circ c)(0)+(f\circ c)(0)\left[\frac{d(g\circ c)(t)}{dt}\right]_{t=0}\\&=Xf\cdot g(p_0)+f(p_0)\cdot Xg.\end{aligned}$$

(証終)

逆に，任意の接ベクトル X は適当な曲線 c を取ることにより，(4.12) によって表わされることが，系 4.3 で証明される．

補題 4.2　$f\in C^\infty(M)$ が定数ならば，任意の接ベクトル X に対し，$Xf=0$ である．

証明　$X:C^\infty(M)\to\boldsymbol{R}$ は線型であるから，$f=1$ として証明すればよい．(4.11) を $f=g=1$ に対し適用すると，$X(1)=X(1\cdot1)=(X1)\cdot1+1\cdot(X1)$

$=2X(1)$. よって，$X\cdot 1=0$ が得られる． （証終）

定義 4.11 C^∞ 多様体 M の一点 p_0 に対し，p_0 における接ベクトル全体からなる集合を $T_{p_0}M$ であらわす．

$X, Y\in T_{p_0}M$, $a\in R$ に対し，$X+Y$, aX を次式で定義すると，$X+Y\in T_{p_0}M$, $aX\in T_{p_0}M$ である：

$$(X+Y)(f)=Xf+Yf, \quad (aX)f=a\cdot Xf, \quad f\in C^\infty(M).$$

これらの和およびスカラー倍によって，$T_{p_0}M$ は実ベクトル空間になる．ベクトル空間 $T_{p_0}M$ を M の p_0 における**接空間**(tangent space)とよぶ．

定義 4.12 $p_0\in M$ の座標近傍 (U,φ) をとり，$\varphi=(x_1,\cdots,x_n)$ とする(定義 4.5)．$p\in U$ に対し，$C^\infty(M)$ から $\boldsymbol{R}$ への写像 $(\partial/\partial x_i)_p$ を次式 (4.13) で定義する：

$$\left(\frac{\partial}{\partial x_i}\right)_p f=\left[\frac{\partial(f\circ\varphi^{-1})}{\partial t_i}\right]_{t=\varphi(p)}, \quad f\in C^\infty(M). \tag{4.13}$$

ただし，t_i は $t=(t_1,\cdots,t_n)\in\boldsymbol{R}^n$ の i 座標である．

定理 4.3 n 次元 C^∞ 多様体 M の任意の点 p_0 の座標近傍 (U,φ), $\varphi=(x_1,\cdots,x_n)$ をとると，任意の $p\in U$ に対し，$(\partial/\partial x_1)_p,\cdots,(\partial/\partial x_n)_p$ は接空間 T_pM の基となる．特に，

$$\dim T_pM=n. \tag{4.14}$$

まず，次の 2 つの補題を準備する．

補題 4.3 2 つの関数 $f,g\in C^\infty(M)$ が p_0 の近傍 V で一致すれば，任意の $X\in T_{p_0}M$ に対し，$Xf=Xg$ が成立つ．

証明 $X(f-g)=0$ を証明すればよいが，$f-g$ は V 上で恒等的に 0 であるから，結局，f が V 上で 0 ならば，$Xf=0$ であることを示せばよい．

まず，p_0 の近傍 W で，$\overline{W}\subset V$ かつ $\overline{W}$ がコンパクトなものをとると，定理 4.2 (i) によって，$g\in C^\infty(M)$ であって，

$$g(q)=1 \quad (q\in\overline{W}), \qquad g(q)=0 \quad (q\notin V)$$

をみたすものがある．$h=1-g$ とおくと，$h\in C^\infty(M)$ であって，$h(q)=0$ $(q\in\overline{W})$, $h(q)=1$ $(q\notin V)$ が成立つ．f は V 上で 0 であるから，$f=f\cdot h$ であ

ることがわかる．ゆえに，(4.11) により，

$$Xf=X(f\cdot h)=Xf\cdot h(p_0)+f(p_0)\cdot Xh=0. \qquad \text{(証終)}$$

補題 4.4 p_0 の近傍 U を C^∞ 多様体と考えると(例 4.4)，$T_{p_0}U$ と $T_{p_0}M$ とは，自然な方法で，同一視できる．

証明 $X'\in T_{p_0}U$ に対し，$X\in T_{p_0}M$ を

$$Xf=X'(f|U), \quad f\in C^\infty(M)$$

によって定義できる．逆に $X\in T_{p_0}M$ に対して $X'\in T_{p_0}U$ を定義するため，p_0 の近傍 V，W であって，$\bar{W}$ がコンパクトで $\bar{V}\subset W\subset\bar{W}\subset U$ をみたすものをとり，定理 4.2 (ｉ) を $K=\bar{V}$，$U=W$ に適用して，

$$f_0(q)=1 \quad (q\in\bar{V}), \qquad f_0(q)=0 \quad (q\notin W)$$

をみたす $f_0\in C^\infty(M)$ をとっておく．任意の $g\in C^\infty(U)$ に対し，

$$\text{(4.15)} \qquad \tilde{g}(q)=\begin{cases} f_0(q)\cdot g(q), & q\in U, \\ \quad 0 \quad, & q\in U \end{cases}$$

によって，$\tilde{g}$ を定義すると，$\tilde{g}\in C^\infty(M)$ であって，$\tilde{g}|V=g|V$ をみたす．さて，X に対し，

$$X'g=X\tilde{g}$$

とおくと，$X'g$ の値は $\tilde{g}$ のとり方に無関係にきまる(補題 4.3)．$X'\in T_{p_0}U$ であることも容易にたしかめられる．対応 $X'\leftrightarrow X$ によって，$T_{p_0}U$ と $T_{p_0}M$ との間には1対1対応ができた．よって X と X' とは同一視してよい．

(証終)

定理 4.3 の証明 $f\in C^\infty(M)$ に対し，$f^*=f\circ\varphi^{-1}$ とおくと，f^* は $\varphi(p_0)=a$ の近傍での C^∞ 関数である．よって，命題 1.3 により，

$$\text{(4.16)} \qquad f^*(t)=f^*(a)+\sum_{j=1}^{n}(t_j-a_j)\cdot g_j(t)$$

が a の近傍 V 上で成立するような関数 $g_j\in C^\infty(V)$ が存在する．ここで，$g_j(a)=(\partial f^*/\partial t_j)_{t=a}$ が成立っている．いま，$\tilde{g}_j=g_j\circ(\varphi|(\varphi^{-1}(V)))$ とおく．(4.16) において，$t=\varphi(p)$ $(p\in\varphi^{-1}(V))$ とおけば，

$$\text{(4.17)} \qquad f(p)=f(p_0)+\sum(x_j(p)-x_j(p_0))\tilde{g}_j(p)$$

が p_0 の近傍 $\varphi^{-1}(V)$ で成立つ．よって，補題 4.2, 4.4 および (4.11) により，$X \in T_{p_0}M$ に対し，

$$Xf = \sum Xx_j \cdot \tilde{g}_j(p_0)$$

が成立つ．ところで，$\tilde{g}_j(p_0) = g_j(\varphi(p_0)) = g_j(a) = [\partial f^*/\partial t_j]_{t=a} = (\partial/\partial x_j)_{p_0} f$ であるから，

$$Xf = \sum Xx_j \cdot \left(\frac{\partial}{\partial x_j}\right)_{p_0} f$$

がすべての $f \in C^\infty(M)$ に対し成立つ．即ち，

$$X = \sum Xx_j \cdot \left(\frac{\partial}{\partial x_j}\right)_{p_0} \tag{4.18}$$

となって，X は $(\partial/\partial x_1)_{p_0}, \cdots, (\partial/\partial x_n)_{p_0}$ の一次結合であることがわかった．これら n 個の接ベクトルが一次独立であることを言うには $\sum \alpha_i (\partial/\partial x_i)_p = 0$ から $\alpha_i = 0$ $(i = 1, \cdots, n)$ を導けばよいが，$(\partial/\partial x_i)_{p_0} x_j = \delta_{ij}$ であることに注意すると，$0 = \sum \alpha_i (\partial/\partial x_i)_{p_0} \cdot x_j = \alpha_j$ $(j = 1, \cdots, n)$ が得られる． （証終）

系 4.2 $p_0 \in M$ の座標近傍 U 上の座標系を $\{x_1, \cdots, x_n\}$ とする．$X, Y \in T_{p_0}M$ が $Xx_i = Yx_i$ $(i = 1, \cdots, n)$ をみたせば，$X = Y$ である．

証明 (4.18) より明か． （証終）

系 4.3 任意の $X \in T_{p_0}M$ に対し，p_0 を通る C^∞ 曲線 $c : (-\varepsilon, \varepsilon) \to M$ が存在して，(4.12) が成立つ．

証明 (U, φ) を p_0 の座標近傍として，$\varphi = (x_1, \cdots, x_n)$ とすると，定理 4.3 により，$a_i \in \boldsymbol{R}$ が存在して，

$$X = \sum a_i \left(\frac{\partial}{\partial x_i}\right)_{p_0}$$

と書ける．$a = (a_1, \cdots, a_n) \in \boldsymbol{R}^n$ とおく．いま，$\varepsilon > 0$ を十分小さくとれば，$c(t) = \varphi^{-1}(\varphi(p_0) + t \cdot a)$ は $-\varepsilon < t < \varepsilon$ に対し定義され，c は求める曲線であることが容易にたしかめられる． （証終）

補題 4.5 M を連結 C^∞ 多様体とし，$f \in C^\infty(M)$ とする．すべての $X \in T_pM$ $(p \in M)$ に対し $Xf = 0$ であれば，f は定数である．

証明 任意の点 $p_0 \in M$ の連結な座標近傍 (U, φ) をとり，$\varphi = (x_1, \cdots, x_n)$

とする．仮定より，

$$\left[\frac{\partial(f\circ\varphi^{-1})}{\partial t_i}\right]_{t=\varphi(p)}=\left(\frac{\partial}{\partial x_i}\right)_p f=0$$

がすべての $p\in U$ と $i=1,\cdots,n$ に対し成立つから，$f\circ\varphi^{-1}$ は $\varphi(U)$ で定数である．従って f は U で定数 c である．いま，$M_c=\{p\in M|f(p)=c\}$ とおくと，M_c は空でない閉集合である．M が開集合であることも，上にのべたことから明かである．M は連結であるから，$M=M_c$ となって，$f\equiv c$ が証明された．　　（証終）

補題 4.6　$p_0\in M$ の近傍 U 上の 2 つの局所座標系 $\varphi=(x_1,\cdots,x_n)$，$\varphi'=(x_1',\cdots,x_n')$ に対し，$\varphi'\circ\varphi^{-1}=F$ とおけば，$F\in C^\infty(\varphi(U),\varphi'(U))$ であって，

$$x_j'(p)=F_j(x_1(p),\cdots,x_n(p)),\qquad p\in U, \tag{4.19}$$

$$\left(\frac{\partial}{\partial x_i}\right)_p=\sum_{j=1}^n\left(\frac{\partial F_j}{\partial t_i}\right)_{t=\varphi(p)}\cdot\left(\frac{\partial}{\partial x_j'}\right)_p,\qquad i=1,\cdots,n \tag{4.20}$$

が成立つ．

証明　$F\in C^\infty(\varphi(U),\varphi'(U))$ であることは定義 4.3 による．$\pi_j:\boldsymbol{R}^n\to\boldsymbol{R}$ を $\pi_j(t_1,\cdots,t_n)=t_j\ (j=1,\cdots,n)$ で定義すれば，

$$x_j'(p)=\pi_j\circ\varphi'(p)=\pi_j\circ F\circ\varphi(p)=F_j(\varphi(p))=F_j(x_1(p),\cdots,x_n(p))$$

であるから，(4.19) が示された．

(4.20) を言うため，その右辺を X であらわすと，$j=1,2,\cdots,n$ に対し，

$$Xx_j'=\left(\frac{\partial F_j}{\partial t_i}\right)_{t=\varphi(p)} \tag{4.21}$$

が成立つ．他方，(4.13) より，

$$\left(\frac{\partial}{\partial x_i}\right)_p x_j'=\left(\frac{\partial(x_j'\circ\varphi^{-1})}{\partial t_i}\right)_{t=\varphi(p)}=\left(\frac{\partial F_j}{\partial t_i}\right)_{t=\varphi(p)}$$

であるから，

$$\left(\frac{\partial}{\partial x_i}\right)_p x_j'=X\cdot x_j'$$

が $j=1,\cdots,n$ に対し成立つ．よって系 4.2 によって，$(\partial/\partial x_i)_p=X$ である．

（証終）

4.3 接バンドル

M を C^∞ 多様体とし，T_pM $(p\in M)$ の和集合を TM であらわす．ここで注意すべきことは，零写像 $0: C^\infty(M)\to \boldsymbol{R}$，即ち，$0(f)=0$ $(f\in C^\infty(M))$ は任意の $p\in M$ に対し，常に $0\in T_pM$ であって，ベクトル空間 T_pM のゼロ元であるが，我々は，T_pM のゼロ元と T_qM $(q\neq p)$ のゼロ元は異るものと考えた方が都合がよい．そのためには，和集合 $TM=\bigcup_{p\in M}\{p\}\times T_pM$ を考えると，$\{p\}\times T_pM$ は自然にベクトル空間となり，$\{p\}\times T_pM$ のゼロ元 $(p,0)$ と $\{q\}\times T_qM$ のゼロ元 $(q,0)$ は，$p\neq q$ ならば，異る．しかし，いかなる点におけるゼロ接ベクトルを考えているかは，文章の前後関係から明かな場合が多いので，$\{p\}\times T_pM$ と T_pM とは同一視し，単に $TM=\bigcup T_pM$ と書くのが慣例になっている．

TM から M への写像 $\pi: TM\to M$ を

(4.22) $$X\in T_pM \quad ならば \quad \pi(X)=p$$

によって定義し，π を TM から M への**射影**(projection)とよぶ．

次に，TM に C^∞ 構造を導入しよう．

定理 4.4 n 次元 C^∞ 多様体 M に対し，TM は自然な方法で，$2n$ 次元 C^∞ 多様体となり，射影 $\pi: TM\to M$ は C^∞ 写像である．多様体 TM と射影 π の組 (TM,π) を M の**接バンドル**(tangent bundle)とよぶ．

証明 まず，M の C^∞ 構造を $\mathcal{A}=\{(U_\alpha,\varphi_\alpha)|\alpha\in A\}$ とし，$\varphi_\alpha(U_\alpha)=V_\alpha$ とおく．$\varphi_\alpha=(x_1{}^{(\alpha)},\cdots,x_n{}^{(\alpha)})$ は，U_α 上の座標系である(定義 4.5)．定理 4.3 によって，$p\in U_\alpha$ ならば，T_pM の元は $\sum y_j(\partial/\partial x_j{}^{(\alpha)})_p$，$y_j\in\boldsymbol{R}$ の形に一意的にあらわせる．よって，$\pi^{-1}(U_\alpha)$ から，$V_\alpha\times\boldsymbol{R}^n$ への写像 $\tilde{\varphi}_\alpha:\pi^{-1}(U_\alpha)\to V_\alpha\times\boldsymbol{R}^n$ が，

(4.23) $$\tilde{\varphi}_\alpha\left(\sum y_i\left(\frac{\partial}{\partial x_i{}^{(\alpha)}}\right)_p\right)=(\varphi_\alpha(p),y_1,\cdots,y_n)$$

によって定義される．$V_\alpha\times\boldsymbol{R}^n$ は $\boldsymbol{R}^{2n}$ の開集合として，位相空間と考えられる．よって，$\pi^{-1}(U_\alpha)$ に，$\tilde{\varphi}_\alpha$ が位相同型となるように，位相 $\mathcal{U}_\alpha$ を入れることができる．$TM=\bigcup\pi^1(U_\alpha)$ であって，$\mathcal{U}_\alpha|\pi^{-1}(U_\alpha\cap U_\beta)=\mathcal{U}_\beta|\pi^{-1}(U_\alpha\cap$

U_β) かつ $\pi^{-1}(U_\alpha \frown U_\beta) \in \mathcal{U}_\alpha$ であることが，(4.20) を用いて，容易にたしかめられる．

よって，位相のはり合わせ(定理 3.1)により，TM 上の位相 $\mathcal{U}$ であって，$\mathcal{U}|\pi^{-1}(U_\alpha)=\mathcal{U}_\alpha$ かつ $\pi^{-1}(U_\alpha)\in\mathcal{U}$ をみたすものがただ1つ決まる．つぎに，$\tilde{\varphi}_\alpha$ が C^∞ 同型であるように $\pi^{-1}(U_\alpha)$ 上に C^∞ 構造 $\mathcal{A}_\alpha$ を導入すると，$\mathcal{A}_\alpha|\pi^{-1}(U_\alpha \frown U_\beta)=\mathcal{A}_\beta|\pi^{-1}(U_\alpha \frown U_\beta)$ であることが，(4.20) の式において $(\partial F_j/\partial t_i)_{t=\varphi(p)}$ が p の関数として C^∞ 関数であることを用いて，たしかめられる．よって，定理 4.1 により，TM 上に C^∞ 構造 $\mathcal{A}$ が定義され，$\mathcal{A}|\pi^{-1}(U_\alpha)=\mathcal{A}_\alpha$ をみたすようにできる．$\pi: TM\to M$ が C^∞ 写像であることは，$\pi^{-1}(U_\alpha)$ における C^∞ 構造の入れ方から明かであろう．　(証終)

補題 4.7　$\Phi: M\to W$ を C^∞ 多様体 M から W への C^∞ 写像とし，1 点 $p_0\in M$ に対し，$q_0=\Phi(p_0)$ とおく．このとき，線型写像 $\Phi': T_{p_0}M\to T_{q_0}W$ が，次式で定義される．

$$(4.24)\qquad (\Phi' X)g = X(g\circ\Phi),\qquad X\in T_{p_0}M,\ g\in C^\infty(W).$$

証明　$X\in T_{p_0}M$ に対し，$\Phi' X\in T_{q_0}W$ となること，即ち (4.11) が $\Phi' X$ に対し成立することが容易にたしかめられる．Φ' が線型であることも明かである．　(証終)

定義 4.13　補題 4.7 の Φ' を，Φ の p_0 における**微分**(differential)または，**接写像**(tangential map)とよび，$\Phi' = T_{p_0}\Phi = (d\Phi)_{p_0} = d\Phi$ 等であらわす．

命題 4.4　$\Phi: M\to W$ を C^∞ 写像とする．このとき，写像 $T\Phi: TM\to TW$ が，

$$T\Phi(X)=(T_p\Phi)(X),\qquad X\in T_pM$$

によって定義され，$T\Phi$ は C^∞ 写像である．$T\Phi$ を Φ の微分(differential)とよぶ．

証明　点 $p_0\in M$ をとり，$q_0=\Phi(p_0)$ とおく．q_0 の座標近傍 (V,ψ)，$\psi=(y_1,\cdots,y_m)$ をとると，p_0 の座標近傍 (U,φ)，$\varphi=(x_1,\cdots,x_n)$ で，$\Phi(U)\subset V$ をみたすものがとれる．(4.24) により，$p\in U$ に対し，

$$(T\Phi)\left(\frac{\partial}{\partial x_i}\right)_p = \sum_{j=1}^m \left[\frac{\partial(y_j\circ\Phi\circ\varphi^{-1})}{\partial t_i}\right]_{t=\varphi(p)}\cdot\left(\frac{\partial}{\partial y_j}\right)_{\Phi(p)}$$

が成立つ．$(\partial/\partial y_j)_{\Phi(p)}$ の係数を $f_j(p)$ とおけば，Φ が C^∞ 写像であることより，$f_j\in C^\infty(U)$ であることは明かであろう．従って，TW 上の C^∞ 構造の入れ方より，$T\Phi$ は $\pi^{-1}(U)$ 上で C^∞ 写像となる．従って，$T\Phi$ は TM から TW への C^∞ 写像である．（証終）

補題 4.8　M_i $(i=1,2,3)$ を C^∞ 多様体とし，$\Phi\in C^\infty(M_1, M_2)$，$\Psi\in C^\infty(M_2, M_3)$ とする．点 $p\in M_1$ に対し，$q=\Phi(p)$ とおくと，

$$T_p(\Psi\circ\Phi)=(T_q\Psi)\circ(T_p\Phi) \tag{4.25}$$

が成立つ．

証明　任意の $X\in T_pM_1$，$g\in C^\infty(M_3)$ に対し，(4.24) より，

$$\begin{aligned}(T_p(\Psi\circ\Phi)X)g&=X(g\circ(\Psi\circ\Phi))=X((g\circ\Psi)\circ\Phi)\\&=((T_p\Phi)X)(g\circ\Psi)=((T_q\Psi)((T_p\Phi)X))g\\&=(((T_q\Psi)\circ(T_p\Phi))X)g\end{aligned}$$

が成立つ．g, X は任意であったから (4.25) が成立つ．（証終）

系 4.4　補題 4.8 と同じ M_i, Φ, Ψ に対し，

$$T(\Psi\circ\Phi)=(T\Psi)\circ(T\Phi)$$

が成立つ．

4.4　ベクトル場と1径数変換群

定義 4.14　X が C^∞ 多様体 M の**ベクトル場**(vector field)であるとは，X は $C^\infty(M)$ から $C^\infty(M)$ 自身への線型写像であって，

$$X(f\cdot g)=Xf\cdot g+f\cdot Xg,\qquad f, g\in C^\infty(M) \tag{4.26}$$

をみたすときを言う．(4.26) をみたす線型写像 X のことを多元環 $C^\infty(M)$ の**微分作用素**(derivation)とも言う．従って，M 上のベクトル場とは $C^\infty(M)$ の微分作用素にほかならない．

M 上のベクトル場全体からなる集合を $\mathfrak{X}(M)$ であらわすと，$X, Y\in\mathfrak{X}(M)$，$a\in\boldsymbol{R}$ に対し，和 $X+Y$，スカラー倍 aX を次式で定義することによって，$\mathfrak{X}(M)$ は実ベクトル空間になる．

$$(X+Y)f=Xf+Yf,\qquad f\in C^\infty(M). \tag{4.27}$$

$$(aX)f=a\cdot Xf,$$

また，$f\in C^\infty(M)$ と $X\in\mathfrak{X}(M)$ に対し，

$$(f\cdot X)g=f\cdot Xg,\qquad g\in C^\infty(M) \tag{4.28}$$

によって，写像 $f\cdot X:C^\infty(M)\to C^\infty(M)$ を定義すると，$f\cdot X\in\mathfrak{X}(M)$ であることがわかり，この積 $(f,X)\to f\cdot X$ によって，$\mathfrak{X}(M)$ に $C^\infty(M)$ が作用する．

$f,g\in C^\infty(M)$，$X,Y\in\mathfrak{X}(M)$ に対し，

$$(f+g)\cdot X=f\cdot X+g\cdot X,$$

$$f\cdot(X+Y)=f\cdot X+f\cdot Y,$$

$$f\cdot(g\cdot X)=(f\cdot g)\cdot X$$

が成立つことも明かであろう．

命題 4.5　$X\in\mathfrak{X}(M)$ と $p\in M$ に対し，写像 $X_p:C^\infty(M)\to\boldsymbol{R}$ を

$$X_pf=(Xf)(p),\qquad f\in C^\infty(M) \tag{4.29}$$

によって定義すると，$X_p\in T_pM$ である．X_p を X の p における値と言う．

つぎに，写像 $\xi:M\to TM$ を $\xi(p)=X_p$ によって定義すれば，ξ は C^∞ 写像であって，$\pi\circ\xi=1_M$ をみたす．

証明　(4.26) より，$X_p\in T_pM$ であることは容易にたしかめられる．つぎに，(U,φ) を p_0 の座標近傍とし，$\varphi=(x_1,\cdots,x_n)$ とすれば，(4.18) によって，

$$X_p=\sum(X_px_j)\cdot\left(\frac{\partial}{\partial x_j}\right)_p,\qquad p\in U.$$

他方，$\tilde{x}_j\in C^\infty(M)$ を p_0 の近傍 W で x_j と一致する関数とすれば((4.15) 参照)，

$$(X\tilde{x}_j)(p)=X_px_j \tag{4.30}$$

が $p\in W$ に対し成立することがたしかめられる．よって，

$$\xi(p)=X_p=\sum(X\tilde{x}_j)(p)\left(\frac{\partial}{\partial x_j}\right)_p,\qquad p\in W$$

が成立する．もちろん，$X\tilde{x}_j\in C^\infty(M)$ であるから，TM の C^∞ 構造の入れ方より，ξ は C^∞ 写像であることがわかる．$\pi\circ\xi=1_M$ は明かである．　(証終)

命題 4.5 とは逆に，次の命題が成立する．

命題 4.6　C^∞ 写像 $\xi:M\to TM$ が $\pi\circ\xi=1_M$ をみたせば，写像 $X:C^\infty(M)$

$\to C^\infty(M)$ が

$$(Xf)(p)=\xi(p)f, \quad f\in C^\infty(M), \quad p\in M$$

によって定義され，$X\in\mathfrak{X}(M)$ である．

証明 1点 $p_0\in M$ の座標近傍 (U,φ)，$\varphi=(x_1,\cdots,x_n)$ を考えると，$p\in U$ に対し，

$$\xi(p)=\sum_{i=1}^{n}\xi_i(p)\left(\frac{\partial}{\partial x_i}\right)_p$$

と書ける．ξ は C^∞ 写像であるから，$\xi_i\in C^\infty(U)$ である．よって，

$$(Xf)(p)=\sum\xi_i(p)\cdot\left(\frac{\partial(f\circ\varphi^{-1})}{\partial t_i}\right)_{t=\varphi(p)}$$

も U 上の C^∞ 関数である．従って $Xf\in C^\infty(M)$．X が (4.26) をみたすことも容易にわかる． (証終)

補題 4.9 M の開部分多様体 U を考える．

$X\in\mathfrak{X}(M)$ に対し，$X'\in\mathfrak{X}(U)$ がただ1つ存在して，

$$X_p'=X_p \qquad (p\in U)$$

をみたす．

証明 命題 4.5 の ξ に対し $\xi|U: U\to TU$ は C^∞ 写像であるから，命題 4.6 によって，$\xi|U$ に対応する $X'\in\mathfrak{X}(U)$ が定義され，$X_p'=X$ $(p\in U)$ をみたす．このような X' はただ1つであることも明かであろう． (証終)

定義 4.15 補題 4.9 における X' を X の U への制限(restriction)とよび，$X'=X|U$ であらわす．

補題 4.10 $X, Y\in\mathfrak{X}(M)$ に対し，写像 $Z: C^\infty(M)\to C^\infty(M)$ を $Z=X\circ Y-Y\circ X$ によって定義すると，$Z\in\mathfrak{X}(M)$ である．これを $Z=[X, Y]$ であらわし，X と Y との**括弧積**(bracket)とよぶ．

証明 Z が線型写像であることは明か．次に，(4.26) をたしかめよう．$f, g\in C^\infty(M)$ ならば，

$$\begin{aligned}Z(f\cdot g)&=X(Y(f\cdot g))-Y(X(f\cdot g))\\&=X(Yf\cdot g+f\cdot Yg)-Y(Xf\cdot g+f\cdot Xg)\\&=XYf\cdot g+Yf\cdot Xg+Xf\cdot Yg+f\cdot XYg\end{aligned}$$

$$-\{YXf\cdot g+Xf\cdot Yg+Yf\cdot Xg+f\cdot YXg\}$$
$$=Zf\cdot g+f\cdot Zg.$$
(証終)

補題 4.11 $f, g\in C^\infty(M)$, $X, Y\in\mathfrak{X}(M)$ に対し,

(4.31) $$[fX, gY]=fg[X, Y]+f\cdot Xg\cdot Y-g\cdot Yf\cdot X$$

が成立つ.

証明 $h\in C^\infty(M)$ を任意にとると,

$$\begin{aligned}[fX, gY]h&=(fX)(g\cdot Yh)-(gY)(f\cdot Xh)\\&=f\cdot\{Xg\cdot Yh+g\cdot XYh\}-g\cdot\{Yf\cdot Xh+f\cdot YXh\}\\&=f\cdot Xg\cdot Yh+fg\cdot\{XYh-YXh\}-g\cdot Yf\cdot Xh\\&=\{f\cdot Xg\cdot Y+f\cdot g\cdot[X, Y]-g\cdot Yf\cdot X\}h.\end{aligned}$$

が得られる. h は任意であったから (4.31) が成立つ. (証終)

定義 4.16 区間 $I_\varepsilon=(-\varepsilon, \varepsilon)$ (ただし $\varepsilon>0$) から $\mathrm{Diff}^\infty(M)$ (系 4.1) への写像 $t\to\Phi_t$ が **1 径数変換族**(one parameter family of transformations)であるとは, (i) $\Phi_0=1_M$ であって, かつ (ii) $\mu(t, p)=\Phi_t(p)$ によって定義される写像 $\mu: I_\varepsilon\times M\to M$ が C^∞ 写像であるときを言う. さらに, (iii) $I_\varepsilon=\boldsymbol{R}$ であって, 任意の $s, t\in\boldsymbol{R}$ に対し, $\Phi_s\circ\Phi_t=\Phi_{s+t}$ なる条件をみたすとき, $t\to\Phi_t$ は **1 径数変換群**(one parameter group of transformations)であると言う.

命題 4.7 M の 1 径数変換族 $\{\Phi_t\}$ が与えられると, M のベクトル場 X が次式で定義される.

(4.32) $$(Xf)(p)=\left[\frac{\partial f(\Phi_t(p))}{\partial t}\right]_{t=0}, \quad f\in C^\infty(M),\ p\in M.$$

証明 $f\in C^\infty(M)$ に対し, $Xf\in C^\infty(M)$ であることは, $\Phi_t(p)$ が (t, p) について C^∞ 級であることによる. X が (4.26) をみたすことは, 命題 4.3 の証明と全く同様にしてたしかめられる. (証終)

定義 4.17 命題 4.7 の X を $\{\Phi_t\}$ **から導かれたベクトル場**とよぶ.

実は, 命題 4.7 の(ある意味で)逆が成立する. それを見るため, まず局所変換群の定義をのべよう.

定義 4.18 $\{\Phi_t\}$ $(t\in I_\varepsilon)$ が M の開集合 V の上の **1 径数局所変換群**(one parameter local group of local transformations)であるとは，V を含む M の開集合 W が存在し，Φ_t は W から M の開集合 W_t への C^∞ 同型写像であって，次の条件（i）〜(iii) をみたすときを言う．

（i）　$\Phi_t(V)\subset W \quad (t\in I_\varepsilon)$,

（ii）　$p\in V,\ s,t,s+t\in I_\varepsilon$ ならば $\Phi_s(\Phi_t(p))=\Phi_{s+t}(p)$,

(iii)　写像 $(t,p)\to\Phi_t(p)$ は $I_\varepsilon\times W$ から M の中への C^∞ 写像である．

定理 4.5　M を C^∞ 多様体とし，$X\in\mathfrak{X}(M)$ をとる．M の任意のコンパクト集合 K に対し，ある正数 ε と K を含む開集合 V と V 上の1径数局所変換群 $\{\Phi_t\}$ $(t\in I_\varepsilon)$ が存在して，$p\in V$ に対し，

(4.33)
$$(Xf)(p)=\left[\frac{\partial f(\Phi_t(p))}{\partial t}\right]_{t=0},\qquad f\in C^\infty(M)$$

が成立つ．しかもつぎの意味で $\{\Phi_t\}$ はただ1つである．即ち，K の他の近傍 V' 上の1径数局所変換群 $\{\Phi_t'\}$ $(t\in I_{\varepsilon'})$ が (4.33) をみたせば，$V\frown V'$ 上で $\Phi_t=\Phi_t'$ である．

特に M がコンパクトのときは，$\{\Phi_t\}$ は1径数変換群としてよい．

証明　K の任意の点 p_0 に対し，閉包がコンパクトな座標近傍 (U,φ)，$\varphi=(x_1,\cdots,x_n)$ をとる．U の上で，

(4.34)
$$X_p=\sum_{j=1}^{n}\xi^j(p)\cdot\left(\frac{\partial}{\partial x_j}\right)_p,\qquad p\in U$$

と書け，ξ^j は U 上の C^∞ 関数である(命題4.5)．$\eta^j=\xi^j\circ\varphi^{-1}$ $(j=1,\cdots,n)$ とおくと，$\eta^j\in C^\infty(\varphi(U))$ である．従って，系 1.2 により，微分方程式系

(4.35)
$$\frac{dy_j}{dt}=\eta^j(y_1,\cdots,y_n)\qquad (j=1,\cdots,n)$$

は初期条件 $y_j(0)=x_j(p)$ のもとにただ1つの解 $y_j(t)$ $(|t|<\varepsilon_0)$ をもつ．この解は p に依存するので，$y_j(t,p)$ $(j=1,\cdots,n)$ と書けば，y_j は (t,p) に関して C^∞ 関数である．この y_j に対し，

(4.36)
$$\Phi_t(p)=\varphi^{-1}(y_1(t,p),\cdots,y_n(t,p))$$

によって写像 Φ_t が十分小な $|t|$ に対し定義できる．(4.34)，(4.35)，(4.36) より，容易に (4.33) が $f=x_j$，$p\in U$ $(j=1,\cdots,n)$ に対し成立つことがわか

り，従って，系 4.2 によって，(4.33) はすべての $f\in C^\infty(M)$，$p\in U$ に対して成立つことがわかる．

p_0 の近くの点 p に対し，$\Phi_s(\Phi_t(p))=\Phi_{s+t}(p)$ $(s,t,s+t\in I_{\varepsilon_0})$ が成立つことは，(4.35) の解が同様の性質をもつことよりたしかめられる(問題 1.3)．

K はコンパクトであるから，上の性質をもつ，有限個の U_i で K をおおい，各 U_i 上で Φ_t を (4.36) によって定義すれば，(4.35) の解の一意性から，$W'=\bigcup U_i$ 上で矛盾なく Φ_t が定義され，(iii) が W' に対しみたされるようにできる．他方，$\Phi_0=1_{W'}$ であるから，K の近傍 W を十分小さくとれば，十分小さい正数 $\varepsilon\leq\varepsilon_0$ に対し，$\Phi_t(W)\subset W'$ $(|t|<\varepsilon_1)$ となるようにできる．よって，$\Phi_{-t}\circ\Phi_t(p)=\Phi_0(p)=p$ $(p\in W')$ なることより，写像 $\Phi_t: W\to\Phi_t(W)=W_t$ は C^∞ 同型写像であることがわかる．(i) をみたす十分小さい近傍 V と $\varepsilon>0$ の存在も，$\Phi_0=1_W$ であることより容易に，たしかめられる．

M がコンパクトの場合，任意の $t\in\boldsymbol{R}$ に対し，$\Phi_t: M\to M$ を定義する必要があるが，自然数 N を十分大にとれば，$|t/N|<\varepsilon$ とできるから，$\Phi_{t/N}$ は定義できている．よって，$\Phi_t=(\Phi_{t/N})^N$ (N 乗) とおきたい．そのためには，他の自然数 N' に対し $|t/N'|<\varepsilon$ ならば，$\Phi_t=(\Phi_{t/N'})^{N'}$ となっていることを示す必要がある．ところが，性質 (ii) によって，$(\Phi_{t/NN'})^{N'}=\Phi_{t/N}$，$(\Phi_{t/NN'})^{N}=\Phi_{t/N'}$ が成立つ．よって，

$$\Phi_t=(\Phi_{t/N})^N=((\Phi_{t/NN'})^{N'})^N=(\Phi_{t/NN'})^{NN'}=(\Phi_{t/N'})^{N'}$$

が成立つ．このようにして定義された Φ_t $(t\in\boldsymbol{R})$ に対し，$\Phi_s\circ\Phi_t=\Phi_{s+t}$ $(s,t\in\boldsymbol{R})$ が成立し，写像 $(t,p)\to\Phi_t(p)$ は $\boldsymbol{R}\times M$ から M への C^∞ 写像であることも容易に証明される．　(証終)

定義 4.19　定理 4.5 における $\{\Phi_t\}$ を，X **から生成された 1 径数局所変換群**とよび，$\Phi_t=\mathrm{Exp}\,tX$ であらわす．

注意 4.4　定理 4.5 における $\varepsilon>0$ は K によって異る．K に無関係に ε がとれる場合は，M がコンパクトな場合と同じようにして，$\{\Phi_t\}$ は M 上の 1 径数変換群にできる．そのような場合，X を M の**無限小変換**(infinitesimal transformation)または，**完全ベクトル場**(complete vector field)とよぶ．

命題 4.8 C^∞ 多様体 M から W への C^∞ 同型写像 Φ があれば，$\mathfrak{X}(M)$ から $\mathfrak{X}(W)$ への線型同型写像 $d\Phi$ が次式で定義される：

$$((d\Phi)X)g=(X(g\circ\Phi))\circ\Phi^{-1},\qquad g\in C^\infty(W),\ X\in\mathfrak{X}(M). \tag{4.37}$$

証明 $g,h\in C^\infty(W)$ に対し，

$$\begin{aligned}((d\Phi)X)gh&=(X((gh)\circ\Phi))\circ\Phi^{-1}=(X((g\circ\Phi)\cdot(h\circ\Phi)))\circ\Phi^{-1}\\&=((X(g\circ\Phi))\cdot(h\circ\Phi))\circ\Phi^{-1}+((g\circ\Phi)\cdot(X(h\circ\Phi)))\circ\Phi^{-1}\\&=((X(g\circ\Phi))\circ\Phi^{-1})\cdot(h\circ\Phi)\circ\Phi^{-1}+((g\circ\Phi)\circ\Phi^{-1})\cdot((X(h\circ\Phi))\Phi^{-1})\\&=(((d\Phi)X)g)\cdot h+g\cdot(((d\Phi)X)h).\end{aligned}$$

よって，$(d\Phi)X\in\mathfrak{X}(W)$ である．$d\Phi$ が線型写像であることは (4.37) より明かである．同型であることは，$d(\Phi^{-1})=(d\Phi)^{-1}$ が成立することによる．

（証終）

定義 4.20 命題 4.8 における $d\Phi$ を Φ の**微分**とよぶ．$X\in\mathfrak{X}(M)$, $p\in M$ に対し $((d\Phi)X)_p=(T\Phi)(X_{\Phi^{-1}(p)})$ が成立つ．

補題 4.12 C^∞ 同型写像 Φ の微分 $d\Phi$ は次の性質をもつ．

$$d\Phi[X,Y]=[d\Phi X,d\Phi Y],\qquad X,Y\in\mathfrak{X}(M). \tag{4.38}$$

証明 $(d\Phi)X=X'$, $(d\Phi)Y=Y'$ とおくと，命題 4.8 により，任意の $g\in C^\infty(W)$ に対し，

$$\begin{aligned}[X',Y']g&=X'Y'g-Y'X'g\\&=X'(Y(g\circ\Phi)\circ\Phi^{-1})-Y'(X(g\circ\Phi)\circ\Phi^{-1})\\&=(X(Y(g\circ\Phi)))\circ\Phi^{-1}-(Y(X(g\circ\Phi)))\circ\Phi^{-1}\\&=(XY(g\circ\Phi)-YX(g\circ\Phi))\circ\Phi^{-1}\\&=([X,Y](g\circ\Phi))\circ\Phi^{-1}\\&=(d\Phi[X,Y])g.\end{aligned}$$

（証終）

命題 4.9 $\sigma:M\to M$ を C^∞ 多様体 M の C^∞ 同型写像とし，K を M のコンパクト部分集合とする．いま，$X\in\mathfrak{X}(M)$ の生成する K の近傍 V の上の1径数局所変換群を $\{\Phi_t\}$ とすれば，$(d\sigma)X$ の生成する $\sigma(V)$ 上の1径数局所変換群 $\{\Psi_t\}$ は

$$\Psi_t=\sigma\circ\Phi_t\circ\sigma^{-1}$$

で与えられる.

証明 $\{\Psi_t\}$ が $\sigma(K)$ の近傍での１径数局所変換群になっていることは明かであろう. よって, (4.33) が $\{\Psi_t\}$ に対し成立すること, 即ち, 次の (4.39) が成立することを示せばよい.

$$(4.39)\qquad (((d\sigma)X)f)(\sigma(p))=\left[\frac{\partial f(\Psi_t(\sigma(p)))}{\partial t}\right]_{t=0},$$

$p\in V$, $f\in C^\infty(M)$.

ところで, (4.39) は次のようにして証明される.

$$\begin{aligned}\left[\frac{\partial f(\Psi_t(\sigma(p)))}{\partial t}\right]_{t=0}&=\left[\frac{\partial f\sigma\Phi_t(p)}{\partial t}\right]_{t=0}=\left[\frac{\partial(f\circ\sigma)(\Phi_t(p))}{\partial t}\right]_{t=0}\\&=(X(f\circ\sigma))(p)=((X(f\circ\sigma))\circ\sigma^{-1})(\sigma(p))\\&=(((d\sigma)X)f)(\sigma(p)).\end{aligned}$$

(証終)

定義 4.21 $\{\Phi_t\}$ ($|t|<\varepsilon$) を C^∞ 多様体 M の開集合 V の上の１径数局所変換群とし, 開集合 V' は $\bar{V}'$ がコンパクトで, $\bar{V}'\subset V$ をみたすものとする. $Y\in\mathfrak{X}(V)$ に対し, $Y_t\in\mathfrak{X}(V')$ ($|t|$ 十分小) を

$$(4.40)\qquad Y_t=(T\Phi_t)Y$$

によって定義する. また, $dY_t/dt\in\mathfrak{X}(V')$ を

$$(4.41)\qquad \frac{dY_t}{dt}\cdot f=\frac{d(Y_tf)}{dt},\qquad f\in C^\infty(V')$$

によって定義する.

命題 4.10 $\{\Phi_t\}$ から導かれた V 上のベクトル場(定義 4.17)を X とすれば, (4.40), (4.41) で定義された Y_t, dY_t/dt に対し

$$\frac{dY_t}{dt}=[Y_t, X]$$

が成立つ.

証明 $Z_t=dY_t/dt$ とおく. $f\in C^\infty(V')$ ならば,

$$\begin{aligned}Z_0f&=\lim_{t\to0}\frac{1}{t}\{Y(f\circ\Phi_t)\circ\Phi_{-t}-Yf\}\\&=\lim_{t\to0}\frac{1}{t}\{Y(f\circ\Phi_t)-Yf-Yf\circ\Phi_t+Yf\}\circ\Phi_{-t}\end{aligned}$$

$$=\lim_{t\to 0}\frac{1}{t}\{Y(f\circ\Phi_t-f)\}\circ\Phi_{-t}-\lim_{t\to 0}\frac{1}{t}\{(Yf)\circ\Phi_t-Yf\}\circ\Phi_{-t}$$

$$=Y\lim\frac{1}{t}(f\circ\Phi_t-f)-X(Yf)$$

$$=Y(Xf)-X(Yf)=[Y,X]f=[Y_0,X]f.$$

よって，V' の上では，$Z_0=[Y_0,X]$ が成立つ．

つぎに，t_0 が十分小ならば，$(T\Phi_{t_0})Z_0=Z_{t_0}$ が成立つ．何故なら，$f\in C^\infty(V')$ に対し，

$$((T\Phi_{t_0})Z_0)f=(Z_0(f\circ\Phi_{t_0}))\circ\Phi_{-t_0}$$

$$=\left[\frac{dY_t(f\circ\Phi_{t_0})}{dt}\right]_{t=0}\circ\Phi_{-t_0}=\left[\frac{d(Y(f\circ\Phi_{t_0}\circ\Phi_t))\circ\Phi_{-t}}{dt}\right]_{t=0}\circ\Phi_{-t_0}$$

$$=\left[\frac{d(Y(f\circ\Phi_{t_0+t}))\circ\Phi_{-(t+t_0)}}{dt}\right]_{t=0}=\left[\frac{d(Y(f\circ\Phi_t))\circ\Phi_{-t}}{dt}\right]_{t=t_0}$$

$$=\left[\frac{dY_t(f)}{dt}\right]_{t=t_0}=Z_{t_0}f.$$

一方，$(T\Phi_t)X=X$ であるから，

$$T\Phi_{t_0}Z_0=T\Phi_{t_0}[Y_0,X]=[T\Phi_{t_0}Y_0,T\Phi_{t_0}X]=[Y_{t_0},X].$$

よって，

$$\frac{dY_t}{dt}=Z_t=(T\Phi_t)Z_0=[Y_t,X].$$ （証終）

定理 4.6 V, V' は定義 4.21 と同じとする．$\{\Phi_t\}, \{\Psi_t\}$ を V 上の1径数局所変換群とし，それらから導かれたベクトル場を X, Y とする．十分小なすべての s, t に対し，$\Phi_s\circ\Psi_t=\Psi_t\circ\Phi_s$ が(任意の) V' 上で成立つための必要十分条件は，$[X,Y]=0$ が V 上で成立つことである．

証明 必要性： 十分小な t に対し，V' 上で，$(T\Phi_t)Y=Y$ が成立つ．何故なら，$f\in C^\infty(V')$ に対し，

$$(T\Phi_tY)f=(Y(f\circ\Phi_t))\circ\Phi_{-t}$$

$$=\left(\lim_{s\to 0}\frac{1}{s}(f\circ\Phi_t\circ\Psi_s-f\circ\Phi_t)\right)\circ\Phi_{-t}=\left(\lim_{s\to 0}\frac{1}{s}(f\circ\Psi_s\circ\Phi_t-f\circ\Phi_t)\right)\circ\Phi_{-t}$$

$$=\lim_{s\to 0}\frac{1}{s}(f\circ\Psi_s-f)=Yf.$$

よって，命題4.10の記号を用いると，$Y_t=Y$ であるから，$[Y,X]=dY_t/dt=0$ となる．

十分性：　十分小な t に対して，命題 4.10 により，

$$\frac{dY_t}{dt}=[Y_t,X]=[T\Phi_t Y,X]$$
$$=[T\Phi_t Y,T\Phi_t X]=T\Phi_t[Y,X]=0.$$

よって，

(4.42)
$$T\Phi_t Y=Y$$

が十分小なすべての t に対して成立つ．ところで，$T\Phi_t Y$ の生成する 1 径数局所変換群は，命題 4.9 によれば，$\{\Phi_t\Psi_s\Phi_t^{-1}\}$ $(|s|<\varepsilon)$ である．よって，(4.42) により，$\Phi_t\Psi_s\Phi_t^{-1}=\Psi_s$ が十分小さい s に対して成立つ．　　（証終）

4.5　複素ベクトル場

C^∞ 多様体 M の上の複素数値をとる C^∞ 関数 $f_1+\sqrt{-1}f_2$ $(f_1,f_2\in C^\infty(M))$ の全体からなる集合 $C^\infty(M,\boldsymbol{C})$ を考える．$C^\infty(M,\boldsymbol{C})$ は $C^\infty(M)$ の複素化(§2.1 参照)になっている：

$$C^\infty(M,\boldsymbol{C})=C^\infty(M)\oplus\sqrt{-1}\,C^\infty(M).$$

一方，点 $p\in M$ における接空間 T_pM の複素化 $T_p{}^CM$ を考えよう：

$$T_p{}^CM=T_pM\oplus\sqrt{-1}\,T_pM.$$

定義 4.22　$T_p{}^CM$ の元を**複素接ベクトル**(complex tangent vector)とよぶ．T_pM の $C^\infty(M)$ への作用を，$T_p{}^CM$ の $C^\infty(M,\boldsymbol{C})$ への作用に，自然な方法(4.43)によって，拡張する．

(4.43)
$$(X_1+\sqrt{-1}X_2)(f_1+\sqrt{-1}f_2)$$
$$=(X_1f-X_2f_2)+\sqrt{-1}(X_1f_2+X_2f_1),$$
$$X_1,X_2\in T_pM,\ f_1,f_2\in C^\infty(M).$$

補題 4.13　$\tilde{X}=X_1+\sqrt{-1}X_2$ とおくと，写像 $\tilde{X}:C^\infty(M,\boldsymbol{C})\to\boldsymbol{C}$ は複素ベクトル空間の線型写像であって，任意の $\tilde{f},\tilde{g}\in C^\infty(M,\boldsymbol{C})$ に対し，

(4.44)
$$\tilde{X}(\tilde{f}\cdot\tilde{g})=(\tilde{X}\tilde{f})\cdot\tilde{g}(p)+\tilde{f}(p)\cdot(\tilde{X}\tilde{g})$$

をみたす.

証明　$\tilde{f}=f_1+\sqrt{-1}f_2$, $\tilde{g}=g_1+\sqrt{-1}g_2$, $f_i, g_i\in C^\infty(M)$ $(i=1,2)$ と書き, X_1, X_2 が (4.11) をみたすことを用いて, (4.44) の両辺を変形し, 両辺の等しいことがたしかめられる. $\tilde{X}$ が線型なることは, $\tilde{f}=\alpha\in \boldsymbol{C}$ が定数のときの (4.44) により, 明かである.　(証終)

定義 4.23　$\mathfrak{X}(M)$ の複素化 $\mathfrak{X}^C(M)=\mathfrak{X}(M)\oplus\sqrt{-1}\mathfrak{X}(M)$ の元のことを M 上の**複素ベクトル場**(complex vector field)とよぶ. $X_1, X_2\in\mathfrak{X}(M)$ に対し, $\tilde{X}=X_1+\sqrt{-1}X_2$ の $C^\infty(M,\boldsymbol{C})$ への作用を (4.43) と同様に定義すれば, 補題 4.13 と同じようにして, $\tilde{X}$ は $\boldsymbol{C}$ 多元環 $C^\infty(M,\boldsymbol{C})$ の微分作用素(定義 4.14)になることがわかる.

$\tilde{X}$ の p における値 $\tilde{X}_p\in T_p{}^CM$ を $\tilde{X}_p=(X_1)_p+\sqrt{-1}(X_2)_p$ によって定義する(命題 4.5 参照).

問　題　4

4.1　S^n は C^∞ 多様体であることを検証せよ.

4.2　C^∞ 多様体 M_1 と M_2 が C^∞ 同型なら, $\dim M_1=\dim M_2$.

4.3　C^∞ 多様体 M_1, M_2 に対し, $T(M_1\times M_2)$ と $TM_1\times TM_2$ とは自然な方法で C^∞ 同型である.

4.4　1次元以上の C^∞ 多様体 M に対しては, $\dim\mathfrak{X}(M)=\infty$ である.

4.5　$F=C^0(M)$ を C^0 多様体 M 上の実数値連続関数全体のなす $\boldsymbol{R}$ 多元環とする. 線型写像 $X:F\to F$ であって, $X(f\cdot g)=Xf\cdot g+f\cdot Xg$ $(f, g\in F)$ をみたすものは0に限る(即ち $Xf=0$ $(f\in F)$)ことを示せ.

4.6　C^∞ 多様体 M のコンパクト集合 K の外で 0 なる $X\in\mathfrak{X}(M)$ は M の 1 径数変換群を生成する.

4.7　連結 C^∞ 多様体 M の任意の2点 p, q に対しては, $\Phi(p)=q$ をみたす M から M の上への C^∞ 同型写像 Φ が存在する.

5.　部分多様体と積分多様体

5.1　部分多様体

M, W を C^∞ 多様体とし，$\iota: W \to M$ は C^∞ 写像であって，任意の点 $p \in W$ に対し，写像 ι の微分(定義 4.13) $(d\iota)_p: T_pW \to T_{\iota(p)}M$ が単射であるとき，ι は W から M への**挿入写像**(immersion)であると言う．

定義 5.1　(W, ι) が M の**部分多様体**(submanifold)であるとは，$\iota: W \to M$ が W から M への挿入写像であって，かつ ι が単射であるときを言う．

例 5.1　W を M の開部分多様体(例 4.4)とすると，包含写像 $\iota: W \to M$ によって，(W, ι) は M の部分多様体となる．

注意 5.1　(W, ι) が M の部分多様体であるとき，ι は単射であるから，W と M の部分集合 $\iota(W)$ とは ι によって1対1対応がつく．この1対1対応が C^∞ 同型となるように，$W' = \iota(W)$ に C^∞ 構造を導入すると，包含写像 $j: W' \to M$ は挿入写像となる．従って，C^∞ 多様体 W' が集合として，M の部分集合であって，包含写像 $j: W' \to M$ が挿入写像であるとき，W' を M の部分多様体であると定義しても差支えない．ここで，W' の位相は M から導かれる相対位相とは，一般には，異ることに注意することが肝要である．

注意 5.2　(W, ι) を M の部分多様体とし，$\dim W = m$, $\dim M = n$ とすると，$\mathrm{rank}(d\iota)_p = \dim W (p \in W)$ であるから，階数定理 2.7 を用いると，任意の点 $p_0 \in W$ に対し，p_0 (および $\iota(p_0)$) の座標近傍 (U, φ) (および (U', φ')) を適当にとると，$\varphi' \circ \iota \circ (\varphi^{-1} | \varphi(U))$ は

$$(t_1, \cdots, t_m) \to (t_1, \cdots, t_m, 0, \cdots, 0)$$

の型で与えられる．

命題 5.1　(W, ι) を M の部分多様体とする．V を C^∞ 多様体とし，連続写像 $f: V \to W$ を考える．

このとき，f が C^∞ 写像であるための必要十分条件は $\iota \circ f: V \to M$ が C^∞ 写像となることである．

証明 必要であることは明かであるから，十分であることを証明する．点 $p\in W$ をとり，p（および，$\iota(p)$）の座標近傍 (U,φ)（および (U',φ')）であって，$\varphi'\circ\iota\circ(\varphi^{-1}|\varphi(U))$ は $(t_1,\cdots,t_m)\to(t_1,\cdots,t_m,0,\cdots,0)$ であるものをとる(注意 5.2)．いま，$q\in f^{-1}(U)$ に対し，$(\varphi\circ f)(q)=(y_1(q),\cdots,y_m(q))$ とおくと，$q\in f^{-1}(U)$ に対し，

$$
\begin{aligned}
(\varphi\circ\iota\circ f)(q)&=(\varphi'\circ\iota\circ\varphi^{-1}(\varphi(f(q)))\\
&=(y_1(q),\cdots,y_m(q),0,\cdots,0)
\end{aligned}
$$

が成立つ．仮定により，y_i は開集合 $f^{-1}(U)$ 上の C^∞ 関数であるから，f は C^∞ 写像である． （証終）

5.2 微分系と積分多様体

定義 5.2 C^∞ 多様体 M の各点 p に対し，T_pM の k 次元部分ベクトル空間 $D(p)$ が与えられていて，次の条件 (5.1) をみたすとき，$\mathscr{D}=\{D(p)|p\in M\}$ を M 上の k 次元 C^∞ **微分系**(differential system)と言う．

(5.1) 任意の点 $p\in M$ に対し，p の近傍 U と $X_1,\cdots,X_k\in\mathfrak{X}(U)$ とが存在して，

$$D(q)=\{X_1(q),\cdots,X_k(q)\}_{\boldsymbol{R}},\qquad q\in U$$

が成立つ．ただし，$X_i(q)$ は X_i の q における値をあらわす(命題 4.5)．

定義 5.3 (W,ι) を M の部分多様体とする．(W,ι) が C^∞ 微分系 $\mathscr{D}$ の**積分多様体**(integral manifold)であるとは，任意の点 $w\in W$ に対し，

$$(5.2)\qquad (T\iota)(T_wW)\subset D(\iota(w))$$

をみたすときを言う．

$k=1$ のときは，(W,ι) を $\mathscr{D}$ の積分曲線とよぶ．

定義 5.4 k 次元微分系 $\mathscr{D}$ が**完全積分可能**(completely integrable)であるとは，任意の点 $p\in M$ に対し，p の座標近傍 (U,φ) が存在して，$\varphi(p)=0$，$\varphi(U)=\{x\in\boldsymbol{R}^n||x|<a\}$ $(a>0)$，かつ任意の $c=(c_{k+1},\cdots,c_n)\in\boldsymbol{R}^{n-k}$ $(|c|<a)$ に対し次の条件 (5.3) がみたされるときを言う．

$$(5.3)\qquad U_c=\{q\in U|x_j(q)=c_j\ (k<j\leq n)\}\ \text{とおくと，}$$

$$U_c \text{ は } \mathscr{D} \text{ の積分多様体である．}$$

ただし，$\varphi=(x_1, \cdots, x_n)$ とおいた．

上の U_c を**切片**(slice)とよぶことがある．

例 5.2 $X\in\mathfrak{X}(M)$ がすべての $p\in M$ に対し，$X_p\neq 0$ をみたせば，$D(p)=\boldsymbol{R}\cdot X_p$ とおくと，$\mathscr{D}=\{D(p)|p\in M\}$ は 1 次元 C^∞ 微分系となることは自明である．また $\{\Phi_t\}$ を定理 4.5 の 1 径数局所変換群とすると，$W=\{\Phi_t(p)|t\in I_\varepsilon\}$ は微分系 $\mathscr{D}$ の積分多様体になっている．

$\{\Phi_t\}$ は微分方程式系 (4.35) を解いて(即ち，積分して)得られたものである．積分多様体の名称はここに由来する．

命題 5.2 $\mathscr{D}$ は完全積分可能 C^∞ 微分系とし，定義 5.4 における記号 U, U_c を用いる．もし (W, ι) が $\mathscr{D}$ の積分多様体であって，$\iota(W)\subset U$，かつ W が連結であれば，ある $c\in\boldsymbol{R}^{n-k}$ が存在して，$\iota(W)\subset U_c$ となる．

証明 任意の $p\in U$ に対し，$\varphi(p)=(t_1, \cdots, t_k, c(p))$，$c(p)\in\boldsymbol{R}^{n-k}$ とおくと，$\dim T_p(U_{c(p)})=k$ であって，$T_p(U_{c(p)})\subset D(p)$，従って $T_p(U_{c(p)})=D(p)$ が成立つ．そこで，任意の $X\in T_wW$ をとると，$(T\iota)X\in(T\iota)(T_wW)\subset D(\iota(w))=U_{\iota(w)}(U_{c(\iota(w))})$ であるから，

$$(T\iota)X=\sum_{i=1}^{k} a_i\left(\frac{\partial}{\partial x_i}\right)_{\iota(w)}, \qquad a_i\in\boldsymbol{R}$$

と書ける．よって，$n\geq j>k$ なる任意の j に対して，

$$X(x_j\circ\iota)=(T\iota X)x_j=\left(\sum_{i=1}^{k} a_i\left(\frac{\partial}{\partial x_i}\right)_{\iota(w)}\right)x_j=0$$

が成立ち，補題 4.5 によって，$x_j\circ\iota$ は定数 c_j である．よって，$\iota(W)\subset U_c$ $(c=(c_{k+1}, \cdots, c_n))$ が成立つ．　(証終)

定義 5.5 $\mathscr{D}$ を C^∞ 多様体 M 上の k 次元 C^∞ 微分系とする．$\mathscr{D}$ が次の条件 (Inv) をみたすとき，$\mathscr{D}$ は**内包的**(involutive)であると言う．

(Inv)　任意の $p\in M$ に対し，p の近傍 V と
$X_1, \cdots, X_k\in\mathfrak{X}(V)$ が存在して，

$$\{X_1(q), \cdots, X_k(q)\}_{\boldsymbol{R}}=D(q), \tag{5.4}$$

$$[X_i, X_j](q)\in D(q) \tag{5.5}$$

がすべての $q \in V$ に対し成立つ.

補題 5.1 $\mathcal{D}$ が内包的であるための必要十分条件は，任意の開集合 $U \subset M$ と，$X, Y \in \mathfrak{X}(U)$ に対し，

$$X_p, Y_p \in D(p) \quad (p \in U) \quad \text{ならば}$$
$$[X, Y](p) \in D(p) \qquad (p \in U)$$

が成立つことである.

証明 $\mathcal{D}$ を内包的であるとする．任意の点 $p_0 \in U$ に対し，p_0 の近傍 $V \subset U$ と $X_1, \cdots, X_k \in \mathfrak{X}(V)$ が存在し，(5.4)，(5.5) がみたされる．X, Y は V 上で

$$X = \sum_{i=1}^{k} \xi_j X_i, \qquad Y = \sum_{i=1}^{k} \eta_i X_i$$

と書け，$\xi_i, \eta_i \in C^\infty(V)$ である．よって，

$$[X, Y] = \sum \xi_i \eta_j [X_i, X_j] + \sum \xi_i \cdot X_i \eta_j \cdot X_j - \sum \eta_j \cdot X_j \xi_i \cdot X_i$$

が成立ち，(5.4)，(5.5) を用いると，$[X, Y](p) \in D(p)$ がすべての $p \in V$ に対し成立つことがわかる.

逆に，補題 5.1 の条件をみたす $\mathcal{D}$ が内包的であることは自明であろう.

（証終）

命題 5.3 $\mathcal{D}$ を M 上の内包的な k 次元 C^∞ 微分系とする．このとき，任意の点 $p_0 \in M$ に対し，p_0 の近傍 U と $X_1, \cdots, X_k \in \mathfrak{X}(U)$ が存在して，

$$\{X_1(p), \cdots, X_k(p)\}_R = D(p) \qquad (p \in U),$$
$$[X_i, X_j] = 0 \qquad (i, j = 1, \cdots, k)$$

が成立つ.

証明 $p_0 \in M$ に対し，p_0 の座標近傍 (U, φ) を十分小さくとると，$Y_1, \cdots, Y_k \in \mathfrak{X}(U)$ が存在して，

$$\text{(5.6)} \qquad \{Y_1(p), \cdots, Y_k(p)\}_R = D(p), \quad p \in U$$

が成立つ．座標系 $\varphi = (x_1, \cdots, x_n)$ を用いて，U 上で，

$$Y_i(p) = \sum a_{i\nu}(p) \left(\frac{\partial}{\partial x_\nu} \right)_p, \quad p \in U$$

とあらわすと，$a_{i\nu} \in C^\infty(U)$ であって，$k \times n$ 型の行列 $(a_{i\nu}(p_0))$ の階数は k

である． 従って，（必要ならば番号をつけかえることによって）行列 $A(p)=(a_{ij}(p)|i,j=1,\cdots,k)$ は $\det A(p_0)\neq 0$ であるとして一般性を失わない．よって，さらに U を小さくとっておけば，逆行列 $B(p)=(b_{ij}(p))=(A(p))^{-1}$ が $p\in U$ に対して存在する．この b_{ij} を用いて，

$$X_i=\sum_{j=1}^{k} b_{ij}Y_j \qquad (i=1,\cdots,k) \tag{5.7}$$

とおく．容易に，

$$X_i=\frac{\partial}{\partial x_i}+\sum_{\nu=k+1}^{n} c_{i\nu}\frac{\partial}{\partial x_\nu} \qquad (i=1,\cdots,k) \tag{5.8}$$

と書け，$c_{i\nu}\in C^\infty(U)$ であることがわかる．また (5.6) と (5.7) とにより，

$$\{X_1(p),\cdots,X_k(p)\}_R=D(p), \qquad p\in U$$

も成立つ．ところで，D は内包的であったから，任意の $i,j\leq k$ に対し，

$$[X_i,X_j]=\sum_{m=1}^{k}\xi_m X_m \tag{5.9}$$

と書け，$\xi_m\in C^\infty(U)$ $(m=1,\cdots,k)$ である．一方，

$$[X_i,X_j]=\sum_{\nu=1}^{n}\eta_\nu\frac{\partial}{\partial x_\nu}, \qquad \eta_\nu\in C^\infty(U) \tag{5.10}$$

とも書けるはずであるが，(5.8) を用いると，$\eta_\nu=0$ $(1\leq\nu\leq k)$ であることがわかる．他方 (5.8)，(5.9)，(5.10) より，$\xi_m=\eta_m$ $(1\leq m\leq k)$ が成立つ．よって，$\xi_m=0$ $(1\leq m\leq k)$ となって，$[X_i,X_j]=0$ が証明された．　（証終）

5.3 フロベニウスの定理

定理 5.1 M を C^∞ 多様体とする．$X_i\in\mathfrak{X}(M)$ $(i=1,\cdots,k)$ は，任意の点 $p\in M$ に対し，$X_1(p),\cdots,X_k(p)$ が一次独立であって，$[X_i,X_j]=0$ $(i,j=1,\cdots,k)$ をみたすとする．このとき，任意の点 $p_0\in M$ に対し，その座標近傍 $(U,\varphi),\varphi=(x_1,\cdots,x_n)$ が存在して，

$$X_i(p)=\left(\frac{\partial}{\partial x_i}\right)_p \qquad (i=1,\cdots,k;\ p\in U)$$

が成立つ．

証明 まず，p_0 の座標近傍 $(V,\psi),\psi=(y_1,\cdots,y_n)$ であって，$\psi(p_0)=0$ を

みたし，かつ

$$X_1(p_0), \cdots, X_k(p_0), \quad \left(\frac{\partial}{\partial x_{k+1}}\right)_{p_0}, \cdots, \left(\frac{\partial}{\partial x_n}\right)_{p_0}$$

は一次独立なるものをとる(このような (V, ψ) が存在することは明かであろう)．次に，$\{\Phi_t{}^{(i)}\}$ を X_i が生成する1径数局所変換群とする(定理 4.5)．このとき，正数 δ を十分小さくとれば，写像 $\Psi: \{x \in \boldsymbol{R}^n \mid |x| < \delta\} \to M$ が，

$$\Psi(t_1, \cdots, t_n) = (\Phi_{t_1}{}^{(1)} \circ \cdots \circ \Phi_{t_k}{}^{(k)} \circ \psi^{-1})(0, \cdots, t_{k+1}, \cdots, t_n) \tag{5.11}$$

によって定義できる．ただし $|t_i| < \delta$ $(i=1, \cdots, n)$．

写像 Ψ の原点 $0 \in \boldsymbol{R}^n$ における微分 $T\Psi$ を考えると，任意の $f \in C^\infty(M)$ と $i \leq k$ に対し，

$$(T\Psi)\left(\frac{\partial}{\partial t_i}\right)_0 f = \left(\frac{\partial}{\partial t_i}\right)_0 (f \circ \Psi) = \left(\frac{\partial}{\partial t_i}\right)_0 (f \circ \Phi_{t_i}{}^{(i)}(p_0)) = X_i(p_0) f \tag{5.12}$$

であるから，$(T\Psi)(\partial/\partial t_i)_0 = X_i(p_0)$ $(i \leq k)$ が成立つ．

同様にして，$(T\Psi)(\partial/\partial t_j)_0 = (\partial/\partial y_j)_{p_0}$ $(n \geq j > k)$ が成立つ．従って，写像 $T_0\Psi: T_0(\boldsymbol{R}^n) \to T_{p_0}U$ の階数は n である．よって，逆写像の定理 2.6 により，十分小な $\delta_0 > 0$ をとると，Ψ は $U_{\delta_0} = \{x \in \boldsymbol{R}^n \mid |x| < \delta_0\}$ から M の開集合 U への C^∞ 同型写像となる．ここで，$[X_i, X_j] = 0$ なる仮定を用いると，定理 4.6 によって，$\Phi_t{}^{(i)}$ と $\Phi_s{}^{(j)}$ とは可換であるから，(5.12) の計算と同様にして，

$$(T\Psi)\left(\frac{\partial}{\partial t_i}\right)_t = X_i(\Psi(t)) \qquad (i=1, \cdots, k) \tag{5.13}$$

がすべての $t \in U_{\delta_0}$ に対し成立つことがわかる．よって，座標近傍 (U, Ψ^{-1}) は求めるものである．　　(証終)

系 5.1 $X \in \mathfrak{X}(M)$ が1点 $p_0 \in M$ において，$X(p_0) \neq 0$ をみたせば，p_0 の座標近傍 (U, φ) が存在し，$\varphi = (x_1, \cdots, x_n)$ とおくと，U 上で $X = \partial/\partial x_1$ が成立つ．

証明 $V = \{p \in M \mid X_p \neq 0\}$ とおくと，V は M の開集合であって，$D(p_1) = \boldsymbol{R} \cdot X_p$ $(p \in V)$ によって，V 上の1次元微分系 $\mathscr{D}$ が定義され，$\mathscr{D}$ は内包的である．

よって，定理 5.1 を $X|V\in\mathfrak{X}(V)$ に対し用いればよい．　(証終)

定理 5.2　$\mathcal{D}$ を C^∞ 多様体 M 上の k 次元微分系とする．$\mathcal{D}$ が完全積分可能であるための必要十分条件は $\mathcal{D}$ が内包的であることである．

(フロベニウス(Frobenius)の定理)

証明　$\mathcal{D}$ が内包的であれば，命題 5.3 によって，任意の点 p_0 に対し，適当な近傍 U をとると，$X_1,\cdots,X_k\in\mathfrak{X}(U)$ が存在して，$\{X_1(p),\cdots,X_k(p)\}_R=D(p)$ $(p\in U)$，かつ $[X_i,X_j]=0$ $(i,j=1,\cdots,k)$ がみたされる．よって，定理 5.1 を $M=U$ に対し用いると，p_0 の座標近傍 (U_0,φ) が存在して，$\varphi=(x_1,\cdots,x_n)$ とおくと，

$$X_i(p)=\left(\frac{\partial}{\partial x_i}\right)_p \qquad (p\in U_0)$$

が成立つようにできる．この (U_0,φ) は定義 5.5 の条件 (5.3) をみたす．よって，$\mathcal{D}$ は完全積分可能である．

逆に，$\mathcal{D}$ が完全積分可能ならば，(5.3) をみたす (U,φ) をとれば，$X_i=\partial/\partial x_i$ $(i=1,\cdots,k)$ は定義 5.6 の条件 (Inv) をみたす．　(証終)

次に，完全積分可能な k 次元微分系に対し，極大積分多様体の存在を証明しよう．

定理 5.3　$\mathcal{D}$ を C^∞ 多様体 M 上の k 次元完全積分可能 C^∞ 微分系とする．任意の点 $p_0\in M$ に対し，連結な $\mathcal{D}$ の積分多様体 (W,ι) で，次の条件をみたすものが存在する．

(i)　$\iota(W)\ni p_0$,

(ii)　任意の連結な $\mathcal{D}$ の積分多様体 (W',ι') で，$\iota'(W')\ni p_0$ をみたすものに対しては，C^∞ 写像 $\Phi: W'\to W$ が存在し，(W',Φ) は W の部分多様体であって，$\iota\circ\Phi=\iota'$ が成立つ．

証明　$I=[0,1]$ を $\boldsymbol{R}^1$ の単位閉区間とする．I から M への C^∞ 写像 γ_i の組 $\{\gamma_i|i=0,1,\cdots,N\}$ が，$\gamma_0(0)=p_0$，$\gamma_N(1)=p$，$\gamma_{i+1}(0)=\gamma_i(1)$ $(i=0,\cdots,N-1)$ をみたし，かつ (I,γ_i) が $\mathcal{D}$ の積分曲線であるとき，$\{\gamma_i\}$ は，p_0 から p への積分鎖 (integral chain) であるとよぶことにしよう．p_0 と積分鎖で結

べるような点 $p \in M$ 全体からなる集合を W とし，W に C^∞ 構造を定義したい．$p_1 \in W$ に対し，p_1 の座標近傍 (U, φ) $(\varphi = (x_1, \cdots, x_n))$ であって，$U_c = \{q \in U | x_j(q) = c_j \ (k < j \leq n)\}$ が $\mathscr{D}$ の積分多様体となるものをとる(定義 5.5)．$\varphi(U)$ は $\boldsymbol{R}^n$ の立方体で，$\varphi(p_1) = 0$ であるとしてよいから，U_c は連結である．また，明かに $U_0 \subset W$ である．(U, φ) をいろいろとって，$\{U_0\}$ を p_0 の W における基本近傍系にとると，W はハウスドルフ空間となり包含写像 $\iota: W \to M$ は明かに連続である．また，写像 $\pi: \boldsymbol{R}^n \to \boldsymbol{R}^k$ を $\pi(t_1, \cdots, t_n) = (t_1 \cdots, t_k)$ で定義すると，$\varphi_0 = \pi \circ (\varphi | U_0)$ は U_0 から $\boldsymbol{R}^k$ の開集合 $\varphi_0(U_0)$ への位相同型である．(U_0, φ_0) を W の座標近傍と定義することにより，W は C^∞ 多様体となり，(W, ι) は M の部分多様体となる．(W, ι) が $\mathscr{D}$ の連結な積分多様体となることも明かである．

(W, ι) が (ii) をみたすことを証明しよう．

$p_0' \in W'$ を $\iota'(p_0') = p_0$ なる点とする．W' は連結であるから，任意の点 $q' \in W'$ に対し，C^∞ 写像 $\gamma_i': I \to W'$ $(i = 0, 1, \cdots, N)$ であって，$\gamma_0'(0) = p_0'$, $\gamma_N'(1) = q'$, $\gamma_{i+1}'(0) = \gamma_i'(1)$ $(i = 0, \cdots, N-1)$ をみたす $\{\gamma_i'\}$ が存在する．$\gamma_i = \iota' \circ \gamma_i'$ とおくと，$\{\gamma_i\}$ は p_0 から $\iota'(q')$ への積分鎖となる．従って $\iota'(q') \in W$ であって，$\iota'(W') \subset W$ であることがわかった．よって，$\Phi(q') = \iota'(q')$ とおくと，写像 $\Phi: W' \to W$ は命題 5.2 を用いて，連続であることがわかる．$\iota \circ \Phi = \iota'$ は自明である．よって，命題 5.1 によって，Φ は C^∞ 写像である．一方，任意の $w' \in W'$ に対し，$(T\iota)_{\Phi(w')} \circ (T\Phi)_{w'} = (T\iota')_{w'}$ であることから，$(T\Phi)_{w'}$ は単射である．よって，(W', Φ) は W の部分多様体である．

(証終)

5.4 可 算 公 理

定義 5.6 位相空間 $(M, \mathcal{U})$ が**可算公理**(countability axiom)(くわしくは，第 2 可算公理)をみたすとは，次の条件 (i)，(ii) をみたす $\mathcal{U}$ の部分集合 $\mathcal{V}$ が存在するときを言う．

(i) $\mathcal{V}$ は可算個の元からなる：$\mathcal{V} = \{U_1, U_2, \cdots\}$, （ii）任意の $U\in\mathcal{U}$ は $\mathcal{V}$ の元の和集合としてあらわせる.

$\mathcal{V}$ を $\mathcal{U}$ の**可算基**(countable base)とよぶ.

条件（ii）は次の（ii)′ と同値である.

（ii)′ 任意の $U\in\mathcal{U}$ と $p\in U$ に対し, $p\in V\subset U$ をみたす $V\in\mathcal{V}$ が存在する.

$\boldsymbol{R}^n$（従って, その開部分集合)は可算基をもつことは明かであろう.（有理数を座標にもつ点 p を中心として有理数 r を半径とする r 近傍 $U(p,r)$ 全体からなる集合を $\mathcal{V}$ とすればよい).

この節では, 可算基をもつ C^∞ 多様体の連結部分多様体は, やはり可算基をもつことを証明する.

C^∞ 多様体 M が可算基をもつためには, M が可算個のコンパクト集合 K_i の和集合となることが必要十分である.

補題 5.2 $(M,\mathcal{U})$ を連結位相空間とする. $\mathcal{U}$ の部分集合 $\mathcal{V}=\{V_\alpha|\alpha\in A\}$ が次の条件（1)～(3）をみたすとする.

（1）任意の $\alpha\in A$ に対し, 部分空間 $(V_\alpha,\mathcal{U}|V_\alpha)$ は可算基をもつ,

（2）任意の $\alpha\in A$ に対し $\{\beta\in A|V_\beta\frown V_\alpha\neq\phi\}$ は可算集合である,

（3）$M=\bigcup_{\alpha\in A}V_\alpha$.

このとき, M は可算基をもつ.

証明 $V_{\alpha_0}\neq\phi$ なる $\alpha_0\in A$ を1つとり, 固定しておく. 自然数 n に対し,

$$A_n=\{\alpha\in A|\alpha_0,\cdots,\alpha_n\in A \text{ が存在して,}$$
$$V_{\alpha_i}\frown V_{\alpha_{i+1}}\neq\phi\ (i=0,1,\cdots,n),\ \text{ただし }\alpha_{n+1}=\alpha\}$$

とおく. 条件（2）により, A_n は可算集合であることが容易にたしかめられる. よって, $A^*=\bigcup_{n=0}^{\infty}A_n$ とおけば, A^* も可算集合である. いま,

$$V=\bigcup\{V_\alpha|\alpha\in A^*\}$$

とおくと, V が M の開集合であることは明かだが, V は閉集合でもある. 何故なら, 点 $p\in\bar{V}$ をとると, 任意の $U\in\mathcal{U}(p)$ に対し, $U\frown V\neq\phi$ であるが, $p\in V_\beta$ なる $\beta\in A$ があるから, この β に対し $V_\beta\frown V\neq\phi$ が成立ち, 従って $V_\beta\frown V_\alpha\neq\phi$ なる $\alpha\in A_n$ があることより, $\beta\in A_{n+1}$ となって $p\in V_\beta$

$\subset V$ となり，$V=\bar{V}$ が成立する．M は連結であるから，$M=V$ となる．いま，$\mathcal{U}|V_\alpha$ の可算基を $\mathcal{V}_\alpha$ とすれば，$\mathcal{V}=\bigcup\{\mathcal{V}_\alpha|\alpha\in A^*\}$ は $\mathcal{U}$ の可算基となる．（証終）

補題 5.3 $(M,\mathcal{U})$ は連結かつ局所連結な(定義 3.16)位相空間とする．M は可算個の開集合 V_k $(k=1,2,\cdots)$ の和集合であって，V_k の任意の連結成分は可算公理をみたすとする．このとき，M も可算公理をみたす．

証明 $V_k=\bigcup\{V_{k,\alpha}|\alpha\in A_k\}$ を V_k の連結成分への分解とする．任意の $k,m;\alpha\in A_k$ に対し，

$$A_{k,m,\alpha}=\{\beta\in A_m|V_{k,\alpha}\frown V_{m,\beta}\neq\phi\}$$

が可算であることがわかれば，補題 5.2 により，M は可算公理をみたす．

さて，$V_{k,\alpha}$ は局所連結であって，かつ可算基をもつから，その開部分集合 $V_m\frown V_{k,\alpha}$ は高々可算個の連結成分 K_ν $(\nu=1,2,\cdots)$ よりなることがわかる．K_ν は V_m の連結集合であるから，$K_\nu\subset V_{m,\beta(\nu)}$ をみたす $\beta(\nu)\in A_m$ がただ1つきまる．

いま，$\beta\in A_{k,m,\alpha}$ とせよ．$p\in V_{k,\alpha}\frown V_{m,\beta}$ をとると，$p\in V_m\frown V_{k,\alpha}$ であるから，$p\in K_\nu$ なる ν がとれる．$K_\nu\smile V_{m,\beta}$ は，補題 3.4 により，連結であるから，$K_\nu\smile V_{m,\beta}=V_{m,\beta}$，従って，$K_\nu\subset V_{m,\beta}$ となって，$\beta=\beta(\nu)$ である．よって，$A_{k,m,\alpha}\subset\{\beta(\nu)|\nu=1,2,\cdots\}$ は可算である．（証終）

補題 5.4 $(M,\mathcal{U})$ を連結位相空間とする．連続写像 $\varphi:M\to\boldsymbol{R}^d$ が存在して，任意の $p\in M$ に対し，適当な $U\in\mathcal{U}(p)$ をとると，$\varphi|U$ は U から $\boldsymbol{R}^d$ の開集合への位相同型であるとする．このとき，M は可算基をもつ．

証明 $\{U_1,U_2,\cdots\}$ を $\boldsymbol{R}^d$ の開集合の可算基であって，U_i は連結なものとする．

$$\mathcal{U}_k=\{V\in\mathcal{U}|\ \ \varphi|V:V\to U_k=\varphi(V)\ \text{は位相同型}\}$$

とおく．

$V,V'\in\mathcal{U}_k$，$V\frown V'\neq\phi$ ならば $V=V'$ であることを証明しよう．

$\psi=(\varphi|V)^{-1}$，$\psi'=(\varphi|V')^{-1}$ とおくと，$\psi:U_k\to V$，$\psi':U_k\to V'$ は位相同型である．$W=V\frown V'$ とおき，$W=V=V'$ を証明すればよい．もし $W\subset V$，

$W \neq V$ ならば, $p = \lim p_n = \lim q_n$ をみたす点列 $p_n \in W, q_n \in V - W$ がとれる. $\varphi(p) = \lim \varphi(p_n)$ であるから, $\psi'(\varphi(p)) = \lim \psi'(\varphi(p_n)) = \lim p_n = p$ となって, $p \in V \frown V' = W$ である. これは $p = \lim q_n$ に矛盾する. よって, $W = V$ が証明された. $W = V'$ も同様に証明される. さて, $V_k = \bigcup \{V | V \in \mathcal{U}_k\}$ とおくと, 各 V は開集合, かつ連結であるから, V は V_k の連結成分である. もちろん, $V \in \mathcal{U}_k$ は可算基をもつから, $M = \bigcup_k V_k$ も, 補題 5.3 により, 可算基をもつ. (証終)

補題 5.5 M を $\boldsymbol{R}^n$ の k 次元連結部分多様体とすれば, M は可算基をもつ.

証明 $\{x_1, \cdots, x_n\}$ を $\boldsymbol{R}^n$ の座標系とし, $y_j = x_j | M$ $(j = 1, \cdots, n)$ とおく. $i = (i_1, \cdots, i_k)$ $(1 \leq i_1 < i_2 < \cdots < i_k \leq n)$ に対し,

$$V_i = \{p \in M |\ \text{適当な}\ U \in \mathcal{U}(p)\ \text{をとると,}\ \{y_{i_1}, \cdots, y_{i_k}\}\ \text{は}\ U\ \text{上の座標系となる}\}$$

とおくと, M が $\boldsymbol{R}^n$ の k 次元部分多様体であることから, $M = \bigcup_i V_i$ が成立つ.

V_i の任意の連結成分 V' をとり, 写像 $\varphi : V' \to \boldsymbol{R}^k$ を $\varphi(p) = (y_{i_1}(p), \cdots, y_{i_k}(p))$ によって定義すると, V', φ は補題 5.4 の条件をみたすから, V' は可算基をもつ. よって, 補題 5.3 により, M も可算基をもつ. (証終)

定理 5.4 可算基をもつ C^∞ 多様体 M の連結部分多様体 W は可算基をもつ.

証明 $M = \bigcup_{k=1}^{\infty} V_k$ と書け, V_k は $\boldsymbol{R}^n$ の開集合と C^∞ 同型であるとしてよい. $W_k = W \frown V_k$ とおくと, W_k は W の開集合である. よって, W_k' を W_k の任意の連結成分とすれば, W_k' も W の開集合である. 従って, W_k' は V_k の部分多様体となり, 結局, W_k' は R^n の連結部分多様体と考えられるから, 補題 5.5 により, 可算基をもつ. $W = \bigcup W_k$ であるから, 補題 5.3 により, W も可算基をもつ. (証終)

補題 5.6 $\mathcal{D}$ を n 次元 C^∞ 多様体 M の上の k 次元内包的 C^∞ 微分系とし, W を $\mathcal{D}$ の1つの極大積分多様体とする. $\varphi : V \to M$ を C^∞ 多様体 V

から M への連続写像であって，$\varphi(V)\subset W$ をみたすとする．もし，W が可算公理をみたせば，$\psi(x)=\varphi(x)$ $(x\in V)$ によって定義される写像 $\psi: V\to W$ も連続である．

証明　$v\in V$ をとり，$p=\varphi(v)$ とおく．p の M における座標近傍 U をとり，U 上の座標系 $\{x_1,\cdots,x_n\}$ は定義 5.5 の条件をみたすようにする．$W\frown U$ は切片 S_ξ の和集合であるが，$W\frown U$ は可算公理をみたしているので，$W\frown U$ は高々可算個の切片 S_{ξ_i} $(i=1,2,\cdots)$ の和集合となる．いま，U' を v の連結な近傍で，$\varphi(U')\subset U$ をみたすものとする．$\varphi(U')$ は p を含む U の中の連結集合であって，しかも $\varphi(U')\subset U\frown W$ であるから，$\varphi(U')$ は $U\frown W$ の p を含む，U の中の，連結成分 U_0 に含まれる．$U_0\subset S_0$ が証明できれば，$\varphi(U')\subset S_0$ となって，ψ の連続性が証明されることになる．

$U_0\subset S_0$ の証明：　写像 $\pi: U\to \boldsymbol{R}^{n-k}$ を $\pi(q)=(x_{k+1}(q),\cdots,x_n(q))$ によって定義すると，上の注意により，$\pi(U\frown W)$ は $\boldsymbol{R}^{n-k}$ の可算集合であるから，$\pi(U_0)\subset\pi(U\frown W)$ も可算集合である．π は連続写像であるから，$\pi(U_0)$ は連結でもある．一方，$\boldsymbol{R}^{n-m}$ の連結可算集合はただ1点のみからなる．よって，$\pi(U_0)=\{0\}$ となり，$U_0\subset S_0$ が証明された(実は $U_0=S_0$ が言える)．　(証終)

定理 5.5　$\mathscr{D}, M, W, V, \varphi, \psi$ は補題 5.6 と同じとし，かつMは可算基をもつと仮定する．$\varphi: V\to W$ が C^∞ 写像であれば，$\psi: V\to W$ も C^∞ 写像である．

証明　$\iota: W\to M$ を包含写像とすれば，$\varphi=\iota\circ\psi$ である．定理 5.4 により，W は可算基をもつから，補題 5.6 により，ψ は連続である．よって，命題 5.1 により，ψ は C^∞ 写像である．　(証終)

問　題　5

5.1　次の（1）～（3）をみたす C^∞ 多様体 $(M,\mathcal{U},\mathcal{A}),(M',\mathcal{U}',\mathcal{A}')$ の例をつくれ：

（1）　$(M,\mathcal{A})$ は $(M',\mathcal{A}')$ の部分多様体である，

（2）　$M\in(\mathcal{U}')^C$（即ち $(M',\mathcal{U}')$ の閉集合），

（3）　$\mathcal{U}\neq\mathcal{U}'|M$．

5.2　C^∞ 多様体 M' の部分集合 M には2つ以上の異る C^∞ 構造 $\mathcal{A}_i$ $(i=1,2,\cdots)$ が存在して，$(M,\mathcal{A}_i)$ は M' の部分多様体となり得る例を示せ．

5.3 $(M, \mathcal{U}, \mathcal{A})$ を C^∞ 多様体とし，W を M の部分集合とする．$(W, \mathcal{U}|W, \mathcal{B})$ が $(M, \mathcal{U}, \mathcal{A})$ の部分多様体となるような W 上の C^∞ 構造 $\mathcal{B}$ は高々1つしか存在しないことを証明せよ．

6. リ ー 環

6.1 リー環の定義とその例

M を C^∞ 多様体とし，$\mathfrak{X}(M)$ を M 上のベクトル場全体からなる集合とすると，$\mathfrak{X}(M)$ は実ベクトル空間であって，$X, Y\in\mathfrak{X}(M)$ に対しては，$[X, Y]\in\mathfrak{X}(M)$ が定義されていた(補題 4.10)．$[X, Y]=X\circ Y-Y\circ X$ であったから，

$$[X, Y]=-[Y, X] \tag{6.1}$$

が成立する．一方，$X, Y, Z\in\mathfrak{X}(M)$ に対し，

$$[X,[Y,Z]]+[Y,[Z,X]]+[Z,[X,Y]]=0 \tag{6.2}$$

が成立つ．何故なら，(6.2) の左辺は

$$\begin{aligned}&X\circ[Y,Z]-[Y,Z]\circ X+Y\circ[Z,X]-[Z,X]\circ Y+Z\circ[X,Y]-[X,Y]\circ Z\\&=X\circ(Y\circ Z-Z\circ Y)-(Y\circ Z-Z\circ Y)\circ X+Y\circ(Z\circ X-X\circ Z)\\&\quad-(Z\circ X-X\circ Z)\circ Y+Z\circ(X\circ Y-Y\circ X)-(X\circ Y-Y\circ X)\circ Z=0\end{aligned}$$

となるからである．

我々は (6.1)，(6.2) が成立するような括弧積 $[X, Y]$ が定義されているベクトル空間をリー環と定義する．即ち，

定義 6.1 K を $\boldsymbol{R}$ または $\boldsymbol{C}$ とする．K 上のベクトル空間 $\mathfrak{g}$ が K 上の**リー環**(Lie algebra)であるとは，写像 $\beta:\mathfrak{g}\times\mathfrak{g}\to\mathfrak{g}$ が定義されていて，$\beta(x,y)=[x,y]$ $(x,y\in\mathfrak{g})$ と書くとき，次の条件 (i)～(iii) をみたすときを言う．

(i) $[\lambda_1x_1+\lambda_2x_2, y]=\lambda_1[x_1,y]+\lambda_2[x_2,y]$ $\quad(x_1,x_2,y\in\mathfrak{g},\ \lambda_1,\lambda_2\in K)$,

(ii) $[x,y]=-[y,x]$ $\quad(x,y\in\mathfrak{g})$,

(iii) $[x,[y,z]]+[y,[z,x]]+[z,[x,y]]=0$ $\quad(x,y,z\in\mathfrak{g})$.

$[x,y]$ をリー環 $\mathfrak{g}$ における x と y との**括弧積**(bracket)とよび，等式 (iii) を**ヤコビ等式**(Jacobi identity)とよぶ．

例 6.1 $\mathfrak{g}$ を n 次正方行列全体からなる集合とする：

$$\mathfrak{g}=\{x\,|\,x=(x_{ij}),\ x_{ij}\in K\ (i,j=1,2,\cdots,n)\}.$$

行列の和，スカラー倍によって $\mathfrak{g}$ は K 上のベクトル空間になっている．$\mathfrak{g}$

$\ni x, y$ に対し，$\beta(x, y)=x\cdot y-y\cdot x$（$x\cdot y$ は行列としての x, y の積）と定義すれば，(6.2) の証明と同様にして，$\beta(x, y)$ はヤコビ等式をみたすことがわかる．(i)，(ii) は明かであるから，$\mathfrak{g}$ はこの括弧積で，リー環になっている．この $\mathfrak{g}$ を $\mathfrak{g}=\mathfrak{gl}(n, K)$ であらわす．一般に，ベクトル空間 V から V への線型写像全体からなるベクトル空間 $\mathfrak{gl}(V)$ も同様にして，$A, B\in\mathfrak{gl}(V)$，に対し $[A, B]=A\circ B-B\circ A$ と定義することにより，リー環となる．

例 6.2 M を n 次元 C^∞ 多様体とし，M 上の複素ベクトル場 $\tilde{X}$ 全体のなす集合を $\tilde{\mathfrak{X}}(M)$ と書く．

$\tilde{X}=X_1+\sqrt{-1}X_2$，$\tilde{Y}=Y_1+\sqrt{-1}\,Y_2$ $(X_i, Y_i\in\mathfrak{X}(M))$ に対し，$[\tilde{X}, \tilde{Y}]$ を

$$[\tilde{X}, \tilde{Y}]=[X_1, Y_1]-[X_2, Y_2]+\sqrt{-1}([X_1, Y_2]+[X_2, Y_1])$$

と定義すれば，$\tilde{\mathfrak{X}}(M)$ は $\boldsymbol{C}$ 上のリー環となる．

例 6.3 例 6.2 よりもっと一般に，$\boldsymbol{R}$ 上のリー環 $\mathfrak{g}$ に対し，ベクトル空間 $\mathfrak{g}$ の複素化 $\mathfrak{g}^C$ は自然に，$\boldsymbol{C}$ 上のリー環となる．

例 6.4 M を複素多様体とすると，M 上の正則ベクトル場全体からなる集合 $\mathfrak{X}_0(M)$ は $\boldsymbol{C}$ 上のリー環となる(定義 11.11 参照)．

6.2 部分リー環，イデアル，可解リー環

定義 6.2 $\mathfrak{g}$ を K 上のリー環とし，$\mathfrak{h}$ を $\mathfrak{g}$ の部分集合とする．$\mathfrak{h}$ が $\mathfrak{g}$ の**部分リー環**(Lie subalgebra)であるとは，次の条件 (i)，(ii) をみたすときを言う．

(i) $\mathfrak{h}$ は $\mathfrak{g}$ の部分ベクトル空間である．

(ii) $\mathfrak{h}\ni x, y$ ならば，$[x, y]\in\mathfrak{h}$ である．

条件 (i) および，(ii) より強い次の条件 (ii)′ をみたすとき，$\mathfrak{h}$ は $\mathfrak{g}$ の**イデアル**(ideal)であると言う．

(ii)′ $\mathfrak{h}\ni x, \mathfrak{g}\ni y$ ならば，$[x, y]\in\mathfrak{h}$.

部分リー環 $\mathfrak{h}$ はそれ自身1つのリー環と考えられる．

例 6.5 C^∞ 多様体 M の 1 点 p_0 を固定し，$\mathfrak{h}=\{X\in\mathfrak{X}(M)\,|\,X_{p_0}=0\}$ とおくと，$\mathfrak{h}$ は $\mathfrak{X}(M)$ の部分リー環である．

例 6.6 $\mathfrak{g}=\mathfrak{gl}(n,K)$ に対し，$\mathfrak{h}=\{x\in\mathfrak{g}\mid \mathrm{Tr}(x)=0\}$ とおくと，$\mathfrak{h}$ は $\mathfrak{g}$ のイデアルである．$\mathfrak{h}=\mathfrak{sl}(n,K)$ と書く．

定義 6.3 $\mathfrak{g}$ を K 上のリー環とし，A, B を $\mathfrak{g}$ の部分集合とする．集合 $\{[x,y]\mid x\in A, y\in B\}$ によって張られる $\mathfrak{g}$ の部分ベクトル空間を $[A,B]$ であらわす．

補題 6.1 $\mathfrak{a},\mathfrak{b}$ を $\mathfrak{g}$ のイデアルとすれば，$\mathfrak{a}+\mathfrak{b},[\mathfrak{a},\mathfrak{b}]$ も $\mathfrak{g}$ のイデアルである．

証明 $x\in\mathfrak{g}$, $y=a+b\in\mathfrak{a}+\mathfrak{b}$, $a\in\mathfrak{a}$, $b\in\mathfrak{b}$ に対し，$[x,y]=[x,a]+[x,b]\in\mathfrak{a}+\mathfrak{b}$, $[x,[a,b]]=[[x,a],b]+[a,[x,b]]\in[\mathfrak{a},\mathfrak{b}]$ が成立つからである．

（証終）

定義 6.4 リー環 $\mathfrak{g}$ に対し，$\mathfrak{g}^{(k)}$ $(k=0,1,\cdots)$ を帰納法によって，

$$\mathfrak{g}^{(0)}=\mathfrak{g},\qquad \mathfrak{g}^{(k)}=[\mathfrak{g}^{(k-1)},\mathfrak{g}^{(k-1)}] \tag{6.3}$$

と定義する．補題 6.1 によって，$\mathfrak{g}^{(k)}$ は $\mathfrak{g}$ のイデアルである．$\mathfrak{g}^{(k)}=\{0\}$ となる自然数 k が存在するとき，$\mathfrak{g}$ は**可解リー環**(solvable Lie algebra)と言う．特に，$\mathfrak{g}^{(1)}=\{0\}$ となるとき，$\mathfrak{g}$ は**可換リー環**(commutative Lie algebra)と言う．

部分リー環 $\mathfrak{h}$ が可解(または可換)とは，$\mathfrak{h}$ をリー環と見なしたとき，可解(または可換)リー環となっているときを言う．

定義 6.5 $\mathfrak{g}$, $\mathfrak{g}'$ を K 上のリー環とする．写像 $f:\mathfrak{g}\to\mathfrak{g}'$ がリー環の**準同型写像**(homomorphism)であるとは，次の（i），（ii）をみたすときを言う．

（i） f はベクトル空間 $\mathfrak{g}$ から $\mathfrak{g}'$ への線型写像，

（ii） $x,y\in\mathfrak{g}$ に対し，$f([x,y])=[f(x),f(y)]$．

さらに，f が全単射であるとき，f は**同型写像**と言う．$\mathfrak{g},\mathfrak{g}'$ に対し，少くとも1つの同型写像 $f:\mathfrak{g}\to\mathfrak{g}'$ が存在するとき，$\mathfrak{g}$ と $\mathfrak{g}'$ とは**同型**であると言い，$\mathfrak{g}\simeq\mathfrak{g}'$ であらわす．

定義 6.6 $\mathfrak{g}$ を K 上のリー環とし，$\mathfrak{a}$ を $\mathfrak{g}$ のイデアルとする．$\mathfrak{g}/\mathfrak{a}$ をベクトル空間 $\mathfrak{g}$ の部分空間 $\mathfrak{a}$ による商ベクトル空間とし，$\mathfrak{g}$ から $\mathfrak{g}/\mathfrak{a}$ への自然な射影を f とする(定義 2.9)．$x\in\mathfrak{g}$ に対し $f(x)=\bar{x}$ と書く．$\bar{x},\bar{y}\in\mathfrak{g}/\mathfrak{a}$ に対し，

$\overline{[x,y]}$ は代表元 x,y の取り方に無関係で，$\bar{x},\bar{y}$ のみによってきまる．何故なら，$\bar{x}=\bar{x}'$，$\bar{y}=\bar{y}'$ ならば $a=x-x'$，$b=y-y'$ とおくと $a,b\in\mathfrak{a}$ となって，$[x',y']=[x+a,y+b]=[x,y]+[a,y+b]+[b,x]\equiv[x,y]\pmod{\mathfrak{a}}$ が成立つからである．従って，$[\bar{x},\bar{y}]=\overline{[x,y]}$ とおくことにより，$\mathfrak{g}/\mathfrak{a}$ の中に積が定義され，この積に関し，$\mathfrak{g}/\mathfrak{a}$ は定義 6.1 の（i）～(iii) をみたすことがたしかめられる．このリー環 $\mathfrak{g}/\mathfrak{a}$ を $\mathfrak{g}$ の $\mathfrak{a}$ による**商リー環**(quotient Lie algebra) とよぶ．定義の仕方から，$f:\mathfrak{g}\to\mathfrak{g}/\mathfrak{a}$ はリー環の準同型写像であって，$\mathrm{Ker}f=\{x\in\mathfrak{g}\,|\,f(x)=0\}=\mathfrak{a}$ が成立つ．逆に，次の命題が成立つ．

命題 6.1 $f:\mathfrak{g}\to\mathfrak{g}'$ をリー環 $\mathfrak{g}$ から $\mathfrak{g}'$ の上への準同型写像とすると，$\mathrm{Ker}f$ は $\mathfrak{g}$ のイデアルであって，$\mathfrak{g}/(\mathrm{Ker}f)$ から $\mathfrak{g}'$ への自然な同型写像が存在する．

証明 $\mathfrak{a}=\mathrm{Ker}f$ とおく．$x\in\mathfrak{a}$，$y\in\mathfrak{g}$ に対し，$f([x,y])=[f(x),f(y)]=[0,f(y)]=0$ が成立つから，$[x,y]\in\mathfrak{a}$ となり，$\mathfrak{a}$ は $\mathfrak{g}$ のイデアルである．次に，$\mathfrak{g}/\mathfrak{a}$ から $\mathfrak{g}'$ への写像 $\bar{f}$ を $\bar{f}(\bar{x})=f(x)$ によって定義したい．そのためには $\bar{x}=\bar{y}$ ならば，$f(x)=f(y)$ であることを示す必要があるが，$x-y\in\mathfrak{a}=\mathrm{Ker}f$ であることより明かである．写像 $\bar{f}$ が準同型であって，全単射であることも容易にたしかめられる．（証終）

補題 6.2 $f:\mathfrak{g}\to\mathfrak{g}'$ をリー環の準同型とすれば，$f(\mathfrak{g})$ は $\mathfrak{g}'$ の部分リー環であって，$k=0,1,\cdots$ に対し，

$$f(\mathfrak{g}^{(k)})=(f(\mathfrak{g}))^{(k)} \tag{6.4}$$

が成立つ．

証明 $x,y\in\mathfrak{g}$ ならば，$[f(x),f(y)]=f([x,y])\in f(\mathfrak{g})$ であるから，$f(\mathfrak{g})$ は部分リー環である．次に (6.4) を k についての帰納法で証明する．$k=0$ なら自明である．k に対し成立すると仮定すると，

$$\begin{aligned}f(\mathfrak{g}^{(k+1)})&=f([\mathfrak{g}^{(k)},\mathfrak{g}^{(k)}])=[f(\mathfrak{g}^{(k)}),f(\mathfrak{g}^{(k)})]\\&=[(f(\mathfrak{g}))^{(k)},(f(\mathfrak{g}))^{(k)}]=(f(\mathfrak{g}))^{(k+1)}\end{aligned}$$

となって，帰納法が完結する．（証終）

補題 6.3 可解リー環 $\mathfrak{g}$ の部分リー環 $\mathfrak{h}$ は可解である．また可解リー環 $\mathfrak{g}$ の準同型写像 $f:\mathfrak{g}\to\mathfrak{g}'$ による像 $f(\mathfrak{g})$ も可解である．

証明 $\mathfrak{g}^{(k)}=\{0\}$ となる自然数 k がある．$\mathfrak{h}\subset\mathfrak{g}$ であるから，$\mathfrak{h}^{(k)}\subset\mathfrak{g}^{(k)}=\{0\}$．故に，$\mathfrak{h}^{(k)}=\{0\}$ となって，$\mathfrak{h}$ は可解である．次に (6.4) により，$(f(\mathfrak{g}))^{(k)}=f(\mathfrak{g}^{(k)})=f(\{0\})=\{0\}$ であるから，$f(\mathfrak{g})$ は可解である． (証終)

補題 6.4 $\mathfrak{a}$ をリー環 $\mathfrak{g}$ の可解イデアルとし，商リー環 $\mathfrak{g}/\mathfrak{a}$ が可解であれば，$\mathfrak{g}$ も可解である．

証明 $f:\mathfrak{g}\to\mathfrak{g}/\mathfrak{a}$ を自然な射影とし，$\bar{\mathfrak{g}}=\mathfrak{g}/\mathfrak{a}$ とおく．$\bar{\mathfrak{g}}$ は可解であるから，$\bar{\mathfrak{g}}^{(k)}=\{0\}$ となる自然数 k が存在する．(6.4) により，$f(\mathfrak{g}^{(k)})=(f(\mathfrak{g}))^{(k)}=\bar{\mathfrak{g}}^{(k)}=\{0\}$ であるから，$\mathfrak{g}^{(k)}\subset\mathrm{Ker}f=\mathfrak{a}$ が成立つ．一方，$\mathfrak{a}$ も可解であるから，$\mathfrak{a}^{(l)}=\{0\}$ となる自然然 l がある．よって，$\mathfrak{g}^{(k+l)}=(\mathfrak{g}^{(k)})^{(l)}\subset\mathfrak{a}^{(l)}=\{0\}$ となって，$\mathfrak{g}^{(k+l)}=\{0\}$ が成立ち，$\mathfrak{g}$ は可解である． (証終)

補題 6.5 $\mathfrak{a},\mathfrak{b}$ をリー環 $\mathfrak{g}$ の可解イデアルとすれば，$\mathfrak{a}+\mathfrak{b}$ も $\mathfrak{g}$ の可解イデアルである．

証明 補題 6.1 により，$\mathfrak{a}+\mathfrak{b}$ は $\mathfrak{g}$ のイデアルである．$\mathfrak{b}$ は $\mathfrak{g}$ の，従って $\mathfrak{a}+\mathfrak{b}$ のイデアルであるから，商リー環 $\bar{\mathfrak{a}}=(\mathfrak{a}+\mathfrak{b})/\mathfrak{b}$ が考えられる．写像 $f:\mathfrak{a}\to\bar{\mathfrak{a}}$ を $f(x)=x\bmod\mathfrak{b}=x+\mathfrak{b}$ で定義すると，f は $\mathfrak{a}$ から $\bar{\mathfrak{a}}$ の上への準同型となり，$\mathrm{Ker}f=\mathfrak{a}\frown\mathfrak{b}$ である．よって，命題 6.1 により，$\mathfrak{a}/(\mathfrak{a}\frown\mathfrak{b})\simeq(\mathfrak{a}+\mathfrak{b})/\mathfrak{b}$ が成立つ．$\mathfrak{a}$ は可解だから，補題6.3により，$\mathfrak{a}/(\mathfrak{a}\frown\mathfrak{b})$ は可解，従って $(\mathfrak{a}+\mathfrak{b})/\mathfrak{b}$ も可解である．一方，$\mathfrak{b}$ も可解であるから，補題 6.4 により，$\mathfrak{a}+\mathfrak{b}$ も可解である． (証終)

6.3 根基，半単純リー環

補題 6.6 $\mathfrak{g}$ を K 上の有限次元リー環とすると，$\mathfrak{g}$ には最大可解イデアルが存在する．

証明 $\mathfrak{g}$ の可解イデアル $\mathfrak{a}$ 全体からなる集合(族)を S とする．$S\ni\{0\}$ であるから，$S\neq\phi$．よって，$\dim\mathfrak{a}$ が S の中で最大となる $\mathfrak{a}\in S$ がある ($\dim\mathfrak{g}<+\infty$ であるから)．$\mathfrak{a}$ が最大可解イデアルであることを示せばよい．可解イデアルであることは S の定義より明かである．次に任意の $\mathfrak{b}\in S$ をとる．$\mathfrak{a}+\mathfrak{b}$ を考えると，補題 6.5 により，$\mathfrak{a}+\mathfrak{b}\in S$ である．よって，$\dim(\mathfrak{a}+\mathfrak{b})\leqq\dim\mathfrak{a}$．

従って，$\dim(\mathfrak{a}+\mathfrak{b})=\dim\mathfrak{a}$ であるから，$\mathfrak{a}+\mathfrak{b}=\mathfrak{a}$ が成立ち，$\mathfrak{b}\subset\mathfrak{a}$ である．よって，$\mathfrak{a}$ は最大可解イデアルである． (証終)

定義 6.7 補題 6.6 における，$\mathfrak{g}$ の最大可解イデアルを $\mathfrak{r}$ と書き，$\mathfrak{r}$ を $\mathfrak{g}$ の**根基**(radical)とよぶ．

また，$\mathfrak{r}=\{0\}$ のとき，$\mathfrak{g}$ は**半単純**(semi-simple)であるとよぶ．

補題 6.7 $\mathfrak{g}$ が半単純でなければ，$\mathfrak{g}$ は可換イデアル $\mathfrak{a}$ で $\mathfrak{a}\neq\{0\}$ なるものを含む．

証明 $\mathfrak{r}$ を $\mathfrak{g}$ の根基とすれば，$\mathfrak{r}\neq\{0\}$ である．一方，$\mathfrak{r}$ は可解であるから，$\mathfrak{r}^{(k)}=\{0\}$，$\mathfrak{r}^{(k-1)}\neq\{0\}$ をみたす自然数 k が存在する．$\mathfrak{a}=\mathfrak{r}^{(k-1)}$ とおく．$\mathfrak{r}$ は $\mathfrak{g}$ のイデアルであるから，補題 6.1 により，$\mathfrak{a}=\mathfrak{r}^{(k-1)}$ も $\mathfrak{g}$ のイデアルである．ところで，$\mathfrak{a}^{(1)}=\mathfrak{r}^{(k)}=\{0\}$ であるから $\mathfrak{a}$ は可換である． (証終)

定義 6.8 リー環 $\mathfrak{g}$ が**単純**(simple)リー環であるとは，次の (i)，(ii) をみたすときを言う．

(i) $\dim\mathfrak{g}\geqq 2$,

(ii) $\mathfrak{g}$ のイデアル $\mathfrak{a}$ は $\mathfrak{a}=\{0\}$ または $\mathfrak{a}=\mathfrak{g}$ にかぎる．

例 6.7 $\mathfrak{sl}(2,K)$ (例 6.6) は単純リー環である．

証明 $\mathfrak{sl}(2,K)$ は3次元であって，その基 $\{x,y,z\}$ として，$x=\begin{pmatrix}0&1\\0&0\end{pmatrix}$, $y=\begin{pmatrix}0&0\\1&0\end{pmatrix}$, $z=\begin{pmatrix}1&0\\0&-1\end{pmatrix}$ をとれる．計算より，

$$[x,y]=z,\quad [x,z]=-2x,\quad [y,z]=2y \tag{6.5}$$

が成立つ．いま $\mathfrak{a}\subset\mathfrak{sl}(2,K)$ をイデアルとし，$\mathfrak{a}\neq\{0\}$ とすれば，$0\neq a\in\mathfrak{a}$ なる元 a がとれ，$a=\alpha x+\beta y+\gamma z$，$\alpha,\beta,\gamma\in K$ と書ける．α,β,γ のいずれかは 0 でないから，例えば $\alpha\neq 0$ としよう．$[a,y]=\alpha z-2\gamma y\in\mathfrak{a}$．従って，$[\alpha z-2\gamma y,y]=-2\alpha y\in\mathfrak{a}$ となり，$y\in\mathfrak{a}$ が得られる．よって，$[y,x]=-z\in\mathfrak{a}$．これより，$[z,x]=2x\in\mathfrak{a}$ も得られ，$\mathfrak{a}=\mathfrak{sl}(2,K)$ であることが言えた．よって $\mathfrak{sl}(2,K)$ は単純である．

実は，$\mathfrak{sl}(2,K)$ は $\{0\}$ でない最低次元の半単純リー環である．即ち，

命題 6.2 $\dim\mathfrak{g}\leq 2$ なるリー環 $\mathfrak{g}$ はすべて可解である(問題 6.5 参照)．

注意 6.1 $\dim\mathfrak{g}=4,5$ なる半単純リー環は存在しない．実は，K 上の単純

リー環はすべてカルタン(E. Cartan)によって分類されているので，半単純リー環が単純リー環の直和になること(証明要す)に注意して，単純リー環の分類表をながめると，次元が4または5の半単純リー環は存在しないことがわかる．しかし，それほど大げさな結果を用いなくとも，半単純リー環の構造論(カルタン部分環による分解)を用いれば十分である．

6.4 リーの定理

V を K 上の n 次元ベクトル空間とし，$\mathfrak{g}$ を $\mathfrak{gl}(V)$ の部分リー環とする．

定義 6.9 V の部分集合 W が $\mathfrak{g}$ **不変**($\mathfrak{g}$-invariant)であるとは，任意の $A\in\mathfrak{g}$ と $w\in W$ に対し，$Aw\in W$ が成立つときを言う．

補題 6.8 $\mathfrak{a}$ を $\mathfrak{g}$ のイデアルとする．$\mathfrak{a}$ から K への線型写像 φ に対し，

$$W=\{v\in V|Av=\varphi(A)\cdot v\quad(A\in\mathfrak{a})\}$$

とおくと，W は $\mathfrak{g}$ 不変である．

証明 $A, X\in\mathfrak{g}$ に対し，定義より $[A, X]=A\circ X-X\circ A$ であるから(例 6.1 参照)，$A\in\mathfrak{a}, X\in\mathfrak{g}$，$v\in W$ に対し，

$$AXv=[A, X]v+XAv=\varphi([A, X])v+\varphi(A)Xv \tag{6.6}$$

が成立つ．

$$\varphi([A, X])=0,\qquad A\in\mathfrak{a},\ X\in\mathfrak{g} \tag{6.7}$$

がわかれば，(6.6) は $A(Xv)=\varphi(A)Xv$ となり $Xv\in W$ が得られる．

(6.7) を証明するため，任意の $v\in W$ $(v\neq 0)$ に対し，$v_k=X^kv$ $(k=0, 1, \cdots)$ とおく(ただし $v_0=v$)．まず，任意の $A\in\mathfrak{a}$ に対し，

$$Av_k\equiv\varphi(A)\cdot v_k\qquad(\mathrm{mod}\, v_0, \cdots, v_{k-1}) \tag{6.8}$$

が成立することを k についての帰納法で証明する．

$k=0$ に対し (6.8) は自明．k に対し，(6.8) の成立を仮定すると，

$$\begin{aligned}Av_{k+1}&=AXv_k=[A, X]v_k+XAv_k\\&\equiv\varphi([A, X])v_k+\varphi(A)Xv_k\equiv\varphi(A)v_{k+1}\qquad(\mathrm{mod}\, v_0, \cdots, v_k).\end{aligned}$$

よって，(6.8) の成立が証明された．次に，$\{v_0, v_1, \cdots\}$ で張られる V の部分空間を U とおくと，明かに，$X(U)\subset U$ が成立つ．また，$A(U)\subset U$ (A

$\in\mathfrak{a}$) であることも，(6.8) より明かである．従って，$[A,X]|U$ は U から U への線型写像であって，

$$\text{(6.9)} \qquad \mathrm{Tr}([A,X]|U)=\mathrm{Tr}([A|U,X|U])=0$$

が成立つ（系 2.4 参照）．一方，v_k が $v_0,\cdots,v_{k-1}$ に一次従属となる最小の k をとると，$\{v_0,\cdots,v_{k-1}\}$ は U の基であって，(6.8) により，

$$\mathrm{Tr}(A|U)=k\cdot\varphi(A), \qquad A\in\mathfrak{a}$$

が成立つ．A として $[A,X]$ をとってもよいから，$\mathrm{Tr}([A,X]|U)=k\cdot\varphi([A,X])$ となり，(6.9) より，$\varphi([A,X])=0$ が得られる．（証終）

定理 6.1 $K=\boldsymbol{C}$ とし，V を n 次元複素ベクトル空間 $(n\geq 1)$ とする．$\mathfrak{g}$ を $\mathfrak{gl}(V)$ の可解部分リー環とすれば，線型写像 $\varphi_0:\mathfrak{g}\to\boldsymbol{C}$ と元 $v_0\in V$ $(v_0\neq 0)$ が存在して，

$$\text{(6.10)} \qquad Xv_0=\varphi_0(X)\cdot v_0 \qquad (X\in\mathfrak{g})$$

が成立つ．つまり，$\mathfrak{g}$ の元の共通固有ベクトルが存在する．**（リーの定理）**

証明 $\dim\mathfrak{g}$ に関する帰納法で証明する．$\dim\mathfrak{g}=0$ なら自明である．自然数 k に対し，$\dim\mathfrak{g}<k$ なる，いかなる $\mathfrak{g}$ をとっても定理が成立すると仮定して，$\dim\mathfrak{g}=k$ なる $\mathfrak{g}$ に対し定理が成立することを証明しよう．

$\mathfrak{g}$ は可解であるから，$[\mathfrak{g},\mathfrak{g}]\neq\mathfrak{g}$．従って，

$$[\mathfrak{g},\mathfrak{g}]\subset\mathfrak{a}, \qquad \dim\mathfrak{a}=k-1$$

をみたす $\mathfrak{g}$ の部分空間 $\mathfrak{a}$ がとれる．ところが，$[\mathfrak{a},\mathfrak{g}]\subset[\mathfrak{g},\mathfrak{g}]\subset\mathfrak{a}$ であるから，$\mathfrak{a}$ は $\mathfrak{g}$ のイデアルである．また，$A_0\notin\mathfrak{a}$ なる $\mathfrak{g}$ の元 A_0 をとれば，

$$\text{(6.11)} \qquad \mathfrak{g}=\mathfrak{a}\oplus\boldsymbol{C}\cdot A_0$$

が成立つ．$\mathfrak{a}$ は $\mathfrak{g}$ のイデアルであるから可解である（補題 6.3）．従って，帰納法の仮定により線型写像 $\varphi_1:\mathfrak{a}\to\boldsymbol{C}$ と $0\neq v_1\in V$ が存在して，$Av_1=\varphi_1(A)v_1$ $(A\in\mathfrak{a})$ が成立つ．いま，

$$W=\{v\in V \mid Av=\varphi_1(A)\cdot v \ \ (A\in\mathfrak{a})\}$$

とおくと，補題 6.8 により，W は $\mathfrak{g}$ 不変である．特に，$A_0(W)\subset W$ であるから，$A_0|W$ は W から W への線型写像と考えてよい．一方 $W\ni v_1\neq 0$ であるから，$W\neq\{0\}$，従って，λ を $A_0|W$ の 1 つの固有値とすれば，A_0v_0

$=\lambda v_0$ をみたす $v_0\in W$ $(v_0\neq 0)$ が存在する(定理 2.3). $v_0\in W$ だから,

(6.12) $$Av_0=\varphi_1(A)v_0 \qquad (A\in\mathfrak{a})$$

が成立つ. $\mathfrak{g}$ の任意の元 X は, (6.11) により, $X=A+\alpha A_0$, $A\in\mathfrak{a}$, $\alpha\in\boldsymbol{C}$ と一意的にあらわせるから, $\varphi_0(X)=\varphi_1(A)+\alpha\cdot\lambda$ とおけば, 写像 $\varphi_0:\mathfrak{g}\to\boldsymbol{C}$ は線型であって, (6.10) が成立つ. 何故なら, $Xv_0=(A+\alpha A_0)v_0=Av_0+\alpha A_0v_0=\varphi_1(A)v_0+\alpha\lambda v_0=\varphi_0(X)v_0$. (証終)

系 6.1 V を n 次元複素ベクトル空間とし, $\mathfrak{g}$ を $\mathfrak{gl}(V)$ の可解部分リー環とすれば, V の基 $\{v_1,\cdots,v_n\}$ が存在して, この基による $\mathfrak{g}$ の元の行列表示はすべて3角型である. 即ち, $Xv_j=\sum_{i\leq j}\alpha_{ji}v_i$.

証明 n についての帰納法で証明する. 定理 6.1 より, まず $\mathfrak{g}$ の共通固有ベクトル $v_1\in V$ をとる. 商空間 $\bar{V}=V/V_1$ $(V_1=\boldsymbol{C}\cdot v_1)$ を考える. 任意の元 $X\in\mathfrak{g}$ は線型写像 $\bar{X}:\bar{V}\to\bar{V}$ をひき起す: $\bar{X}(v \bmod V_1)=(Xv)\bmod V_1$. $\bar{\mathfrak{g}}=\{\bar{X}|X\in\mathfrak{g}\}$ は $\mathfrak{gl}(\bar{V})$ の部分リー環となり, $f(X)=\bar{X}$ によって定義される写像 $f:\mathfrak{g}\to\bar{\mathfrak{g}}$ はリー環の準同型写像である. よって, 補題 6.3 により, $\bar{\mathfrak{g}}$ も可解であるから, 帰納法の仮定によって, $\bar{V}$ の基 $\bar{v}_2,\cdots,\bar{v}_n$ が存在して, $\bar{X}\in\bar{\mathfrak{g}}$ のこの基による行列表示は3角型である: $\bar{X}\bar{v}_j=\sum_{2\leq i\leq j}\alpha_{ji}\bar{v}_i$ $(j=2,\cdots,n)$. $\{v_1,v_2,\cdots,v_n\}$ は V の基となり, 所要の性質をみたす. (証終)

次に, 定理 6.1 を用いて, $\mathfrak{gl}(2,\boldsymbol{R})$ の可解部分リー環について調べよう.

定義 6.10 $\mathfrak{gl}(2,\boldsymbol{R})$ の部分リー環 $\mathfrak{g}_0,\mathfrak{g}_1,\mathfrak{g}_2,\mathfrak{g}_3$ を次のように定義する.

$$\mathfrak{g}_0=\left\{\begin{pmatrix}0&0\\a&0\end{pmatrix}\middle| a\in\boldsymbol{R}\right\},\qquad \mathfrak{g}_1=\left\{\begin{pmatrix}a&0\\0&b\end{pmatrix}\middle| a,b\in\boldsymbol{R}\right\},$$

$$\mathfrak{g}_2=\left\{\begin{pmatrix}a&0\\b&a\end{pmatrix}\middle| a,b\in\boldsymbol{R}\right\},\qquad \mathfrak{g}_3=\left\{\begin{pmatrix}a&b\\-b&a\end{pmatrix}\middle| a,b\in\boldsymbol{R}\right\}.$$

$\mathfrak{g}_0,\cdots,\mathfrak{g}_3$ はいずれも可換リー環である.

定理 6.2 $\mathfrak{gl}(2,\boldsymbol{R})$ の可解部分リー環を $\mathfrak{g}$ とする.

(i) もし, $\mathfrak{g}$ が可換でなければ, $\mathfrak{g}^{(1)}$ は可換であって, 座標の一次変換を施すと, $\mathfrak{g}^{(1)}$ は $\mathfrak{g}_0$ に一致する.

(ii) もし, $\mathfrak{g}$ が可換であれば, $\dim\mathfrak{g}\leq 2$ である. さらに, $\dim\mathfrak{g}=2$ ならば, 座標の一次変換を施すと, $\mathfrak{g}$ は $\mathfrak{g}_1,\mathfrak{g}_2,\mathfrak{g}_3$ のいずれかに一致する.

証明 $\mathfrak{gl}(2,\boldsymbol{R})\subset\mathfrak{gl}(2,\boldsymbol{C})$ であるから，$\mathfrak{g}^C=\mathfrak{g}+\sqrt{-1}\mathfrak{g}$ は $\mathfrak{gl}(2,\boldsymbol{C})$ の可解部分リー環となる．従って，定理 6.1 により，$v_0=\begin{pmatrix}x_0\\y_0\end{pmatrix}\in\boldsymbol{C}^2$ が存在して，

$$Xv_0\in\boldsymbol{C}\cdot v_0 \qquad (X\in\mathfrak{g}) \tag{6.13}$$

が成立つ．次の2つの場合（i），（ii）にわけて考察する．

（i） $v_0\notin\boldsymbol{C}\cdot v$ がいかなる $v\in\boldsymbol{R}^2$ に対しても成立つとき(即ち，v_0 と任意の $0\neq v\in\boldsymbol{R}^2$ とが一次独立の場合)，このとき，$Av_0=\begin{pmatrix}1\\\sqrt{-1}\end{pmatrix}$をみたす $A\in GL(2,\boldsymbol{R})$ の存在が容易にわかる(例 7.2 参照)．$\begin{pmatrix}1\\\sqrt{-1}\end{pmatrix}=v_1$ とおくと，

$$AXA^{-1}v_1\in\boldsymbol{C}\cdot v_1 \qquad (X\in\mathfrak{g})$$

が成立ち，$\mathfrak{g}'=\{AXA^{-1}|X\in\mathfrak{g}\}$ は $\mathfrak{g}$ と対応 $X\to AXA^{-1}$ によって同型であるから，初めから $v_0=\begin{pmatrix}1\\\sqrt{-1}\end{pmatrix}$であるとして差支えない．

いま，$X=\begin{pmatrix}a&d\\b&c\end{pmatrix}$と成分であらわすと，$Xv_0=\begin{pmatrix}a+d\sqrt{-1}\\b+c\sqrt{-1}\end{pmatrix}$ であるから，(6.13) が成立するための条件は $X=\begin{pmatrix}a&-b\\b&a\end{pmatrix}$ となることである．よって，$\mathfrak{g}'\subset\mathfrak{g}_3$ となって，$\mathfrak{g}'$従って $\mathfrak{g}$ は可換である．また $\dim\mathfrak{g}=2$ なら，必然的に $\mathfrak{g}'=\mathfrak{g}_3$ である．

（ii） $v_0\in\boldsymbol{C}\cdot v$ となる $v\in\boldsymbol{R}^2$ が存在する場合．この場合，$v_0\in\boldsymbol{R}^2$ として差支えない．よって，ある $A\in GL(2,\boldsymbol{R})$ をとると $Av_0=\begin{pmatrix}0\\1\end{pmatrix}$ となる．よって，（i）と同じようにして，初めから $v_0=\begin{pmatrix}0\\1\end{pmatrix}$ としてよい．このとき，上の X に対し，$Xv_0=\begin{pmatrix}d\\c\end{pmatrix}$ となるから，(6.13) が $v_0=\begin{pmatrix}0\\1\end{pmatrix}$ に対し成立するための条件は $X=\begin{pmatrix}a&0\\b&c\end{pmatrix}$ となることである．ところが，$X'=\begin{pmatrix}a'&0\\b'&c'\end{pmatrix}$に対し，$[X,X']=\begin{pmatrix}0&0*&0\end{pmatrix}$ の型であることがわかる．従って，$\dim\mathfrak{g}=3$ ならば，$\mathfrak{g}$ は可換でなくて，しかも $\mathfrak{g}^{(1)}=\mathfrak{g}_0$ が成立つ．よって，$\mathfrak{g}$ が可換であれば $\dim\mathfrak{g}\leq2$ である．

次に，$\dim\mathfrak{g}=2$ としよう．

（i）の場合は $\mathfrak{g}\simeq\mathfrak{g}'=\mathfrak{g}_3$ であった，

（ii）の場合．任意の $X\in\mathfrak{g}$ は $X=\begin{pmatrix}a&0\\b&c\end{pmatrix}$ としてよい，すべての X に対

し $a=0$ の場合 $\mathfrak{g}=\left\{\begin{pmatrix}0&0\\b&c\end{pmatrix}\middle| b,c\in\boldsymbol{R}\right\}$ となり $\mathfrak{g}$ は非可換であって，$\mathfrak{g}^{(1)}=\mathfrak{g}_0$ となる．すべての $X\in\mathfrak{g}$ に対し，$c=0$ である場合も同様である．また，すべての $X\in\mathfrak{g}$ に対し，$b=0$ の場合は $\mathfrak{g}=\left\{\begin{pmatrix}a&0\\0&c\end{pmatrix}\middle| a,c\in\boldsymbol{R}\right\}=\mathfrak{g}_1$ である．

よって，$\mathfrak{g}$ は a,b,c がそれぞれ 0 にならないような元を含む場合のみを考える．この場合，$\mathfrak{g}$ の基として，$X_1=\begin{pmatrix}1&0\\b&c\end{pmatrix}$，$X_2=\begin{pmatrix}0&0\\b'&c'\end{pmatrix}$ の型の 2 元をとることができる．

次に，$b'=0$ なら矛盾であることを示そう．この場合，$X_2=\begin{pmatrix}0&0\\0&1\end{pmatrix}$ としてよいから，$X_1=\begin{pmatrix}1&0\\b&0\end{pmatrix}$ としてよい．$b=0$ なる場合は上述のように除外されている．ところが，$[X_1,X_2]=\begin{pmatrix}0&0\\-b&0\end{pmatrix}$ であるから．$b\neq 0$ なることより $\begin{pmatrix}0&0\\1&0\end{pmatrix}\in\mathfrak{g}$ となり，$\dim\mathfrak{g}\geq 3$ となって，矛盾である．

$b'\neq 0$ であることがわかったから，$X_1=\begin{pmatrix}1&0\\0&c\end{pmatrix}$，$X_2=\begin{pmatrix}0&0\\1&c'\end{pmatrix}$ が $\mathfrak{g}$ の基となる．

まず，$c\neq 1$ のときを考えよう．

$[X_1,X_2]=\begin{pmatrix}0&0\\c-1&0\end{pmatrix}\in\mathfrak{g}$ であるから，$\begin{pmatrix}0&0\\1&0\end{pmatrix}\in\mathfrak{g}$．従って $\begin{pmatrix}0&0\\0&c'\end{pmatrix}\in\mathfrak{g}$．よって，$\dim\mathfrak{g}=2$ なることより，$c'=0$ である．故に，$X_1=\begin{pmatrix}1&0\\0&c\end{pmatrix}$，$X_2=\begin{pmatrix}0&0\\1&0\end{pmatrix}$ が $\mathfrak{g}$ の基となり，$\mathfrak{g}$ は非可換であって，$\mathfrak{g}^{(1)}=\mathfrak{g}_0$ を得る．

最後に，$c=1$ のときを考える．$X_1=\begin{pmatrix}1&0\\0&1\end{pmatrix}$，$X_2=\begin{pmatrix}0&0\\1&c'\end{pmatrix}$ が $\mathfrak{g}$ の基であるが，$c'=0$ のときは $\mathfrak{g}=\mathfrak{g}_2$ となる．

よって，$c'\neq 0$ のときを考える．行列 $B=\begin{pmatrix}1&0\\-1/c'&1\end{pmatrix}\in GL(2,\boldsymbol{R})$ を考えると，$B^{-1}X_2B=\begin{pmatrix}0&0\\0&c'\end{pmatrix}$ が成立つ．従って，$B^{-1}\cdot\mathfrak{g}\cdot B$ の基として $\begin{pmatrix}1&0\\0&1\end{pmatrix}$ と $\begin{pmatrix}0&0\\0&c'\end{pmatrix}$ がとれる．よって，$B^{-1}\cdot\mathfrak{g}\cdot B=\mathfrak{g}_1$ となることがわかった．（証終）

6.5 $\mathfrak{X}_0(C)$ の部分リー環

この節および次の節の結果は 14 章でのみ用いられるので，13 章まで読終ってから，この節へもどった方がよいかも知れないが，リー環の実例を知る上で有益なので，ここで説明することにした．

z 平面 $\boldsymbol{C}^1$ は1次元複素多様体であるから，その上の正則ベクトル場が次のように定義される.

$z=x+\sqrt{-1}y$ $(x, y\in\boldsymbol{R})$ とおくと，$\{x, y\}$ は $\boldsymbol{C}^1$ 上の座標系である．いま $\boldsymbol{C}^1$ 上の複素ベクトル場 $\partial/\partial z$, $\partial/\partial\bar{z}$ を

$$\frac{\partial}{\partial z}=\frac{1}{2}\left(\frac{\partial}{\partial x}-\sqrt{-1}\frac{\partial}{\partial y}\right),\qquad \frac{\partial}{\partial\bar{z}}=\frac{1}{2}\left(\frac{\partial}{\partial x}+\sqrt{-1}\frac{\partial}{\partial y}\right)$$

で定義する．任意の開集合 $D\subset\boldsymbol{C}^1$ に対し，複素ベクトル場 $X\in\mathfrak{X}^C(D)$ は

$$X=f\frac{\partial}{\partial z}+g\frac{\partial}{\partial\bar{z}},\qquad f, g\in C^\infty(D, \boldsymbol{C}) \tag{6.14}$$

とあらわせる.

定義 6.11 (6.14) において $g\equiv 0$, かつ f が D 上の正則関数であるとき，X は D 上の**正則ベクトル場**(holomorphic vector field)とよび，正則ベクトル場全体からなる集合を $\mathfrak{X}_0(D)$ であらわす．$\mathfrak{X}_0(D)$ は $\mathfrak{X}^C(D)$ の部分リー環であることが容易にたしかめられる．正則関数の性質および任意の複素多様体上の正則ベクトル場については 12 章でのべる．1変数正則関数の性質については，必要に応じて，11 章を参照のこと.

この節では，$\mathfrak{X}_0(\boldsymbol{C})$ の有限次元部分リー環 $\mathfrak{g}$ の型を決定しよう.

補題 6.9 M を n 次元連結複素多様体とし，U を M の開部分多様体とする．$X\in\mathfrak{X}_0(M)$ に対し，$X'=X|U\in\mathfrak{X}_0(U)$ を対応させる写像 $f:\mathfrak{X}_0(M)\to\mathfrak{X}_0(U)$ は単射かつ準同型写像である．従って，もし $\mathfrak{g}$ が $\mathfrak{X}_0(M)$ の有限次元部分リー環ならば，$\mathfrak{g}\simeq f(\mathfrak{g})$ が成立つ.

証明 f が準同型であることは明かであるから，単射であることを示せばよい．$X\in\mathfrak{X}_0(M)$ をとり，$f(X)=0$ とせよ．$p\in M$ に対し p の近傍 V が存在して，$X|V=0$ となるような $p\in M$ 全体からなる集合を M' であらわす．$f(X)=X|U=0$ であるから，$U\subset M'$ である．M' は定義から，M の開集合であることは明かだが，実は，閉集合でもある．何故なら，$p_0\in\bar{M}'$ をとり，p_0 の連結座標近傍 (V, φ) をとると，座標系 $\varphi=(z_1, \cdots, z_n)$ を用いて，V 上で $X=\sum\xi^k\dfrac{\partial}{\partial z_k}$ とあらわせる．$p_0\in\bar{M}'$ であるから，$M'\frown V$ の点 p_1 がとれる．$p_1\in M'$ であるから p_1 のある近傍 $V(p_1)$ $(\subset V$ としてよい) があっ

て，$X|V(p_1)=0$ が成立つ．即ち $\xi^k(q)=0$ $(q\in V(p_1))$．ξ^k は V 上の正則関数であるから $\xi^k=0$ となり(10 章一致の定理による)，従って $X|V=0$ となって $p_0\in M'$ が示された．即ち $\bar{M}\subset M'$ となり，M' は閉集合である．M は連結であったから $M=M'$ が成立ち，$X=0$ が証明された． (証終)

補題 6.10 D を $\boldsymbol{C}$ の領域(即ち連結開集合)とする．$\mathfrak{g}$ を $\mathfrak{X}_0(D)$ の有限次元部分リー環とすれば，$\dim\mathfrak{g}\leq 3$ が成立つ．

証明 $r=\dim\mathfrak{g}$ とおき，$r\geq 1$ とする．$0\neq X_0\in\mathfrak{g}$ なる X_0 をとると，$X_0=f_0(z)\dfrac{\partial}{\partial z}$ と書け，f_0 は D 上の正則関数である．$f(z_0)\neq 0$ となる点 $z_0\in D$ があるから，z_0 のまわりの局所座標 w を適当にとると，$w(z_0)=0$ であって，z_0 の近傍 D' では $X_0=\partial/\partial w$ が成立つとしてよい(定理 11.2 参照)．任意の元 $Y\in\mathfrak{g}$ は D' 上で $Y=f\dfrac{\partial}{\partial w}$ と書け，f は D' 上の正則関数である．$[X_0, Y]=f'(w)\dfrac{\partial}{\partial w}$ (ただし $f'(w)=\partial f/\partial w$) も $\mathfrak{g}$ の元であるから，$Y_k=f^{(k)}(w)\dfrac{\partial}{\partial w}$ とおくと，$Y_k\in\mathfrak{g}$ $(k=0,1,\cdots)$．ところで $\dim\mathfrak{g}=r$ であるから，$Y_0,\cdots,Y_r$ は一次従属である．従って，$\alpha_k\in\boldsymbol{C}$ が存在して，

$$\sum_{k=0}^{s}\alpha_k Y_k=0,$$

かつ $\alpha_s=1$ なる関係式がある(ただし $s\leq r$)．即ち，

$$\frac{d^s f}{dw^s}+\alpha_{s-1}\frac{d^{s-1}f}{dw^{s-1}}+\cdots+\alpha_0 f=0. \tag{6.15}$$

次に，$f(w)$ を w のベキ級数に展開する：

$$f(w)=c_0w^p+c_1w^{p+1}+\cdots \qquad (c_0\neq 0). \tag{6.16}$$

この f が(6.15) をみたすことより，p は $p<s$ をみたすことが容易にたしかめられる．特に，$p<r$ である．

ところで $\dim\mathfrak{g}=r$ であるから，$\{X_0,\cdots,X_{r-1}\}$ を $\mathfrak{g}$ の基とすると，$X_k=f_k\dfrac{\partial}{\partial w}$ と書け，f_k は上に述べたように，w のベキ級数に展開した場合，いずれも r 次より低い項から始まる．よって，X_k の一次結合を適当に加減することにより，X_k は次の形をしているとしてよいことがわかる：

$$X_0=\frac{d}{dw},\quad X_1=(w+\cdots)\frac{d}{dw},\quad X_2=(w^2+\cdots)\frac{d}{dw},\cdots$$

$$\cdots, X_{r-1}=(w^{r-1}+\cdots)\frac{d}{dw}.$$

さて，計算により，$[X_{r-2}, X_{r-1}]=(w^{2r-4}+\cdots)\dfrac{d}{dw}$ が成立つ．$[X_{r-2}, X_{r-1}]\in\mathfrak{g}$ であるから，既に証明したように，$2r-4<r$ が成立つ．よって $r<4$ である．（証終）

定義 6.12 $\mathfrak{X}_0(\boldsymbol{C})$ の部分リー環 $\tilde{\mathfrak{g}}_1$, $\tilde{\mathfrak{g}}_2$ を次のように定義する．

$$\tilde{\mathfrak{g}}_1=\left\{\frac{\partial}{\partial z}, z\frac{\partial}{\partial z}\right\}_C, \tag{6.17}$$

$$\tilde{\mathfrak{g}}_2=\left\{\frac{\partial}{\partial z}, z\frac{\partial}{\partial z}, z^2\frac{\partial}{\partial z}\right\}_C. \tag{6.18}$$

補題 6.11 $\mathfrak{g}\subset\mathfrak{X}_0(\boldsymbol{C})$, $\dim\mathfrak{g}=2$ ならば，$\mathfrak{g}\simeq\tilde{\mathfrak{g}}_1$ である．

証明　補題 6.10 の証明により，$\mathfrak{g}$ の基として，$X_0=\dfrac{\partial}{\partial w}, X_1=(w+\cdots)\dfrac{\partial}{\partial w}$ なる形のものがとれる．ところで，$[X_0, X_1]=(1+\cdots)\dfrac{\partial}{\partial w}$ となるから，$[X_0, X_1]=X_0+\lambda X_1$ となる $\lambda\in\boldsymbol{C}$ がある．$X_0'=X_0+\lambda X_1$ とおくと，$\{X_0', X_1\}$ は $\mathfrak{g}$ の基であって，

$$[X_0', X_1]=X_0' \tag{6.19}$$

が成立つ．$X_0'=(1+\cdots)\dfrac{\partial}{\partial w}$ であるから，$w=0$ の近傍の座標変換 $w\to x$ を行うと，$X_0'=\partial/\partial x$ の形をしているとしてよい．この新しい座標に関し，$X_1=g(x)\dfrac{\partial}{\partial x}$ と書けるはずであるが，(6.19) より $dg/dx=1$ が得られ，$g(x)=x+c, c\in\boldsymbol{C}$ と書ける．よって，$X_1'=x\dfrac{\partial}{\partial x}=X_1-cX_0'$ とおくと，$\{X_0', X_1'\}$ は $\mathfrak{g}$ の基である．よって，$X_0'\to\partial/\partial z$, $X_1'\to z\dfrac{\partial}{\partial z}$ なる対応によって（補題 6.9 を用いて）$\tilde{\mathfrak{g}}\simeq\tilde{\mathfrak{g}}_1$ であることがわかる．（証終）

補題 6.12 $\mathfrak{g}\subset\mathfrak{X}_0(D)$, $\dim\mathfrak{g}=3$ ならば，$\mathfrak{g}\simeq\tilde{\mathfrak{g}}_2$ である．

証明　補題 6.10 により，$\mathfrak{g}$ の基として，$X_0=\partial/\partial w$, $X_1=(w+\cdots)\dfrac{\partial}{\partial w}$, $X_2=(w^2+\cdots)\dfrac{\partial}{\partial w}$ なる形のものがとれる．

よって，

$$(6.20)\quad \begin{cases} [X_0, X_1]=X_0+\lambda_1 X_1+\lambda_2 X_2, \\ [X_0, X_2]=2X_1+\mu X_2, \\ [X_1, X_2]=X_2 \end{cases}$$

が成立つように $\lambda_1, \lambda_2, \mu\in \boldsymbol{C}$ がとれる. $X_0'=X_0+\lambda_1 X_1+\frac{\lambda_2}{2}X_2$ とおくと, $\{X_0', X_1, X_2\}$ は $\mathfrak{g}$ の基となる. ところで, (6.20) を用いて計算すると.

$$(6.21)\quad \begin{cases} [X_0', X_1]=X_0', \\ [X_0', X_2]=2X_1+(\mu+\lambda_1)X_2 \end{cases}$$

が得られる. 一方, ヤコビ等式

$$[[X_0', X_1], X_2]+[[X_1, X_2], X_0']+[[X_2, X_0'], X_1]=0$$

に (6.21) を代入すると, $(\lambda_1+\mu)X_2=0$ を得る. よって, $\lambda_1+\mu=0$ であるから

$$(6.22)\quad [X_0', X_1]=X_0', \quad [X_0', X_2]=2X_1, \quad [X_1, X_2]=X_2$$

が得られた. 従って, $\{X_0', X_1\}_C$ は $\mathfrak{g}$ の2次元部分リー環であるから, 補題6.9 により, 座標変換 $w\to x$ を行うことにより, $X_0'=\partial/\partial x$, $X_1=x\frac{\partial}{\partial x}$ の形をしているとしてよい. このとき, $X_2=h(x)\frac{\partial}{\partial x}$ と書けるはずであるが, (6.22) の右2式より, $dh/dx=2x$, $x\frac{dh}{dx}-h=h$ の2式が得られる. よって, $h(x)=x^2$ であって, $X_2=x^2\frac{\partial}{\partial x}$ となる. 補題6.9によれば, 対応 $X_0'\to\partial/\partial z$, $X_1\to z\frac{\partial}{\partial z}$, $X_2\to z^2\frac{\partial}{\partial z}$ は $\mathfrak{g}$ と $\tilde{\mathfrak{g}}_2$ との間の同型写像をひき起す. (証終)

補題 6.10, 6.11, 6.12 を組合せて, 次の定理が証明された.

定理 6.3 D を C^1 の領域とすると, $\mathfrak{X}_0(D)$ の有限次元部分リー環は次の3つの $\mathfrak{X}_0(\boldsymbol{C})$ の部分リー環 $\tilde{\mathfrak{g}}_0, \tilde{\mathfrak{g}}_1, \tilde{\mathfrak{g}}_2$ のいずれかと同型である.

$$\tilde{\mathfrak{g}}_0=\left\{\frac{\partial}{\partial z}\right\}_C, \quad \tilde{\mathfrak{g}}_1=\left\{\frac{\partial}{\partial z}, z\frac{\partial}{\partial z}\right\}_C, \quad \tilde{\mathfrak{g}}_2=\left\{\frac{\partial}{\partial z}, z\frac{\partial}{\partial z}, z^2\frac{\partial}{\partial z}\right\}_C.$$

6.6 $\mathfrak{X}_0(C)$ の有限次元実部分リー環

前節において得られた, $\mathfrak{X}_0(\boldsymbol{C})$ の有限次元複素部分リー環の分類を用いて, 実部分リー環について調べよう. 一般に, 実リー環の構造の方が複素リー環の

構造よりも複雑であると言える.

$\mathfrak{g}_0$ を $\mathfrak{X}_0(D)$ の実部分リー環とすると，$\mathfrak{g}=\mathfrak{g}_0+\sqrt{-1}\mathfrak{g}_0$ は複素部分リー環となる. 従って，定理 6.3 により，$\dim\mathfrak{g}\leq 3$ であって，$\mathfrak{g}$ は $\tilde{\mathfrak{g}}_0, \tilde{\mathfrak{g}}_1, \tilde{\mathfrak{g}}_2$ のいずれかと同型である.

(I) $\mathfrak{g}=\tilde{\mathfrak{g}}_0$ の場合.

$\tilde{\mathfrak{g}}_0$ は可換であるから，$\mathfrak{g}_0$ も可換である.

(II) $\mathfrak{g}=\tilde{\mathfrak{g}}_1$ の場合.

補題 6.13 $\dim\mathfrak{g}_0=2$ とする. $\mathfrak{g}_1=\left\{\frac{\partial}{\partial z}, z\frac{\partial}{\partial z}\right\}_{\boldsymbol{R}}$ とおくと $\mathfrak{g}_1$ は実リー環であって，$\mathfrak{g}_0\simeq\mathfrak{g}_1$ である.

証明 $\tilde{\mathfrak{g}}_1$ の基 $X=\partial/\partial z$, $Y=z\frac{\partial}{\partial z}$ に対し,

$$[X, Y]=X \tag{6.23}$$

が成立つ. いま，$\mathfrak{g}_0$ の基 X_1, Y_1 をとると，X_1, Y_1 は $\boldsymbol{C}$ 上一次独立である. 基 X, Y を用いて $X_1=\alpha_1 X+\beta_1 Y$, $Y_1=\alpha_2 X+\beta_2 Y$, $\alpha_i, \beta_i\in\boldsymbol{C}$ とあらわす. このとき, (6.23) を用いると $[X_1, Y_1]=(\alpha_1\beta_2-\alpha_2\beta_1)X\in\mathfrak{g}_0$ が成立つ. X_1, Y_1 は $\boldsymbol{C}$ 上一次独立であったから $\alpha_1\beta_2-\alpha_1\beta_2\neq 0$ である. 従って，$\mathfrak{g}_0$ の基として，$X_1'=\alpha X$, $Y_1'=\beta X+\gamma Y$ の型の元をとることができる. 再び (6.23) を用いて，$[X_1', Y_1']=\gamma\cdot X_1''\in\mathfrak{g}_0$ を得るから，$\gamma\in\boldsymbol{R}$ である. よって，$\mathfrak{g}_0$ の基として，$X_1'=\alpha X$, $Y_1''=\beta' X+Y$ の型の 2 元をとれる. ここで，$z\to w=\alpha^{-1}z$ なる座標変換を行うと，$\frac{\partial}{\partial z}=\alpha^{-1}\frac{\partial}{\partial w}$, $z\frac{\partial}{\partial z}=w\frac{\partial}{\partial w}$ となることから，$X_1'=\partial/\partial w$, $Y_1''=\beta''\frac{\partial}{\partial w}+w\frac{\partial}{\partial w}=(\beta''+w)\frac{\partial}{\partial w}$ の型になる. ここで再び座標変換 $w\to x=w+\beta''$ を行えば，$X_1'=\partial/\partial x$, $Y_1''=x\frac{\partial}{\partial x}$ となり，対応 $X_1'\to\partial/\partial z$, $Y_1''\to z\frac{\partial}{\partial z}$ により，$\mathfrak{g}_0\simeq\mathfrak{g}_1$ が得られる. (証終)

補題 6.14 $\dim\mathfrak{g}_0=3$ とする. このとき，$\alpha\in\boldsymbol{C}$ が存在して,

$$\mathfrak{g}_0\simeq\left\{\frac{\partial}{\partial z}, i\frac{\partial}{\partial z}, \alpha z\frac{\partial}{\partial z}\right\}_{\boldsymbol{R}} \tag{6.24}$$

が成立つ. 特に，$\mathfrak{g}_0$ は可解である.

証明 $X=\partial/\partial z$, $Y=z\frac{\partial}{\partial z}$ とおく. 補題 6.10 と同じ方法で(必要なら座標

変換を行うことにより），$X\in\mathfrak{g}_0$ であるとしてよい．$X_1=X, Y_1, Z_1$ を $\mathfrak{g}_0$ の基とすると，

$$Y_1=\alpha_1X+\alpha_2Y, \qquad Z_1=\beta_1X+\beta_2Y$$

と書けるが，α_1, β_2 の少くも一方は実数ではない．もし，$\alpha_1, \beta_1\in\boldsymbol{R}$ ならば，$X, Y_1'=\alpha_2Y$, $Z_1'=\beta_2Y$ も $\mathfrak{g}_0$ の基となり，α_2 と β_2 は $\boldsymbol{R}$ 上一次独立であるから，結局，X, Y, iY が $\mathfrak{g}_0$ の基となる．ところが $[X, iY]=iX\in\mathfrak{g}_0$ となり，X, iX, Y, iY は $\boldsymbol{R}$ 上一次独立だから，$\dim\mathfrak{g}_0\geq4$ となり，仮定に反する．よって，例えば $\alpha_1\notin\boldsymbol{R}$ としてよい．よって，$\mathfrak{g}_0$ の基として，

$$(6.25)\qquad X, \qquad Y_1'=iX+\alpha_2'Y, \qquad Z_1'=\beta_2'Y \qquad (\alpha_2', \beta_2'\in\boldsymbol{C})$$

の型の3元をとることができる．

$\alpha_2'/\beta_2'\in\boldsymbol{R}$ であることを証明しよう．まず，

$$(6.26)\qquad [X, Y_1']=\alpha_2'X,$$

$$(6.27)\qquad [X, Z_1']=\beta_2'X$$

が成立つ．$\alpha_2'=a_1+ia_2$, $\beta_2'=b_1+ib_2$, $(a_1, a_2, b_1, b_2\in\boldsymbol{R})$ と書く．(6.26) により，$\alpha_2'X\in\mathfrak{g}_0$ であるから，(6.25) の基を用いて，$\alpha_2'X=a_1X_1+a_2Y_1'+cZ_1'$ と書けるような $c\in\boldsymbol{R}$ がとれる．これより，

$$(6.28)\qquad a_2\alpha_2'+c\beta_2'=0$$

が得られる．また，(6.27) により $\beta_2'X\in\mathfrak{g}_0$ であるから，$\beta_2'X=b_1X_1+b_2Y_1'+c'Z_1'$ の成立つ $c'\in\boldsymbol{R}$ がとれる．これより，

$$(6.29)\qquad b_2\alpha_2'+c'\beta_2'=0$$

が得られる．c, c' の少くとも一方が 0 でなければ，(6.28) または (6.29) より $\alpha_2'/\beta_2'\in\boldsymbol{R}$ が得られる．

また，もし $c=c'=0$ ならば，$a_2\alpha_2'=b_2\alpha_2'=0$ が得られ $a_2=b_2=0$ となる（$\alpha_2'=0$ なら $\alpha_2'/\beta_2'\in\boldsymbol{R}$ は自明）．よって，$\alpha_2'\in\boldsymbol{R}$, $\beta_2'\in\boldsymbol{R}$ となり $\alpha_2'/\beta_2'\in\boldsymbol{R}$ が得られた．

$\alpha_2'/\beta_2'=a$ とおく，(6.25) の代りに，$X, Y_1'-aZ_1'=iX, Z_1'$ の3元が $\mathfrak{g}_0$ の基となり (6.24) が得られる．$\mathfrak{g}_0$ が可解なることは，$\left\{\dfrac{\partial}{\partial z}, i\dfrac{\partial}{\partial z}, \alpha z\dfrac{\partial}{\partial z}\right\}_{\boldsymbol{R}}$ が可解であることによる．（証終）

補題 6.15 $\dim \mathfrak{g}_0=4$ なら $\mathfrak{g}_0$ は $\frac{\partial}{\partial z}, i\frac{\partial}{\partial z}, z\frac{\partial}{\partial z}, iz\frac{\partial}{\partial z}$ によって張られる実リー環と同型である．特に，$\mathfrak{g}_0$ は可解である．

証明 $\dim_{\boldsymbol{R}} \tilde{\mathfrak{g}}_1=4=\dim \mathfrak{g}_0$ であるから $\mathfrak{g}_0=\tilde{\mathfrak{g}}_1$ となって自明である．（証終）

（III） $\mathfrak{g}=\tilde{\mathfrak{g}}_2$ の場合．

$\tilde{\mathfrak{g}}_2$ は $X=\partial/\partial z$, $Y=z\frac{\partial}{\partial z}$, $Z=z^2\frac{\partial}{\partial z}$ を（$\boldsymbol{C}$ 上の）基としている．容易に次の関係式が得られる．

(6.30) $$[X, Y]=X, \quad [X, Z]=2Y, \quad [Y, Z]=Z.$$

補題 6.16 $\tilde{\mathfrak{g}}_2$ は単純リー環である．

証明 例 6.7 の証明と全く同じであって関係式 (6.5) の代りに (6.30) を用いればよい．（証終）

補題 6.17 $\dim \mathfrak{g}_0=3$ ならば $\mathfrak{g}_0$ は単純である．

証明 $\mathfrak{a}\subset\mathfrak{g}_0$ を $\mathfrak{g}_0$ のイデアルとせよ．$\tilde{\mathfrak{a}}=\mathfrak{a}+\sqrt{-1}\mathfrak{a}\subset\tilde{\mathfrak{g}}_2$ を考えると，$\tilde{\mathfrak{a}}$ は $\tilde{\mathfrak{g}}_2$ のイデアルである．補題 6.16 より $\tilde{\mathfrak{g}}_2$ は単純であるから，$\tilde{\mathfrak{a}}=\{0\}$ または $\tilde{\mathfrak{a}}=\tilde{\mathfrak{g}}_2$．よって，$\mathfrak{a}=\{0\}$ または $\mathfrak{a}=\mathfrak{g}_0$ である．（証終）

補題 6.18 $\dim \mathfrak{g}_0\geq 4$ ならば $\dim \mathfrak{g}_0=6$ である．

証明 $\dim \mathfrak{g}_0=4$ または 5 であるとしよう．注意 6.1 によれば，$\mathfrak{g}_0$ は半単純ではありえない．よって，$\mathfrak{r}$ を $\mathfrak{g}_0$ の根基とすれば，$\mathfrak{r}\neq\{0\}$ である．$\tilde{\mathfrak{r}}=\mathfrak{r}+\sqrt{-1}\mathfrak{r}\subset\tilde{\mathfrak{g}}_2$ を考えると，$\tilde{\mathfrak{r}}$ は $\tilde{\mathfrak{g}}_2$ のイデアルであるから，補題 6.16 により $\tilde{\mathfrak{r}}=\tilde{\mathfrak{g}}_2$ が成立つ．よって $\tilde{\mathfrak{r}}$ は可解かつ単純であるから矛盾である．（証終）

補題 6.19 $\dim \mathfrak{g}_0=6$ なら $\mathfrak{g}_0=\tilde{\mathfrak{g}}_2$ であるが，$\tilde{\mathfrak{g}}_2$ は実リー環と考えても単純である．

証明 $\mathfrak{g}_0$ のイデアル $\mathfrak{a}\neq\{0\}$ をとる．$X_0\in\mathfrak{a}$, $X_0\neq 0$ なる X_0 は $X_0=\alpha X+\beta Y+\gamma Z, \alpha, \beta, \gamma\in\boldsymbol{C}$ とあらわせる．$X_0\neq 0$ であるから，α, β, γ のいずれか，例えば $\alpha\neq 0$ である．いま $X_1=[Y, X_0]$ とおくと $X_1\in\mathfrak{a}$ であって，(6.30) により，$X_1=-\alpha X+\gamma Z$, $[Z, X_1]=2\alpha Y$ が成立ち，かつ $2\alpha Y\in\mathfrak{a}$ である．一方，$[iZ, X_1]=2\alpha iY\in\mathfrak{a}$ であるから，$\alpha Y, i\alpha Y\in\mathfrak{a}$ が得られる．$\alpha\neq 0$ であるから，α と $i\alpha$ とは $\boldsymbol{R}$ 上一次独立である．よって，$Y\in\mathfrak{a}$ が得られ，再び (6.30) を用いると，$X, Z, iX, iZ\in\mathfrak{a}$ となり，$\mathfrak{a}=\mathfrak{g}_0$ となる．（証終）

定理 6.4　D を $\boldsymbol{C}$ の領域とする．$\mathfrak{g}_0$ を $\mathfrak{X}_0(D)$ の有限次元実部分リー環とすれば，

（i）　$\mathfrak{g}_0$ は単純であるか可解であるかのいずれかである．

（ii）　$\mathfrak{g}_0$ が可解であって非可換ならば，$(\mathfrak{g}_0)^{(1)}$ は可換である(定義 6.4)．

証明　$\mathfrak{g}=\mathfrak{g}_0+\sqrt{-1}\mathfrak{g}_0\subset\mathfrak{X}_0(D)$ を考える．

（i）　$\dim\mathfrak{g}_0\leq 2$ ならば命題 6.2 により，$\mathfrak{g}_0$ は可解である．$\mathfrak{g}=\tilde{\mathfrak{g}}_1$ のときは，補題 6.14, 6.15 により，$\mathfrak{g}_0$ は可解である．$\mathfrak{g}=\tilde{\mathfrak{g}}_2$ のときは，補題 6.17, 6.18, 6.19 により $\mathfrak{g}_0$ は単純である．

（ii）　$\mathfrak{g}_0$ が可解であって，非可換であるのは，$\mathfrak{g}=\tilde{\mathfrak{g}}_1$ の場合であって，この場合，補題 6.13, 6.14, 6.15 により，$\mathfrak{g}_0$ は $\mathfrak{h}_1=\left\{\dfrac{\partial}{\partial z}, z\dfrac{\partial}{\partial z}\right\}_{\boldsymbol{R}}$，$\mathfrak{h}_2=\left\{\dfrac{\partial}{\partial z}, i\dfrac{\partial}{\partial z}, \alpha z\dfrac{\partial}{\partial z}\right\}_{\boldsymbol{R}}$，$\mathfrak{h}_3=\left\{\dfrac{\partial}{\partial z}, i\dfrac{\partial}{\partial z}, z\dfrac{\partial}{\partial z}, iz\dfrac{\partial}{\partial z}\right\}_{\boldsymbol{R}}$ のいずれかに同型である．これら3つのリー環 $\mathfrak{h}_i$ $(i=1,2,3)$ に対しては，$(\mathfrak{h}_i)^{(1)}\subset\{\partial/\partial z\}_{\boldsymbol{C}}$ であるから，$(\mathfrak{g}_0)^{(1)}$ は可換である．　(証終)

問　題　6

6.1　$\boldsymbol{R}^n$ の自然な座標系を $\{x_1,\cdots,x_n\}$ とし，$\mathfrak{X}(\boldsymbol{R}^n)$ の部分集合 $\mathfrak{g}=\left\{\sum_{i,j=1}^{n}a_{ij}x_j\dfrac{\partial}{\partial x_j}\middle|a_{ij}\in\boldsymbol{R}\right\}$ を考える．つぎのことを証明せよ：（1）$\mathfrak{g}$ は $\mathfrak{X}(\boldsymbol{R}^n)$ の部分リー環である．（2）$\mathfrak{g}$ と $\mathfrak{gl}(n,\boldsymbol{R})$ とは同型である．

6.2　$\mathfrak{gl}(2,\boldsymbol{C})$ の部分集合 $\mathfrak{g}=\{A\in\mathfrak{gl}(2,\boldsymbol{C})\,|\,A+{}^t\bar{A}=0\}$ （${}^tA$ は A の転置行列）を考える．次のことを証明せよ．

（1）　$\mathfrak{g}$ は $\mathfrak{gl}(2,\boldsymbol{C})$ の実部分リー環である．

（2）　$\mathfrak{h}$ を $\mathfrak{g}$ の部分リー環で $\dim\mathfrak{h}=3$ とすれば，$\mathfrak{h}=\{X\in\mathfrak{g}\,|\,\mathrm{Tr}\,X=0\}=\mathfrak{g}\frown\mathfrak{sl}(2,\boldsymbol{C})$ が成立つ．

6.3　リー環 $\mathfrak{g}$ の根基を $\mathfrak{r}$ とすれば，$\mathfrak{g}/\mathfrak{r}$ は半単純リー環である．

6.4　2次元のリー環 $\mathfrak{g}$ を分類せよ．

7. 位　相　群

7.1 位相群の定義

定義 7.1 $(G, \mu, \mathcal{U})$ が**位相群**(topological group)であるとは，次の条件(i)〜(iii) をみたすときを言う．

(i) (G, μ) は群である(§2.1 参照)，

(ii) $(G, \mathcal{U})$ は位相空間である(定義 3.1)，

(iii) 写像 $\mu: G\times G\to G$, および $\iota: G\to G$ は連続写像である．ただし，$\iota(x)=x^{-1}$ $(x\in G)$．

群乗法 μ と位相 $\mathcal{U}$ を明記する必要のない場合，単に G は位相群であると言う．

例 7.1 $\boldsymbol{R}^n$ は加法 α によって群となり，自然な位相 $\mathcal{U}$ によって位相空間となる．$(\boldsymbol{R}^n, \alpha, \mathcal{U})$ は位相群である．

例 7.2 実数を成分とする n 次正方行列 $A=(a_{ij})$ で行列式 $\det A$ が 0 でないもの全体からなる集合を $GL(n, \boldsymbol{R})$ であらわす．$A, B\in GL(n, \boldsymbol{R})$ に対し，$\mu(A, B)=A\cdot B$ (行列の積) によって群乗法 μ が定義される．一方，$GL(n, \boldsymbol{R})$ の元 A に対し，$f(A)=(a_{11}, a_{12}, \cdots, a_{1n}, a_{21}, \cdots, a_{2n}, \cdots, a_{nn})\in\boldsymbol{R}^{n^2}$ を対応させると，写像 $f: GL(n, \boldsymbol{R})\to\boldsymbol{R}^{n^2}$ は単射であるから，A と $f(A)$ を同一視して，$GL(n, \boldsymbol{R})\subset\boldsymbol{R}^{n^2}$ と考えてよい．従って，$GL(n, \boldsymbol{R})$ には $\boldsymbol{R}^{n^2}$ の位相からの相対位相(定義 3.5)が導入される．$(GL(n, \boldsymbol{R}), \mu, \mathcal{U})$ は位相群である．

$GL(n, \boldsymbol{R})$ を n 次実**一般線型群**(general linear group)とよぶ．同様にして，複素数を成分とする行列式が 0 でない n 次正方行列全体からなる集合を $GL(n, \boldsymbol{C})$ であらわすと，$GL(n, \boldsymbol{C})$ も位相群となる．

命題 7.1 $(G, \mu, \mathcal{U})$ を位相群とし，H を群 (G, μ) の部分群とする．写像 $\mu|(H\times H): H\times H\to H$ を $\mu|H=\mu|(H\times H)$ と書くことにすると，$(H, \mu|H, \mathcal{U}|H)$ は位相群になる．これを位相群 $(G, \mu, \mathcal{U})$ の部分位相群とよぶ

$(\mathcal{U}|H$ については定義 3.5 参照).

証明 定義 7.1 の (i)~(iii) が $(H,\mu|H,\mathcal{U}|H)$ について成立つことは殆んど明かであろう. (証終)

群乗法 $\mu|H$, 位相 $\mathcal{U}|H$ を明記する必要のない場合, 単に H は G の部分位相群であると言う.

例 7.3 $SL(n,\boldsymbol{C})=\{A\in GL(n,\boldsymbol{C})\,|\det A=1\}$ とおくと, $GL(n,\boldsymbol{C})$ の部分群になる. 部分位相群 $SL(n,\boldsymbol{C})$ を特殊線型群(special linear group)とよぶ. 同様に, $SL(n,\boldsymbol{R})=SL(n,\boldsymbol{C})\frown GL(n,\boldsymbol{R})$ は $GL(n,\boldsymbol{R})$ の部分群である.

例 7.4 一般に, $GL(n,\boldsymbol{C})$ の部分位相群のことを**線型群**(linear group)とよぶ. 線型群の典型的なものとして, 次のようなものがある.

$$O(n,\boldsymbol{C})=\{A\in GL(n,\boldsymbol{C})\,|\,A\cdot{}^t\!A=E_n\},\qquad O(n)=O(n,\boldsymbol{C})\frown GL(n,\boldsymbol{R}),$$
$$U(n)=\{A\in GL(n,\boldsymbol{C})\,|\,A\cdot{}^t\!\bar{A}=E_n\},\qquad SO(n)=O(n)\frown SL(n,\boldsymbol{R}),$$
$$SU(n)=U(n)\frown SL(n,\boldsymbol{C}).$$

例 7.5 G_1, G_2 がともに位相群ならば, 直積 $G_1\times G_2$ も自然な方法で, 位相群になる.

定義 7.2 $(G_i,\mu_i,\mathcal{U}_i)$ $(i=1,2)$ を位相群とする. 写像 $f:G_1\to G_2$ が位相群の**準同型写像**であるとは,

(i) $f(\mu_1(x,y))=\mu_2(f(x),f(y))$ $(x,y\in G_1)$,

(ii) f は位相空間 $(G_1,\mathcal{U}_1)$ から $(G_2,\mathcal{U}_2)$ への連続写像である,

をみたすときを言う. (i) は $f(x\cdot y)=f(x)\cdot f(y)$ と書ける.

準同型写像 $f:G_1\to G_2$ がさらに, 位相同型写像でもあるとき, f は位相群 G_1 から G_2 への**同型写像**とよぶ.

$G_1=G_2$ のときは, 自己同型写像とよぶ. G_1 から G_2 への同型写像が少くとも1つ存在するとき, G_1 と G_2 は**同型**であると言い, $G_1\simeq G_2$ と書く. $\simeq$ は同値律をみたす.

7.2 単位元の近傍系

$(G,\mu,\mathcal{U})$ を位相群とする. $\sigma\in G$ に対し, 写像 $L_\sigma:G\to G$ を $L_\sigma(\tau)=\sigma\cdot$

$\tau(=\mu(\sigma,\tau))$ $(\tau\in G)$ によって定義し，L_σ を σ による G の**左移動**(left translation)とよぶ．同様にして，右移動 $R_\sigma:G\to G$ が $R_\sigma(\tau)=\tau\cdot\sigma$ によって定義できる．定義 7.1 (iii) によって，L_σ，R_σ は連続写像である．さらに，$L_\sigma\circ L_{\sigma^{-1}}=L_{\sigma^{-1}}\circ L_\sigma=L_e=1_G$ が成立つ．よって，$L_{\sigma^{-1}}=(L_\sigma)^{-1}$ であるから，L_σ は G から G への位相同型写像である．R_σ についても同様である．従って，$\mathcal{U}'(\sigma)=L_\sigma(\mathcal{U}'(e))$ が成立ち，$\mathcal{U}'(e)$ によって，G の位相がきまるといってよい($\mathcal{U}'(\sigma)$ については定義 3.2 参照)．

G の部分集合 A，B に対し，$A\cdot B=\{a\cdot b|a\in A, b\in B\}$，$A^{-1}=\{a^{-1}|a\in A\}$ とおく．

命題 7.2　$\mathcal{U}'(e)$ は次の条件をみたす．

（1）　$V, W\in\mathcal{U}'(e)$ ならば，$V\frown W\in\mathcal{U}'(e)$，

（2）　$\bigwedge\{V|V\in\mathcal{U}'(e)\}=\{e\}$，

（3）　$V\in\mathcal{U}'(e)$，$W\supset V$ ならば，$W\in\mathcal{U}'(e)$，

（4）　$V\in\mathcal{U}'(e)$ ならば，$W\cdot W\subset V$ をみたす $W\in\mathcal{U}'(e)$ が存在する，

（5）　$\mathcal{U}'(e)=\{V^{-1}|V\in\mathcal{U}'(e)\}$，

（6）　任意の $\sigma_0\in G$ に対し，$\mathcal{U}'(e)=\{\sigma_0V\sigma_0{}^{-1}|V\in\mathcal{U}'(e)\}$．

証明　（1），（3）は $\mathcal{U}$ が G の位相であることより明らか．（2）は $(G, \mathcal{U})$ がハウスドルフ空間であることよりわかる．（4）は定義 7.1 (iii) の μ の連続性，（5）は ι の連続性による．（6）は $L_{\sigma_0}\circ R_{\sigma_0{}^{-1}}$ が位相同型写像であることによる．　　（証終）

逆に，次の定理が証明できる．

定理 7.1　群 (G,μ) の部分集合の族 $\mathcal{U}_0\subset\mathcal{P}(G)$ が上の条件（1）〜（6）を($\mathcal{U}'(e)$ の代りに $\mathcal{U}_0$ をとって)みたすならば，G の位相 $\mathcal{U}$ であって，

（i）　$(G,\mu,\mathcal{U})$ は位相群，

（ii）　$\mathcal{U}'(e)=\mathcal{U}_0$

をみたすものが存在する．

証明　G の部分集合 U であって，$U\ni\sigma$ ならば $\sigma V\subset U$ をみたす $V\in\mathcal{U}_0$ が存在するような U 全体からなる集合を $\mathcal{U}$ とおき，$\mathcal{U}$ が求める位相であ

ることを示そう．$G\in\mathcal{U}$，$\phi\in\mathcal{U}$ は明か．$U_\alpha\in\mathcal{U}(\alpha\in A)$ ならば，$\bigcup_{\alpha\in A}U_\alpha\in\mathcal{U}$ であることも，$\mathcal{U}$ の定義より明か．

$U, U'\in\mathcal{U}$ なら $U\frown U'\in\mathcal{U}$ であることは性質（1）による．よって，$\mathcal{U}$ は G の位相であることがわかった．また，任意の $\sigma\in G$ と $V\in\mathcal{U}_0$ に対し，$\sigma V\in\mathcal{U}$ である．

$(G,\mathcal{U})$ がハウスドルフ空間であることを示すため，$V\in\mathcal{U}_0$ に対し，

$$U=\{\sigma\in G|\sigma V_1\subset V \text{ をみたす } V_1\in\mathcal{U}_0 \text{ がある}\}$$

とおく．$U\in\mathcal{U}$ であることを示そう．$\sigma\in U$ とすると，$\sigma V_1\subset V$ をみたす $V_1\in\mathcal{U}_0$ があるから，この V_1 に対し，（4）によって，$W\cdot W\subset V_1$ をみたす $W\in\mathcal{U}_0$ がとれる．$\sigma W\cdot W\subset V$ であるから，$\sigma W\subset U$ となる．即ち，$U\in\mathcal{U}$ がわかった．特に，$U\subset V$ であるから，任意の $V\in\mathcal{U}_0$ に対し，$U\subset V$ をみたす $U\in\mathcal{U}$ の存在がわかった．

一方，$U\in\mathcal{U}$，$\sigma\in G$ ならば，$\sigma U\in\mathcal{U}$ であることも明かである．よって，任意の $V\in\mathcal{U}_0$，$\sigma\in G$ に対し，

(7.1)
$$\sigma\in U\subset\sigma V$$

をみたす $U\in\mathcal{U}$ の存在がわかった．

つぎに，$\sigma,\tau\in G$，$\sigma\neq\tau$ としよう．$\tau^{-1}\sigma\neq e$ であるから，（2）によって，$\tau^{-1}\sigma\notin V\in\mathcal{U}_0$ をみたす V がある．この V に対し，$WW^{-1}\subset V$ をみたす $W\in\mathcal{U}_0$ が存在することは（4），（5），（1）による．この W に対し $\sigma W\frown\tau W=\phi$ であることが容易にわかるから，$\sigma\in U\subset\sigma W$，$\tau\in U'\subset\tau W$ をみたす $U, U'\in\mathcal{U}$ をとれば，$U\frown U'=\phi$ となって，$(G,\mathcal{U})$ はハウスドルフ空間であることがわかった．

$\mathcal{U}'(e)=\mathcal{U}_0$ を証明しよう．$U\in\mathcal{U}'(e)$ ならば，$e\in V\subset U$ をみたす $V\in\mathcal{U}$ がとれる．$\mathcal{U}$ の定義より $eW\subset V$ をみたす $W\in\mathcal{U}_0$ がある．$W\subset U$ であるから（3）により，$U\in\mathcal{U}_0$ である．よって $\mathcal{U}'(e)\subset\mathcal{U}_0$．逆に，$V\in\mathcal{U}_0$ とすると，すでにのべたように，$U\subset V$ をみたす $U\in\mathcal{U}$ がとれる．$U\in\mathcal{U}(e)$ であるから，$V\in\mathcal{U}'(e)$ である．よって $\mathcal{U}_0\subset\mathcal{U}'(e)$，従って $\mathcal{U}'(e)=\mathcal{U}_0$ が証明された．

つぎに，$\mu:G\times G\to G$ が位相 $\mathcal{U}$ に関し連続であることを証明しよう．

$\sigma,\tau\in G$ を任意にとり，$\sigma\cdot\tau\in U\in\mathcal{U}$ をみたす U を任意にとる．$U_1\cdot U_2\subset U$ をみたす $U_1\in\mathcal{U}(\sigma)$，$U_2\in\mathcal{U}(\tau)$ の存在を示そう．$\sigma\cdot\tau\in U$ であるから $\mathcal{U}$ の定義から，$\sigma\tau V\subset U$ をみたす $V\in\mathcal{U}_0$ がとれる．(4) より，$W\cdot W\subset V$ をみたす $W\in\mathcal{U}_0$ がある．$W_1=\tau W\tau^{-1}$ とおくと (6) より，$W_1\in\mathcal{U}_0$ である．これら W, W_1 に対し (7.1) より，$\sigma\in U_1\subset\sigma W_1$，$\tau\in U_2\subset\tau W$ をみたす $U_1, U_2\in\mathcal{U}$ がとれる．$U_1\cdot U_2\subset\sigma W_1\tau W=\sigma(\tau W\tau^{-1})\tau W=\sigma\tau WW\subset\sigma\tau V\subset U$．よって $U_1\cdot U_2\subset U$ をみたす $U_1\in\mathcal{U}(\sigma)$，$U_2\in\mathcal{U}(\tau)$ の存在が証明された．

終りに，$\iota:G\to G$ の連続性を証明しよう．$\sigma\in G$ をとり，$\sigma^{-1}=\tau$ とおく．任意の $U\in\mathcal{U}(\tau)$ に対し，$W^{-1}\subset U$ をみたす $W\in\mathcal{U}(\sigma)$ の存在を示せばよい．$\tau\in U\in\mathcal{U}$ であるから，$\tau V\subset U$ をみたす $V\in\mathcal{U}_0$ がある．この V に対し，$\sigma^{-1}V^{-1}\sigma\in\mathcal{U}_0$ であるから，(7.1) より，

$$\sigma\in W\subset\sigma(\sigma^{-1}V^{-1}\sigma)=V^{-1}\sigma$$

をみたす $W\in\mathcal{U}(\sigma)$ が存在する．この W に対し，

$$W^{-1}\subset\sigma^{-1}V=\tau V\subset U.$$

（証終）

定義 7.3 位相群 $(G,\mu,\mathcal{U})$ が**局所コンパクト群**(locally compact group) であるとは，コンパクトな $V\in\mathcal{U}'(e)$ が存在するときを言う．

7.3 連結位相群

定義 7.4 $(G,\mu,\mathcal{U})$ を位相群とする．$(G,\mathcal{U})$ が連結位相空間であるとき，G は連結(位相)群であると言う．

定理 7.2 $(G,\mu,\mathcal{U})$ を連結群とする．任意の $U\in\mathcal{U}(e)$ をとると，群 G は U によって生成される．即ち，$U^1=U$, $U^\nu=(U^{\nu-1})U$ $(\nu=2,3,\cdots)$ とおくと，

$$G=\bigcup_{\nu=1}^{\infty}U^\nu. \qquad \text{（シュライエル(Schreier)の定理）}$$

証明 $V=U\frown U^{-1}$, $H=\bigcup_{\nu=1}^{\infty}V^\nu$ とおく．まず，H は G の部分群である．

何故なら，$\sigma, \tau \in H$ ならば $\sigma \in V^{\mu}$，$\tau \in V^{\nu}$ であるから $\sigma \cdot \tau \in V^{\mu+\nu} \subset H$，$\sigma^{-1} \in (V^{\mu})^{-1} = (V^{-1})^{\mu} = V^{\mu} \subset H$ となるからである．つぎに $H \in \mathcal{U}$ である．何故なら，$V \in \mathcal{U}(e)$ であるから $V \cdot \sigma \in \mathcal{U}$ $(\sigma \in G)$ がわかり $V^{\nu} = \bigcup \{V \cdot \sigma | \sigma \in V^{\nu-1}\} \in \mathcal{U}$．従って，$H = \bigcup V^{\nu} \in \mathcal{U}$ となる．一方 H は閉集合でもある．何故なら $G = H \smile \bigcup \{\sigma \cdot H | \sigma \in G, \sigma \notin H\}$ であるから，H は開集合 $\bigcup \{\sigma H | \sigma \in G, \sigma \notin H\}$ の補集合であるから閉集合である．G は連結であるから $G = H$．$H \subset \bigcup U^{\nu}$ も明かだから $G = \bigcup U^{\nu}$ が成立つ．（証終）

定理 7.3 G を位相群とし，G_0 を e を含む $(G, \mathcal{U})$ の連結成分（定義 3.17）とすれば，G_0 は G の正規閉部分群である．即ち，$\sigma \in G$ に対し $\sigma G_0 \sigma^{-1} = G_0$．

証明 $\sigma \in G_0$ なら，σG_0 は，G_0 と対応 $\tau \to \sigma\tau$ によって位相同型であるから，連結である．$\sigma G_0 \frown G_0 \ni \sigma$ であるから，$\sigma G_0 \smile G_0$ も連結である（補題 3.4）．従って $G_0 \supset \sigma \cdot G_0$．よって，$G_0 \supset G_0 \cdot G_0$ が言えた．G_0^{-1} も G_0 と対応 $\sigma \to \sigma^{-1}$ によって位相同型であるから連結で，$G_0 \frown G_0^{-1} \ni e$ であるから，$G_0 \smile G_0^{-1}$ も連結，従って $G_0 \supset G_0^{-1}$．これで，G_0 が G の部分群であることがわかった．

つぎに，$\sigma \in G$ とすると，$\sigma G_0 \sigma^{-1}$ は，G_0 と対応 $\tau \to \sigma\tau\sigma^{-1}$ によって位相同型であるから，連結である．$G_0 \frown (\sigma G_0 \sigma^{-1}) \ni e$ であるから，$G_0 \smile (\sigma G_0 \sigma^{-1})$ も連結である．よって，$G_0 \supset \sigma G_0 \sigma^{-1}$．即ち G_0 は正規部分群である．G_0 が閉集合であることは定理 3.4 による．（証終）

命題 7.3 $(G, \mu, \mathcal{U})$ を連結群とする．ある $U \in \mathcal{U}(e)$ が可算公理（定義 5.6）をみたせば，G も可算基をもつ．

証明 U は可算基をもつから，可算集合 $\{\tau_n\} \subset U$ があって，$\{\tau_n\}$ は U で稠密であるとしてよい．$\{\tau_n\}$ によって生成される G の部分群を D とすると D は可算集合であるから，$G = \bigcup_{\delta \in D} \delta U^{-1}$ が言えれば十分である．さて，$\sigma \in G$ をとると，定理 7.2 により，$\sigma = \sigma_1 \cdots \sigma_N$，$\sigma_i \in U$ と書ける．$\{\tau_n\}$ は U で稠密であるから，$\tau_{k_n(i)} \in \{\tau_n\}$ があって，$\lim_{n \to \infty} \tau_{k_n(i)} = \sigma_i$ とあらわせる．$\lim_{n \to \infty} \tau_{k_n(1)} \cdots \tau_{k_n(N)} = \sigma$ であるから，n を十分大にとれば，$\delta = \tau_{k_n(1)} \cdots \tau_{k_n(N)} \in \sigma U$．$\delta \in D$ であるから，$\sigma \in \delta U^{-1}$ が成立つ．（証終）

系 7.1 連結群 G の単位元の近傍 U であって，$\boldsymbol{R}^n$ の開集合と同相なものがあれば，G は可算基をもつ．

7.4 位相変換群

$(G, \mu, \mathcal{U})$ を位相群とし，H を G の閉部分群とする．$\sigma \in G$ に対し，$\bar{\sigma} = \sigma H$ とおく．集合 $\{\bar{\sigma} | \sigma \in G\}$ を G/H であらわし，G の H による商集合(factor set)とよぶ．写像 $\pi: G \to G/H$ を $\pi(\sigma) = \bar{\sigma}\,(\sigma \in G)$ によって定義し，G/H に位相 $\bar{\mathcal{U}}$ を次のように定義する．

$$\bar{\mathcal{U}} = \{\bar{U} | \bar{U} \subset G/H, \pi^{-1}(\bar{U}) \in \mathcal{U}\}.$$

$\bar{\mathcal{U}}$ は定義 3.1 の条件 (i)〜(iii) をみたすことは明か．

命題 7.4 $(G/H, \bar{\mathcal{U}})$ はハウスドルフ空間である．

証明 まず π は開写像である(即ち，開集合の像は常に開集合である)．何故なら，$U \in \mathcal{U}$ に対し，$\pi^{-1}(\pi(U)) = U \cdot H = \bigcup_{\tau \in H} U \cdot \tau \in \mathcal{U}$ であるから，$\pi(U) \in \bar{\mathcal{U}}$ である．つぎに，$x, y \in G/H$, $x \neq y$ とせよ．$\sigma \in \pi^{-1}(x)$, $\tau \in \pi^{-1}(y)$ をとると，$\sigma^{-1}\tau \notin H$ であって，かつ H は G の閉集合であるから，$W = G - H$ とおくと，$W \in \mathcal{U}(\sigma^{-1}\tau)$ である．写像 μ, ι が連続であることより，$U^{-1}V \subset W$ をみたす $U \in \mathcal{U}(\sigma)$, $V \in \mathcal{U}(\tau)$ がとれる．$\pi(U) \in \bar{\mathcal{U}}(x)$, $\pi(V) \in \bar{\mathcal{U}}(y)$ であるから，$\pi(U) \frown \pi(V) = \phi$ を示せばよい．$z \in \pi(U) \frown \pi(V)$ とせよ．$\pi(\rho) = z$, $\rho \in G$ なる ρ をとる．$z \in \pi(U) \frown \pi(V)$ だから，$\pi(\sigma_1) = \pi(\tau_1) = z$ をみたす $\sigma_1 \in U$, $\tau_1 \in V$, 従って，$\sigma_1 = \rho\sigma_2$, $\tau_1 = \rho\tau_2$ をみたす $\sigma_2, \tau_2 \in H$ がとれる．$\sigma_1{}^{-1} \cdot \tau_1 = (\rho\sigma_2)^{-1}(\rho\tau_2) = \sigma_2{}^{-1}\tau_2 \in H$ であるが，一方，$\sigma_1{}^{-1}\tau_1 \in U^{-1}V \subset W = G - H$ である．これは矛盾である．　(証終)

定義 7.5 G を位相群，M を位相空間とする．(G, ρ) が M の**位相変換群** (topological transformation group) であるとは，写像 $\rho: G \times M \to M$ が次の条件をみたすときを言う．

(1) ρ は直積位相空間 $G \times M$ から位相空間 M への連続写像である，

(2) $\rho(\sigma, \rho(\tau, x)) = \rho(\sigma\tau, x)$　$(\sigma, \tau \in G, x \in M)$,

(3) $\rho(e, x) = x$, $x \in M$ (e は G の単位元)．

さらに，次の（4）をみたすとき，G は**推移的**(transitive)であるとよぶ．

（4） $x, y \in M$ に対し $\sigma \in G$ が存在して，$\rho(\sigma, x) = y$.

ρ を明記する必要のない場合，単に G は M の位相変換群であると言う．また記号を簡略にするため，$\rho(\sigma, x) = \sigma \cdot x$ と書く．（2）は $\sigma \cdot (\tau \cdot x) = (\sigma\tau) \cdot x$ と書ける．

命題 7.5 H を位相群 G の閉部分群とする．写像 $\rho: G \times (G/H) \to G/H$ を $\rho(\sigma, \tau H) = (\sigma\tau)H$ で定義すれば，(G, ρ) は G/H の推移的位相変換群である．

証明 定義 7.5 の（2），（3），（4）をみたすことは明か．（1）をみたすことも，G/H の位相の入れ方から容易にたしかめられる． （証終）

逆に，次の定理が証明できる．

定理 7.4 (G, ρ) を位相空間 M の位相変換群とする．このとき，1 点 $p \in M$ を固定し，$H = \{\sigma \in G | \sigma \cdot p = p\}$ とおくと，H は G の閉部分群である．さらに，M が局所コンパクトであって，G が推移的かつ可算公理(定義 5.6)をみたす局所コンパクト群とすれば，$\varphi(\sigma H) = \sigma \cdot p$ によって定義される写像 $\varphi: G/H \to M$ は位相同型写像である．

証明 H が G の部分群であることは，定義 7.5（2），（3）を用いて容易にたしかめられる．つぎに写像 $\psi: G \to M$ を $\psi(\sigma) = \sigma \cdot p$ で定義すると（1）より ψ は連続写像であって，$\psi^{-1}(\{p\}) = H$ であることより，H は G の閉集合である．

さて，$\sigma H = \tau H$ ならば，$\sigma^{-1}\tau \in H$，ゆえに $(\sigma^{-1}\tau) \cdot p = p$，よって，$\sigma \cdot p = \tau \cdot p$ となるから，$\varphi: G/H \to M$ が矛盾なく定義できる．つぎに φ が連続であることを示そう．

$\bar{\sigma} \in G/H$ において，φ が連続であることを証明しよう．$\sigma \cdot p$ の近傍 U をとると，ψ が連続だから，σ の近傍 V が存在して，$\psi(V) \subset U$ とできる．$\varphi(\pi(V)) = \psi(V) \subset U$ であって，$\pi(V)$ は $\bar{\sigma}$ の近傍であるから，φ が $\bar{\sigma}$ で連続であることがわかった．G は M に推移的であるから，φ は全射である．また，H の定義より，φ は単射でもある．従って，φ が開写像であることを示せば，φ は位相同型となって証明は終る．

V を G の開集合とし，$\sigma \in V$ とせよ．$\varphi(\pi(V))$ が $\varphi(\bar{\sigma})$ の近傍を含むことを証明すればよい．

e の G におけるコンパクトな近傍 U であって，$U=U^{-1}$，$\sigma U^2 \subset V$ をみたすものをとる．G は可算公理をみたすから，G には可算集合 $\{\sigma_n\}$ が存在して，$G=\bigcup_{\sigma=1}^{\infty}\sigma_n U$とかける．従って，$M=\bigcup_{n=1}^{\infty}(\sigma_n U)\cdot p$ が成立つ．$(\sigma_n U)\cdot p=\psi(\sigma_n U)$ はコンパクトな集合 $\sigma_n U$ の像であるから，コンパクト，従って M の閉集合である(定理 3.7)．よって，定理 3.11 により，ある n が存在して，$(\sigma_n U)\cdot p$ は開集合 W を含む．よって，$U\cdot p$ も開集合 $W'(=\sigma_n{}^{-1}W)$ を含む．いま，$\sigma_1 p \in W'(\sigma_1 \in U)$ なる点を任意にとると，

$$\varphi(\bar{\sigma})=\sigma\cdot p \in \sigma\sigma_1{}^{-1}W' \subset \sigma U\cdot W' \subset \sigma U^2\cdot p \subset V\cdot p=\varphi(\pi(V)).$$

よって，$\varphi(\pi(V))$ は $\varphi(\bar{\sigma})$ の近傍 $\sigma\sigma_1{}^{-1}W'$ を含む．　　　　(証終)

系 7.2　コンパクト位相変換群 G が M に推移的に作用すれば，定理 7.4 における写像 $\varphi: G/H \to M$ は位相同型写像である．

証明　$\varphi: G/H \to M$ は一般に全単射連続写像であった．G がコンパクトだから $G/H=\pi(G)$ もコンパクト(定理 3.8)．よって φ は位相同型写像である．

(証終)

例 7.6　例 7.4 の $O(n)$ はコンパクト群である．何故なら，$A \in O(n)$ であるためには，$A\cdot{}^tA=E_n$ であるから，

$$\sum_{j=1}^{n} a_{ij}a_{kj}=\delta_{ik} \qquad (i, k=1, \cdots, n)$$

であることが必要十分である．ただし $A=(a_{ij})$．よって $O(n)$ は $\boldsymbol{R}^{n^2}$ の閉集合と考えられる．さらに，$i=k$ のときの条件 $\sum_{j=1}^{n} a_{ij}{}^2=1$ より $|a_{ij}| \leq 1$ $(i, j=1, \cdots, n)$ を得て，$O(n)$ は $\boldsymbol{R}^{n^2}$ の有界閉集合であることがわかり，従って，コンパクトである．$O(n)$ が S^{n-1} に推移的に作用する位相変換群であることも容易にわかる．また，点 $p=(1, 0, \cdots, 0) \in S^{n-1}$ をとると，$H=\{A \in O(n) \mid A\cdot p=p\}=\left\{\begin{pmatrix}1 & 0\\ 0 & A'\end{pmatrix}\middle| A' \in O(n-1)\right\} \simeq O(n-1)$ である．よって，系 7.2 により，$S^{n-1} \simeq O(n)/O(n-1)$ と考えてよい．

7.5 ハール測度

$G=(G,\mu,\mathcal{U})$ を可算公理をみたすコンパクト位相群とする．この節では，G 上のハール測度の存在を証明する．G 上の実数値連続関数全体からなる集合を $C^0(G)$ であらわし，G の有限部分集合全体からなる集合を $\mathcal{P}_0(G)$ であらわす．$C^0(G)$ は自然な方法で，実ベクトル空間となっている．$f\in C^0(G)$ と $a\in G$ に対し，$f^a, f_a\in C^0(G)$ を

$$f^a(x)=f(x\cdot a),\qquad f_a(x)=f(a\cdot x)\qquad (x\in G)$$

によって定義する．

定義 7.6 写像 $H:C^0(G)\to\boldsymbol{R}$ が G 上の**ハール測度**(Haar measure)であるとは，次の条件（1）～（4）をみたすときを言う．

（1） H は線型写像である，

（2） $f\in C^0(G)$，$f(x)\geq 0$ $(x\in G)$ ならば，$H(f)\geq 0$,

（3） $f(x)\equiv 1$ $(x\in G)$ ならば，$H(f)=1$,

（4） $f\in C^0(G)$，$a\in G$ ならば，$H(f^a)=H(f)$.

定理 7.5 可算公理をみたすコンパクト群 G 上にはハール測度 $H:C^0(G)\to\boldsymbol{R}$ がただ1つ存在する．さらに，H は次の（5）をみたす．

（5） $f\in C^0(G)$，$a\in G$ ならば $H(f_a)=H(f)$.

まず，補題を6つ準備する．そのため，まず定義から始めよう．

定義 7.7 （i） 位相群 $G=(G,\mu,\mathcal{U})$ の部分集合 D で定義された関数の列 $\{f_\nu\}$ が，**同程度一様連続**(uniformly equicontinuous)であるとは，任意の $\varepsilon>0$ に対し，$U\in\mathcal{U}(e)$ が存在して，$x\cdot y^{-1}\in U$ をみたす任意の $x, y\in D$ に対し，

$$|f_\nu(x)-f_\nu(y)|<\varepsilon$$

がすべての ν に対し成立つときを言う．

（ii） 関数列 $\{f_\nu\}$ が D 上で**一様有界**(uniformly bounded)であるとは，正数 N が存在して，$|f_\nu(x)|\leq N$ がすべての $x\in D$ とすべての ν に対し成立つときを言う．

補題 7.1 位相群 G の可算公理をみたすコンパクト部分集合 K で定義され

た関数の列 $\{f_\nu\}$ が K 上で一様有界かつ同程度一様連続ならば，適当な部分列 $\{f_{\nu_k}\}$ をとると，K 上で一様収束する．

（**アスコリ-アルゼラ**(Ascoli-Arzelà)**の定理**）

証明　K の可算個の点からなる集合 $A=\{p_\nu\}$ であって，$\bar{A}=K$ をみたすものをとる．数列 $\{f_\nu(p)\}\subset \boldsymbol{C}$ は有界無限数列であるから，適当な部分列 $\{f_{1,\nu}(p_1)\}_{\nu=1}^{\infty}$ は収束する．数列 $\{f_{1,\nu}(p_2)\}_{\nu=1}^{\infty}$ も有界であるから，$\{f_{1,\nu}(p_2)\}$ の適当な部分列 $\{f_{2,\nu}(p_2)\}$ は収束する．以下，この操作をくりかえすと，$\{f_{\mu,\nu}(p_{\mu+1})\}_{\nu=1}^{\infty}$ の部分列 $\{f_{\mu+1,\nu}(p_{\mu+1})\}_{\nu=1}^{\infty}$ は収束するように $\{f_{\mu,\nu}\}$ がとれる．$f_{k,k}=f_{\nu_k}$ とおくと，$\{f_{\nu_k}\}$ が求めるものであることを証明しよう．

まず，数列 $\{f_{\nu_k}(p_\mu)\}_{k=\mu}^{\infty}$ は $\{f_{\mu,\nu}(p_\mu\}_{\nu=1}^{\infty}$ の部分列であるから，$\{f_{\nu_k}(p_\mu)\}_{k=1}^{\infty}$ は収束する．

つぎに，$\{f_{\nu_k}\}$ は K 上で一様収束することを示そう．

任意の $\varepsilon>0$ に対し，$U\in\mathcal{U}(e)$ が存在して，$x, y\in K$，$xy^{-1}\in U$ ならば，$|f_\nu(x)-f_\nu(y)|<\varepsilon/3$ $(\nu=1, 2, \cdots)$ である．$V^{-1}\cdot V\subset U$ をみたす $V\in\mathcal{U}(e)$ をとる．

$\bigcup_{w\in K}w\cdot V\supset K$ であるから，有限個の $w_1, \cdots, w_m\in K$ が存在して，$K\subset\bigcup_{i=1}^{m}w_i\cdot V$．一方 $A=\{p_\nu\}$ は K で稠密であるから，各 $i=1, 2, \cdots, k$ に対し，$p_{\mu_i}\in w_iV\frown K$ なる点 p_{μ_i} がある．数列 $\{f_{\nu_k}(p_{\mu_i})\}_{k=1}^{\infty}$ $(i=1, \cdots, m)$ は収束するから，自然数 N_0 を十分大にとれば，

$$|f_{\nu_k}(p_{\mu_i})-f_{\nu_j}(p_{\mu_i})|<\frac{\varepsilon}{3}$$

がすべての $i=1, 2, \cdots, m$; $k, j\geq N_0$ に対し成立つ．

さて，任意の $p\in K$ に対しては，$p\in w_i\cdot V$ なる $i\leq m$ があるから，任意の $k, j\geq N_0$ に対し，

$$|f_{\nu_k}(p)-f_{\nu_j}(p)|\leq|f_{\nu_k}(p)-f_{\nu_k}(p_{\mu_i})|$$
$$+|f_{\nu_k}(p_{\mu_i})-f_{\nu_j}(p_{\mu_i})|+|f_{\nu_j}(p_{\mu_i})-f_{\nu_j}(p)|<\varepsilon.$$

よって，$\{f_{\nu_k}\}_{k=1}^{\infty}$ は K 上で一様収束である．　　(証終)

以下，G は定理 7.5 の仮定をみたすとする．

補題 7.2 $f\in C^0(G)$ と $A=\{a_1,\cdots,a_k\}\in\mathcal{P}_0(G)$ に対し，$M_A(f)=1/k\sum_{i=1}^{k}f^{a_i}$，$M_A'(f)=1/k\sum_{i=1}^{k}f_{a_i}$ とおく．

$A,B\in\mathcal{P}_0(G)$，$f\in C^0(G)$ に対し，

$$M_A(M_B(f))=M_{AB}(f),\qquad M_A'(M_B'(f))=M_{BA}'(f), \tag{7.2}$$

$$M_A(M_B'(f))=M_B'(M_A(f)) \tag{7.3}$$

が成立つ．

証明 容易に検証される． (証終)

補題 7.3 $f\in C^0(G)$ に対し，$S(f)=\underset{x\in G}{\mathrm{Max}}\,f(x)-\underset{x\in G}{\mathrm{Min}}\,f(x)$ とおく(定理3.10 参照)．もし，f が定数でなければ，ある $A\in\mathcal{P}_0(G)$ が存在して，

$$S(M_A(f))<S(f). \tag{7.4}$$

証明 $k=\underset{x\in G}{\mathrm{Min}}\,f(x)$，$l=\underset{x\in G}{\mathrm{Max}}\,f(x)$ とおくと，$k<l$ である．よって，ある開集合 $U\in\mathcal{U}$ が存在して，

$$f(x)\leq h<l\qquad(x\in U)$$

が成立つ．G はコンパクトであるから，$\bigcup_{i=1}^{N}U\cdot a_i^{-1}=G$ をみたす $A=\{a_1,\cdots,a_N\}\in\mathcal{P}_0(G)$ がとれる．このとき，任意の $x\in G$ に対し，$x\in Ua_i^{-1}$ をみたす $i\leq N$ があるから，

$$\mathrm{Max}((M_A(f))(x))\leq\frac{((N-1)l+h)}{N}<l$$

が成立つ．一方，$\mathrm{Min}((M_A(f))(x))\geq k$ は明かであるから (7.4) が成立つ．

(証終)

補題 7.4 任意の $f\in C^0(G)$ に対し，$r\in\boldsymbol{R}$ が存在して，次の条件をみたす：

任意の $\varepsilon>0$ に対し，$A\in\mathcal{P}_0(G)$ が存在して，

$$|(M_A(f))(x)-r|<\varepsilon\qquad(x\in G)$$

をみたす．

この r を f の(1つの)右平均(right mean)とよぶ．

証明 $\varDelta=\{M_A(f)\mid A\in\mathcal{P}_0(G)\}\subset C^0(G)$ とおく．$\underset{x\in G}{\mathrm{Min}}\,f(x)=m$，$\underset{x\in G}{\mathrm{Max}}\,f(x)=l$ とおけば，明かに $m\leq(M_A(f))(x)\leq l$ であるから $\varDelta$ は一様有界である．つぎに，$\varDelta$ は同程度一連続であることを示そう．

G はコンパクトであるから，任意の $\varepsilon>0$ に対し，$V\in\mathcal{U}(e)$ が存在して，$|f(x)-f(y)|<\varepsilon$ $(xy^{-1}\in V)$ としてよい．よって，任意の $a\in G$ に対し，$|f(x\cdot a)-f(y\cdot a)|<\varepsilon$ $(xy^{-1}\in V)$ が成立つから，

$$|(M_A(f))(x)-(M_A(f))(y)|<\varepsilon \qquad (xy^{-1}\in V)$$

が成立つ．よって $\varDelta$ は同程度一様連続である．

つぎに，

$$s=\inf\{S(g)\,|\,g\in\varDelta\} \tag{7.5}$$

とおくと，関数列 $\{f_\nu\}\subset\varDelta$ が存在して，$\lim_{\nu\to\infty}S(f_\nu)=s$ となる．

$\varDelta$ は一様有界かつ同程度一様連続であるから，補題 7.1 により，$\{f_\nu\}$ の部分列 $\{g_\nu\}$ が存在して，g_ν はある $g\in C^0(G)$ に一様収束する．$S(g)=s$ は明かである．

g は定数であること(即ち，$s=0$)を示そう．

$s\neq0$ とせよ．補題 7.3 により，$A=\{a_1,\cdots,a_N\}\in\mathcal{P}_0(G)$ が存在して，

$$S(M_A(g))=s'<s \tag{7.6}$$

が成立つ．いま $\varepsilon=(s-s')/3$ とおくと，$|g(x)-g_k(x)|<\varepsilon$ $(x\in G)$ をみたす k が存在する．よって，

$$|g(x\cdot a_i)-g_k(x\cdot a_i)|<\varepsilon \qquad (i=1,2,\cdots,N).$$

従って，

$$|(M_A(g))(x)-(M_A(g_k))(x)|<\varepsilon \qquad (x\in G) \tag{7.7}$$

が成立つ．(7.6) と (7.7) により，

$$S(M_A(g_k))\leq s'+2\varepsilon<s \tag{7.8}$$

となり，$M_A(g_k)\in\varDelta$ に注意すると，(7.5) と (7.8) とは相反する．よって $s=0$ でなければならない．

g は定数であるから，その定数を r とする．

任意の $\varepsilon>0$ に対し，$|g_n(x)-r|=|g_n(x)-g(x)|<\varepsilon(x\in G)$ をみたす n がとれる．$g_n\in\varDelta$ であったから，補題 7.4 は証明された． (証終)

補題 7.5 任意の $f\in C^0(G)$ に対し，$q\in\boldsymbol{R}$ が存在して，次の条件をみたす：

任意の $\varepsilon>0$ に対し，$A\in\mathscr{P}_0(G)$ が存在して，

$$|(M_A'(f))(x)-q|<\varepsilon \qquad (x\in G)$$

をみたす．

この q を f の(1つの)**左平均**(left mean)とよぶ．

証明 写像 $\mu':G\times G\to G$ を $\mu'(x,y)=\mu(y,x)$ で定義すれば，$(G,\mu',\mathcal{U})$ もコンパクト位相群である．この位相群に対し，$f\in C^0(G)$ の右平均 r が存在するが，$(G,\mu,\mathcal{U})$ に関しては，r は f の左平均である． (証終)

補題 7.6 $f\in C^0(G)$ の右平均 r も左平均 q もただ1つであって，$r=q$ が成立つ．

証明 任意の $\varepsilon>0$ に対し，$A,B\in\mathscr{P}_0(G)$ が存在して，

$$|(M_A(f))(x)-r|<\varepsilon, \tag{7.9}$$

$$|(M_B'(f))(x)-q|<\varepsilon, \tag{7.10}$$

$(x\in G)$

が成立つ(補題7.4, 7.5)．$A=\{a_1,\cdots,a_m\}$，$B=\{b_1,\cdots,b_n\}$ とするとき，(7.9) において，x に xb_j を代入して和をとり n で割ると，

$$|(M_B'(M_A(f)))(x)-r|<\varepsilon$$

を得る．同様に (7.10) から

$$|(M_A(M_B'(f))(x)-q|<\varepsilon$$

が得られる．ε は任意であったから，(7.3) を用いると $r=q$ が得られる．このことから右平均，左平均の一意性も証明された． (証終)

定理 7.5 の証明 $f\in C^0(G)$ に対し，その存在と一意性の証明された f の右平均 r を $r=H(f)$ とおく．

まず，$B\in\mathscr{P}_0(G)$，$f\in C^0(G)$ に対し，$H(M_B(f))=H(f)$ を証明しよう．

$H(f)=r$ とおくと，任意の $\varepsilon>0$ に対し，$C\in\mathscr{P}_0(G)$ が存在して，$|M_C'(f)(x)-r|<\varepsilon$ $(x\in G)$ をみたす．よって，$|M_B(M_C'(f)(x)-r|<\varepsilon$ $(x\in G)$，即ち，

$$|M_C'(M_B(f))(x)-r|<\varepsilon \qquad (x\in G)$$

をみたす．よって，r は $M_B(f)$ の左平均である．即ち $r=H(M_B(f))$．よって，$H(M_B(f))=H(f)$．

つぎに，$f, g \in C^0(G)$ に対し，

$$H(f+g)=H(f)+H(g)$$

を証明しよう．

$H(f)=r$，$H(g)=q$ とおく．任意の $\varepsilon>0$ に対し，$B\in\mathcal{P}_0(G)$ が存在して，$|M_B(g)(x)-q|<\varepsilon$ $(x\in G)$．よって，任意の $A'\in\mathcal{P}_0(G)$ に対し $|M_{A'}(M_B(g))(x)-q|<\varepsilon$ $(x\in G)$，即ち，

$$(7.11)\qquad |(M_{A'B}(g))(x)-q|<\varepsilon \qquad (x\in G)$$

が成立つ．

一方，r は $M_B(f)$ の右平均でもあったから，$A\in\mathcal{P}_0(G)$ が存在して，$|M_A(M_B(f))(x)-r|<\varepsilon$ $(x\in G)$，即ち

$$(7.12)\qquad |M_{AB}(f)(x)-r|<\varepsilon \qquad (x\in G).$$

(7.11) を $A'=A$ に用い，(7.12) を組合せると，

$$|M_{AB}(f+g)(x)-(r+q)|<2\varepsilon \qquad (x\in G)$$

となり，これは $r+q$ が $f+g$ の右平均であることを示している．即ち，$r+q=H(f+g)$ が証明された．

$f\in C^0(G)$，$\alpha\in\boldsymbol{R}$ に対し $H(\alpha\cdot f)=\alpha\cdot H(f)$ の成立することは明かであるから，写像 $H: C^0(G)\to\boldsymbol{R}$ が線型写像であることがわかった．

定義 7.6 の（2），（3）は殆んど自明である．（4）を証明しよう．$H(f)=r$ とおくと，任意の $\varepsilon>0$ に対し，$A\in\mathcal{P}_0(G)$ が存在して，$|M_A'(f)(x)-r|<\varepsilon$ $(x\in G)$．ところが，$(M_A'(f^a))(x)=(M_A'(f))(xa)$ であるから，

$$|M_A'(f^a)(x)-r|=|M_A'(f)(x\cdot a)-r|<\varepsilon \qquad (x\in G)$$

が成立ち，r は f^a の左平均である．よって，$r=H(f^a)$．

以上で，G 上のハール測度の存在が証明された．

つぎにハール測度の一意性を証明しよう．

$H': C^0(G)\to\boldsymbol{R}$ も（1）〜（4）をみたすとする．$f\in C^0(G)$ に対し $H(f)=r$ とおく．任意の $\varepsilon>0$ に対し，$A\in\mathcal{P}_0(G)$ が存在して，$|M_A(f)(x)-r|<\varepsilon$ $(x\in G)$ が成立つ．よって，（1）〜（4）を用いると，

$$|H'(M_A(f)-r)|\leq H'(|M_A(f)-r|)<H'(\varepsilon)=\varepsilon H'(1)=\varepsilon.$$

即ち，$|H'(M_A(f))-r|<\varepsilon$ が成立つ．一方，

$$H'(M_A(f))=H'\left(\frac{1}{m}\sum_{i=1}^{m} f^{a_i}\right)=\frac{1}{m}\sum H'(f^{a_i})=H'(f).$$

よって，$|H'(f)-r|<\varepsilon$．ε は任意であったから，$H'(f)=r=H(f)$ が成立つ．

終りに，(1)～(4) をみたす H が (5) をみたすことを示すには，一意性はすでに証明されたから，上に定義した右平均による H が (5) をみたすことを証明すれば十分である．

$f\in C^0(G)$ に対し $H(f)=r$ とおく．任意の $\varepsilon>0$ に対し，$A\in\mathcal{P}_0(G)$ が存在して，$|M_A(f)(x)-r|<\varepsilon$ $(x\in G)$ が成立つ．ところが，$a\in G$ に対し $M_A(f_a)(x)=(M_A(f))(ax)$ であるから

$$|M_A(f_a)(x)-r|=|M_A(f)(ax)-r|<\varepsilon \qquad (x\in G)$$

が成立ち，これは r が f_a の右平均であることを示している．よって，$r=H(f_a)$．故に，$H(f)=H(f_a)$ $(a\in G)$ が証明された．　(証終)

注意 7.1　$f\in C^0(G)$ に対し，$H(f)=\int_G f(x)dx$ と書くのが習慣になっている．

問　題　7

7.1　G を位相群とする．K を G のコンパクト集合，F を G の閉集合とすれば，$K\cdot F$ は閉集合である．

7.2　N を位相群 G の正規部分群とする．N の単位元の連結成分 N_0 は G の正規部分群である．

7.3　連結位相群 G のディスクリート正規部分群 D は G の中心に含まれる．即ち，任意の $g\in G$, $d\in D$ に対し，$g\cdot d=d\cdot g$ が成立つ．

7.4　G をコンパクトな連結位相群とする．単位元の任意の近傍 U に対し，自然数 N が存在し，すべての元 $a\in G$ は $a=x_1x_2\cdots x_N$, $x_i\in U$ とあらわせることを示せ．

7.5　コンパクト位相空間 M の位相同型全体からなる群を G とする．G は $C^0(M,M)$ の部分集合として，C-O 位相 $\mathcal{U}$ が定義される．$(G,\mathcal{U})$ は M の位相変換群となることを証明せよ．

8. 被覆空間

8.1 基本群

$M=(M,\mathcal{U})$ を位相空間とし，$I=[0,1]=\{t\in\boldsymbol{R}|0\leq t\leq 1\}$ を単位区間とする．

定義 8.1 I から M への連続写像 $\sigma:I\to M$ のことを M 上の**道**(path)または曲線(curve)とよび，$\sigma(0), \sigma(1)$ をそれぞれ，道 σ の始点，終点とよぶ．また，$\sigma(0)=\sigma(1)$ をみたす道 σ を $\sigma(0)$ における**ループ**(loop)とよぶ．x_0 を始点，x_1 を終点とする道全体からなる集合を $\Omega(M;x_0,x_1)$，x_0 におけるループ全体からなる集合を $\Omega(M;x_0)$ であらわす．

$\sigma\in\Omega(M;x_0,x_1)$ に対し，$\sigma^{-1}:\Omega(M;x_1,x_0)$ を

$$\sigma^{-1}(t)=\sigma(1-t),\qquad t\in I \tag{8.1}$$

によって定義し，σ^{-1} を σ と逆向きの道とよぶ．

$\sigma\in\Omega(M;x_0,x_1)$ と $\tau\in\Omega(M;x_1,x_2)$ に対し，$\sigma\cdot\tau\in\Omega(M;x_0,x_2)$ を

$$(\sigma\cdot\tau)(t)=\begin{cases}\sigma(2t), & 0\leq t\leq\dfrac{1}{2},\\[2ex] \tau(2t-1), & \dfrac{1}{2}\leq t\leq 1\end{cases} \tag{8.2}$$

によって定義し，$\sigma\cdot\tau$ を道 σ と τ の積または結合とよぶ．

定義 8.2 $\sigma,\tau\in\Omega(M;x_0,x_1)$ とする．σ と τ とが**ホモトープ**(homotopic)であるとは，連続写像 $F:I\times I\to M$ であって，

$$\begin{aligned}&F(s,0)=\sigma(s),\qquad F(s,1)=\tau(s),\\ &F(0,t)=x_0,\qquad F(1,t)=x_1,\qquad (s,t)\in I\times I\end{aligned} \tag{8.3}$$

をみたすものが存在するときを言い，このとき，$\sigma\sim\tau$ または，$\sigma\sim\tau(F)$ であらわす．また，F を σ から τ への**ホモトピー**(homotopy)とよぶ．

定義 8.3 $\varepsilon_{x_0}\in\Omega(M;x_0)$ を $\varepsilon_{x_0}(t)=x_0\ (t\in I)$ で定義し，単位の道と言う．$\sigma\in\Omega(M;x_0)$ が $\sigma\sim\varepsilon_{x_0}$ をみたすとき，σ は**ホモトープ 0** であるとよび，$\sigma\sim 0$ であらわす．σ のことを，x_0 に縮む道とも言う．

次の補題は容易に証明される.

補題 8.1　$\sigma, \tau, \rho \in \Omega(M; x_0, x_1)$ に対し,

(i)　$\sigma \sim \sigma$,

(ii)　$\sigma \sim \tau$ ならば, $\tau \sim \sigma$,

(iii)　$\sigma \sim \tau$, $\tau \sim \rho$ ならば, $\sigma \sim \rho$.

定義 8.4　補題 8.1 によって, ホモトピー $\sim$ は同値関係であるから, 集合 $\Omega(M; x_0, x_1)$ は $\sim$ に関する同値類に類別される. $\sigma \in \Omega(M; x_0, x_1)$ を含む同値類を $[\sigma]$ であらわし, σ のホモトピー類(homotopy class)とよぶ:

$$[\sigma] = \{\tau \in \Omega(M; x_0, x_1) \mid \tau \sim \sigma\}.$$

補題 8.2　$\sigma, \tau \in \Omega(M; x_0, x_1)$, $\sigma', \tau' \in \Omega(M; x_1, x_2)$ とする. $\sigma \sim \sigma'$, $\tau \sim \tau'$ ならば $\sigma \cdot \tau \sim \sigma' \cdot \tau'$ である.

証明　$\sigma \sim \sigma'(F)$, $\tau \sim \tau'(G)$ とせよ. 写像 $H: I \times I \to M$ を

$$H(s,t) = \begin{cases} F(2s, t), & 0 \leq s \leq \dfrac{1}{2},\ 0 \leq t \leq 1, \\ G(2s-1, t), & \dfrac{1}{2} \leq s \leq 1,\ 0 \leq t \leq 1 \end{cases}$$

で定義すると, $\sigma \cdot \tau \sim \sigma' \cdot \tau'(H)$ である.　(証終)

同様にして, 次の補題が証明される.

補題 8.3　$\sigma \in \Omega(M; x_0, x_1)$, $\tau \in \Omega(M; x_1, x_2)$, $\rho \in \Omega(M; x_2, x_3)$ に対し, $(\sigma \cdot \tau) \cdot \rho \sim \sigma \cdot (\tau \cdot \rho)$ が成立つ.

定理 8.1　$\Omega(M; x_0)$ のホモトピー類 $[\sigma]$ 全体からなる集合を $\pi_1(M, x_0)$ であらわすと, $\pi_1(M, x_0)$ は $[\sigma] \cdot [\tau] = [\sigma \cdot \tau]$ によって定義される積に関して群となる.

証明　まず補題 8.2 により, 積 $[\sigma] \cdot [\tau] = [\sigma \cdot \tau]$ は代表元 σ, τ の取り方に無関係にきまる. よってこの積に関して群の公理をみたすことを言えばよい. 単位元としては $[\varepsilon_{x_0}]$ をとればよいことがたしかめられる. また補題8.3により, $(\sigma \cdot \tau) \cdot \rho \sim \sigma \cdot (\tau \cdot \rho)$ が成立つから, 結合律 $([\sigma] \cdot [\tau]) \cdot [\rho] = [\sigma] \cdot ([\tau] \cdot [\rho])$ もみたされる. 逆元の存在を言うには $[\sigma] \cdot [\sigma^{-1}] = [\varepsilon_{x_0}]$ を示せばよいが, そのため

$$F(s,t)=\begin{cases}\sigma(2s), & 0\leq 2s\leq t,\\ \sigma(t), & t\leq 2s\leq 2-t,\\ \sigma^{-1}(2s-1), & 2-t\leq 2s\leq 2\end{cases}$$

とおくと，$F:I\times I\to M$ は連続で，$\sigma\cdot\sigma^{-1}\sim\varepsilon_{x_0}(F)$ である．（証終）

定義 8.5 群 $\pi_1(M,x_0)$ を x_0 における M の**基本群**(fundamental group) または，**ポアンカレ群**(Poincaré group)とよぶ．$\pi_1(M,x_0)$ は点 x_0 の取り方に本質的には関係しないことが，次の命題で示される．

命題 8.1 M を弧状連結とし，M の2点 x_0，x_1 をとる．$\rho\in\Omega(M;x_0,x_1)$ に対し，写像 $\rho_*:\pi_1(M,x_0)\to\pi_1(M,x_1)$ が，$[\sigma]\in\pi_1(M,x_0)$ に対し

$$\rho_*([\sigma])=[\rho^{-1}\cdot(\sigma\cdot\rho)] \tag{8.4}$$

によって定義され，ρ_* は群 $\pi_1(M,x_0)$ から $\pi_1(M,x_1)$ への同型写像である．

証明 $\sigma\sim\sigma'$ ならば，$\rho^{-1}\cdot(\sigma\cdot\rho)\sim\rho^{-1}\cdot(\sigma'\cdot\rho)$ が成立つから，(8.4) の定義は代表元 σ の取り方によらない．ρ_* が準同型であることは，

$$\begin{aligned}\rho_*([\sigma]\cdot[\tau])&=\rho_*([\sigma\tau])=[\rho^{-1}\sigma\tau\rho]=[\rho^{-1}\sigma\rho\rho^{-1}\tau\rho]\\&=[\rho^{-1}\sigma\rho]\cdot[\rho^{-1}\tau\rho]=\rho_*([\sigma])\cdot\rho_*([\tau])\end{aligned}$$

であることによる．ρ_* が全単射であることは，$(\rho^{-1})_*\circ\rho_*=1_{\pi_1(M,x_0)}$，$\rho_*\circ(\rho^{-1})_*=1_{\pi_1(M,x_1)}$ より明かである．（証終）

注意 8.1 M が弧状連結ならば，命題 8.1 によって，$\pi_1(M,x_0)$ は同型を除いて x_0 に関係なくきまるので，$\pi_1(M,x_0)$ を M の基本群とよび，$\pi_1(M)$ であらわす．

定義 8.6 M，W を位相空間とし，$x_0\in M$，$y_0\in W$ とする．連続写像 $f:M\to W$ が $f(x_0)=y_0$ をみたすとき，記号 $f:(M,x_0)\to(W,y_0)$ であらわす．

定理 8.2 $f:(M,x_0)\to(W,y_0)$ に対し，写像 $f_*:\pi_1(M,x_0)\to\pi_1(W,y_0)$ が

$$f_*([\sigma])=[f\circ\sigma],\qquad [\sigma]\in\pi_1(M,x_0) \tag{8.5}$$

によって定義され，f_* は基本群の準同型写像である．

f_* を f から導かれた準同型写像とよぶ．

証明 $\sigma,\tau\in\Omega(M;x_0)$ に対し，$\sigma\sim\tau(F)$ ならば，明かに $f\circ\sigma\sim f\circ\tau(f\circ F)$ が成立つので，定義 (8.5) は代表元 σ の取り方によらない．f_* が準同型で

あることは，$f\circ(\sigma\cdot\tau)=(f\circ\sigma)\cdot(f\circ\tau)$ の成立することより容易にたしかめられる．（証終）

命題 8.2 $f:(M,x_0)\to(W,y_0)$，$g:(W,y_0)\to(V,z_0)$ に対し

$$(g\circ f)_*=g_*\circ f_* \tag{8.6}$$

が成立つ．また恒等写像 $1_M:M\to M$ に対し，

$$(1_M)_*=1_{\pi_1(M,x_0)} \tag{8.7}$$

が成立つ．

証明　定義式 (8.5) を用いて容易に，(8.6)，(8.7) の成立することがたしかめられる．（証終）

定義 8.7　位相空間 M が弧状連結であって，$x_0\in M$ に対し，群 $\pi_1(M,x_0)$ が単位元のみからなるとき，即ち x_0 における任意のループは x_0 に縮まるとき，M は**単連結**(simply connected)であると言う．この条件は x_0 のとり方によらない(注意 8.1)．

補題 8.4　M を位相空間とし，$F:I\times I\to M$ を連続写像とする．いま，

$$\beta(t)=F(0,t),\qquad \gamma(t)=F(1,t),$$
$$\sigma(t)=F(t,0),\qquad \tau(t)=F(t,1)$$

によって，M の道 β,γ,σ,τ を定義すれば，

$$\tau\sim\beta^{-1}\cdot\sigma\cdot\gamma$$

が成立つ．

証明　$\tau(0)=p_0$, $\tau(1)=p_1$ とおく．いま，写像 $E:I\times I\to M$, $G:I\times I\to M$ を

$$E(s,t)=\begin{cases} p_0, & s\leq t,\\ \beta(1+t-s), & s\geq t,\end{cases}\qquad G(s,t)=\begin{cases} \gamma(t+s), & 1-s\geq t,\\ p_1, & 1-s\leq t\end{cases}$$

によって定義し，E, F, G をはり合わせたホモトピーを H とすれば(次図参照)，

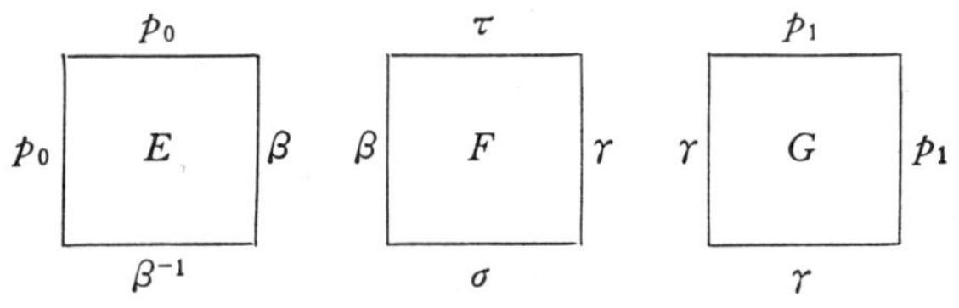

$\tau \sim \beta^{-1}\cdot\sigma\cdot\gamma(H)$ が成立つ. (証終)

8.2 被覆空間

位相空間 M が**局所弧状連結**(locally arcwise connected)であるとは，任意の点 $p_0\in M$ の近傍 U に対し，U に含まれる p_0 の近傍 V で弧状連結なものが存在するときを言う．以下，この章では，断りがなければ，位相空間はすべて，局所弧状連結であるとし，また近傍は開近傍を意味するものとする．

定義 8.8 M, M_1 を位相空間とし，$f:M_1\to M$ を連続写像とする．M の開集合 U が f によって**平等に被われる**(evenly covered)とは $f^{-1}(U)$ を連結成分にわけ，$f^{-1}(U)=\bigcup_{i\in J}S_i$ とするとき，各 $i\in J$ に対し，$f|S_i:S_i\to U$ が S_i から U の上への位相同型写像であるときを言う．各 S_i を U の上の**シート**(sheet)とよぶ．

定義 8.9 連続写像 $f:M_1\to M$ が**被覆写像**(covering map)であるとは，任意の点 $p\in M$ に対し，p の近傍 U であって，f によって平等に被われるものが存在するときを言う．このとき，M_1 を（f による）M の**被覆空間**(covering space)とよぶ．

定義 8.10 $f_1:M_1\to M$, $f_2:M_2\to M$ を2つの被覆写像とする．M_1 から M_2 への位相同型 Φ が存在して，$f_1=f_2\circ\Phi$ をみたすとき，被覆写像 f_1 と f_2（または，被覆空間 M_1 と M_2）は**同型**であると言う．

補題 8.5 $f:M_1\to M$ を被覆写像とすると，

（i） 任意の点 $p\in M$ に対し，$f^{-1}(p)$ は離散集合である．即ち，$f^{-1}(p)$ の各点 q に対し，$V\frown f^{-1}(p)=\{q\}$ をみたす q の近傍 V が存在する．

（ii） f は局所同型写像である．即ち，任意の点 $p_1\in M_1$ に対し，p_1 の近傍 U_1 が存在して，$f|U_1:U_1\to f(U_1)$ は同型写像である．

証明 （i） U を f によって平等に被われる p の近傍とする．$f^{-1}(U)=\bigcup_{i\in J}S_i$ を連結成分 S_i による $f^{-1}(U)$ の分解とすると，$f|S_i$ は S_i から U への同型写像であるから，S_i の中にただ1点 p_i があって $f(p_i)=p$ である．即ち，$f^{-1}(p)=\{p_i|i\in J\}$．S_i は開集合 $f^{-1}(U)$ の連結成分であるから，開集

合である．$S_i \frown S_j=\phi$ $(i \neq j)$ であるから，$\{p_i\}$ は離散集合である．

（ii） $p=f(p_1)$ に対し，（ i ）の U をとると，ある $i \in J$ があって，$p_1 \in S_i$ である．$S_i=U_1$ とおけば，$f|U_1: U_1 \to U$ は同相写像である． （証終）

例 8.1 $\boldsymbol{R}^1$ を実数直線とし，$S^1=\{z \in \boldsymbol{C} \mid |z|=1\}$ を z 平面上の単位円とする．$f: \boldsymbol{R}^1 \to S^1$ を $f(t)=e^{it}$ $(t \in \boldsymbol{R})$ で定義すれば，f は被覆写像である．

補題 8.6 $f: W \to M$ を被覆写像とし，M を連結とする．W の1つの連結成分を W_0 とし，$f_0=f|W_0$ とおく．$f_0: W_0 \to M$ は被覆写像である．

証明 まず，f_0 が全射であることを示そう．

f は局所位相同型であるから，開写像である．即ち開集合 U の像 $f(U)$ は開集合である．従って，W_0 が W の開集合であることより，$f(W_0)$ は M の開集合である．$f(W_0)$ が閉集合であることを言うため，$\overline{f(W_0)}$ の点 p をとる．この p に対し，f によって平等に被われる p の近傍 U をとる．$f^{-1}(U)=\bigcup_{i \in J} S_i$ を連結成分による分解とする．$U \frown f(W_0) \neq \phi$ であるから，点 $p_1 \in U \frown f(W_0)$ がとれる．$p_1=f(w_0)$ となる $w_0 \in W_0$ があるから，$w_0 \in f^{-1}(U)$ となって，$w_0 \in S_i$ の成立つ $i \in J$ がある．$S_i \smile W_0=W_1$ を考えると，S_i も W_0 も連結であって，$w_0 \in S_i \frown W_0$ であるから，W_1 も連結となる（補題 3.4）．W_0 は連結成分であったから $W_0=W_1$．よって，$S_i \subset W_0$ となり，$U=f(S_i) \subset f(W_0)$．特に $p \in f(W_0)$ となって，$f(W_0)$ は閉集合であることがわかった．M は連結であるから，$M=f(W_0)$ となって，f_0 が全射であることが示された．

次に任意の点 $p \in M$ に対し，f_0 によって平等に被われる p の近傍の存在を証明しよう．

f によって，平等に被われる p の近傍を U とし，$f^{-1}(U)=\bigcup S_i$ を上述の通りとする．$J_0=\{i \in J \mid S_i \frown W_0 \neq \phi\}$ とおくと，f が全射であることから $J_0 \neq \phi$ である．

$$f_0^{-1}(U)=\bigcup_{i \in J_0} S_i \tag{8.8}$$

であることが言えれば，$f_0|S_i=f|S_i$ であることから，U が f_0 によっても平等に被われることになって，証明が完結する．

さて，$i\in J_0$ を任意にとると，$S_i\frown W_0\neq\phi$. 従って，上に述べたと同様にして，$S_i\subset W_0$ となり，$f_0(S_i)=f(S_i)\subset U$ であるから，$S_i\subset f_0^{-1}(U)$ となって，$f_0^{-1}(U)\supset\bigcup_{i\in J_0}S_i$ がわかった．逆に，$w\in f_0^{-1}(U)$ を任意にとると，$f(w)\in U$ かつ $w\in W_0$ であるから，$w\in f^{-1}(U)\frown W_0=\bigcup_{i\in J}(S_i\frown W_0)$ となる．よって，$w\in S_i\frown W_0$ となる $i\in J$ がある．この i は $i\in J_0$ であるから，$w\in\bigcup_{i\in J_0}S_i$ となって，$f_0^{-1}(U)\subset\bigcup_{i\in J_0}S_i$ がわかった．　(証終)

補題 8.7　$f:M_1\to M$ を被覆写像とし，1点 $p_1\in M_1$ に対し，$f(p_1)=p_0$ とおく．次に，W を連結位相空間とし1点 $w_0\in W$ を固定しておく．写像 $g:(W,w_0)\to(M,p_0)$ をとる．このとき，$\tilde{g}:(W,w_0)\to(M_1,p_1)$ であって，$g=f\circ\tilde{g}$ をみたすものは高々1つしか存在しない．

証明　$\tilde{g}':(W,w_0)\to(M_1,p_1)$ も $g=f\circ\tilde{g}'$ をみたすとしよう．$A=\{w\in W|\tilde{g}(w)=\tilde{g}'(w)\}$ とおくと，明かに A は閉集合であって，$A\ni w_0$ である．A は W の開集合であることを示そう．$w_1\in A$ をとると，$\tilde{g}(w_1)=\tilde{g}'(w_1)$ である．いま $g(w_1)$ の近傍 U であって，f によって平等に被われるものをとると，$\tilde{g}(w_1)=\tilde{g}'(w_1)\in f^{-1}(U)$ であるから，$\tilde{g}(w_1)\in S$ をみたす U の上のシート S が存在する．$V=\tilde{g}^{-1}(S)\frown\tilde{g}'^{-1}(S)$ とおくと，V は w_1 の近傍であって，$V\subset A$ であることが容易にたしかめられる．よって，A は開集合である．A は閉集合でもあったから，W が連結であることから，$A=W$ が成立ち，従って $\tilde{g}=\tilde{g}'$ である．　(証終)

補題 8.8　$f:(M_1,p_1)\to(M,p_0)$ を被覆写像とする．このとき，p_0 を始点とする任意の道 $\sigma:I\to M$ に対し，p_1 を始点とする道 $\tilde{\sigma}:I\to M_1$ であって，$f\circ\tilde{\sigma}=\sigma$ をみたすものがただ1つ存在する．

証明　$\tilde{\sigma}$ の存在を証明すれば十分である(高々1つであることは，補題 8.7 による)．

(第1段)　まず M 自身が f によって平等に被われている場合は p_1 を含む M の上のシート S がとれる．$f|S:S\to M$ は位相同型であるから，$\psi=(f|S)^{-1}:M\to S$ が考えられる．$\tilde{\sigma}=\psi\circ\sigma$ とおけば，求める $\tilde{\sigma}$ である．

(第2段)　次に，一般の場合は，区間 I の分点 $0=t_0<t_1<\cdots<t_n=1$ を十

分細かくとると，任意の $i=0,1,\cdots,n-1$ に対し，$\sigma([t_i,t_{i+1}])$ を含む開集合 U_i で f によって平等に被われるものが存在する．i に関する帰納法によって，写像 $\sigma_i:[0,t_i]\to M_1$ であって（i）$\sigma_i(0)=p_1$，（ii）$f\circ\sigma_i=\sigma|[0,t_i]$ をみたすものをつくろう．

σ_1 は明かに定義される(第1段による)．σ_i がすでにつくれたと仮定して，σ_{i+1} を定義しよう．$\sigma|[t_i,t_{i+1}]$ に対し，第 1 段で証明したように，写像 τ: $[t_i,t_{i+1}]\to M_1$ であって，（i）$\tau(t_i)=\sigma_i(t_i)$，（ii）$f\circ\tau=\sigma|[t_i,t_{i+1}]$ をみたすものがとれる．この σ_i と τ との積 $\sigma_i\cdot\tau=\sigma_{i+1}$ は 求めるものである．帰納法が完結したので $\tilde{\sigma}=\sigma_n$ とおけば，$f\circ\tilde{\sigma}=\sigma$ であって，$\tilde{\sigma}(0)=p_1$ である．

（証終）

定義 8.11 補題 8.8 における $\tilde{\sigma}$ を $\tilde{\sigma}=\tilde{\sigma}_{p_1}$ と書き，σ の p_1 を始点とする**リフト**(lift)とよぶ．

定義 8.12 M, W を位相空間とし，g, h を W から M への連続写像とする．写像 $F: W\times I\to M$ であって，

$$F(w,0)=g(w),\qquad F(w,1)=h(w),\qquad w\in W$$

をみたすものが存在するとき，g と h とは**ホモトープ**であると言い，$g\sim h$ または，$g\sim h(F)$ であらわす．また F を g から h への**ホモトピー**とよぶ．

定理 8.3 $f:(M_1,p_1)\to(M,p_0)$ を被覆写像とする．W を(連結)位相空間とし 1 点 $w_0\in W$ を固定する．また，写像 $g:(W,w_0)\to(M,p_0)$，$\tilde{g}:(W,w_0)\to(M_1,p_1)$ は $f\circ\tilde{g}=g$ をみたすとする．

このとき，任意の写像 $F: W\times I\to M$ であって，$F(w,0)=g(w)$ $(w\in W)$ をみたすものに対し，写像 $\widetilde{F}: W\times I\to M_1$ であって，$\widetilde{F}(w,0)=\tilde{g}(w)$ $(w\in W)$ かつ $f\circ\widetilde{F}=F$ をみたすものが存在する． **(ホモトピー持上げ定理)**

証明 (第1段) M 自身が f によって平等に被われている場合は殆んど明かである．

(第2段) 任意の点 $w\in W$ に対し，w の十分小さい近傍 $V(w)$ と区間 I の分点 $0=t_0<t_1<\cdots<t_n=1$ を十分細かくとると，任意の $i=0,1,\cdots,n-1$ に対し，$F(V(w)\times[t_i,t_{i+1}])$ を含む開集合 U_i であって，f によって平等に被

われるものがとれる．第1段を用いると，i に関する帰納法によって，任意の $w\in W$ に対し，写像 $\tilde{F}_w:V(w)\times I\to M_1$ をつくり，$\tilde{F}_w(w',0)=\tilde{g}(w')$ $(w'\in V(w))$，かつ $f\circ\tilde{F}_w=F|(V(w)\times I)$ をみたすようにできる．

（第3段） $V(w_1)\frown V(w_2)\neq\phi$ の場合，$\tilde{F}_{w_1}$ と $\tilde{F}_{w_2}$ とは，$(V(w_1)\frown V(w_2))\times I$ の上で一致することを証明する．$w_3\in V(w_1)\frown V(w_2)$ を任意にとる．$\tilde{F}_{w_1}|(w_3\times I)=\tilde{\sigma}_1$，$\tilde{F}_{w_2}|(w_3\times I)=\tilde{\sigma}_2$，$F|(w_3\times I)=\sigma$ とおくと，$\tilde{\sigma}_i(0)=\tilde{g}(w_3)$ $(i=1,2)$，かつ $f\circ\tilde{\sigma}_i=\sigma$ が成立つから，補題 8.7 により，$\tilde{\sigma}_1=\tilde{\sigma}_2$ が成立ち，我々の主張は証明された．

（第4段） $\tilde{F}(w,t)=\tilde{F}_w(w,t)$ とおけば，$\tilde{F}$ は求めるものである．（証終）

系 8.1 定義 8.11 の記号を用いる．$\sigma,\tau\in\Omega(M;p_0,q_0)$ とし，$\sigma\sim\tau$ とすれば，

（i） $\tilde{\sigma}_{p_1}(1)=\tilde{\tau}_{p_1}(1)$，　（ii） $\tilde{\sigma}_{p_1}\sim\tilde{\tau}_{p_1}$

が成立つ．

証明 $\sigma\sim\tau(F)$ とする．定理 8.3 を $W=I$，$g=\sigma$，$\tilde{g}=\tilde{\sigma}_{p_1}$，$w_0=0$ に対し用いると，写像 $\tilde{F}:I\times I\to M_1$ であって，$\tilde{F}(t,0)=\tilde{\sigma}_{p_1}(t)$ $(t\in I)$，$f\circ\tilde{F}=F$ をみたすものがとれる．まず，

(8.9) $$\tilde{F}(0,t)=p_1 \qquad (t\in I)$$

が成立つ．何故なら，$\tilde{F}(0,t)=\tilde{h}(t)$ とおくと，$f\circ\tilde{h}(t)=p_0=f(p_1)=f\circ\varepsilon_{p_1}(t)$，かつ．$\tilde{h}(0)=p_1=\varepsilon_{p_1}(0)$ が成立つから，補題8.7により，$\tilde{h}=\varepsilon_{p_1}$，即ち $\tilde{F}(0,t)=p_1$．

つぎに，

(8.10) $$\tilde{F}(1,t)=\tilde{\sigma}_{p_1}(1) \qquad (t\in I)$$

が成立つことを示そう．

まず，$\tilde{\sigma}_{p_1}(1)=p_2$ とおき，道 $\tilde{k}(t)=\tilde{F}(1,t)$ と ε_{p_2} とを比較する．$\tilde{k}(0)=\tilde{F}(1,0)=\tilde{\sigma}_{p_1}(1)=p_2=\varepsilon_{p_2}(0)$ であって，$f\circ\tilde{k}(t)=f\circ\tilde{F}(1,t)=F(1,t)=q_0=\sigma(1)$ $f\circ\tilde{\sigma}_{p_1}(1)=f(p_2)=(f\circ\varepsilon_{p_2})(t)$ が成立つから，補題 8.7 により，$\tilde{k}=\varepsilon_{p_2}$ である．従って，$\tilde{k}(t)=p_2$ が成立ち，(8.10) が言えた．

ここで，$\tilde{\tau}(t)=\tilde{F}(t,1)$ によって $\tilde{\tau}:I\to M_1$ を定義すると，$t\in I$ に対し，

$$f\circ\tilde{\tau}(t)=f\circ\tilde{F}(t,1)=F(t,1)=\tau(t)$$

が成立ち，かつ $\tilde{\tau}(0)=\tilde{F}(0,1)=p_1$ であるから，$\tilde{\tau}_{p_1}$ の定義により，$\tilde{\tau}=\tilde{\tau}_{p_1}$ を得る．(8.10) より $\tilde{\sigma}_{p_1}(1)=\tilde{F}(1,1)=\tilde{\tau}_{p_1}(1)$ が成立ち，(8.9), (8.10) により，$\tilde{\sigma}_{p_1}\sim\tilde{\tau}_{p_1}(\tilde{F})$ が成立つ． (証終)

系 8.2 $f:(M_1,p_1)\to(M,p_0)$ を被覆写像とすれば，$f_*:\pi_1(M_1,p_1)\to\pi_1(M,p_0)$ は単射である．

証明 $\tilde{\sigma}\in\Omega(M_1,p_1)$ をとり，$f_*([\tilde{\sigma}])=0$ とせよ．$\tilde{\sigma}\sim 0$ を証明すればよい．$f\circ\tilde{\sigma}=\sigma$ とおくと，$\sigma\in\Omega(M,p_0)$ であって，$\sigma\sim\varepsilon_{p_0}$ である．p_1 を始点とする σ のリフトは $\tilde{\sigma}$ であり，ε_{p_0} のリフトは ε_{p_1} であるから，系 8.1 によって，$\tilde{\sigma}\sim\varepsilon_{p_1}$ が成立ち，$\tilde{\sigma}\sim 0$ である． (証終)

命題 8.3 $f:M_1\to M$ を被覆写像とし，M は単連結，M_1 は連結であるとする．このとき，f は位相同型写像である．

証明 f は局所位相同型かつ全射であるから，f が単射であることを言えばよい．$f(p_1)=f(p_2)=p_0$, $p_1,p_2\in M_1$ としよう．M_1 は連結であるから $\tilde{\sigma}\in\Omega(M_1;p_1,p_2)$ が存在する．$\sigma=f\circ\tilde{\sigma}$ とおくと，$\sigma\in\Omega(M;p_0)$ である．M は単連結であるから，$\sigma\sim\varepsilon_{p_0}$ である．系 8.1 により，$\tilde{\sigma}=\tilde{\sigma}_{p_1}\sim\varepsilon_{p_1}$ が成立ち，特に，$\tilde{\sigma}(1)=p_1$ である．よって，$p_1=p_2$ となり，f は単射である． (証終)

定理 8.4 位相空間 $\tilde{M}$, M, W はいずれも連結かつ局所弧状連結とする．$f:(\tilde{M},\tilde{p})\to(M,p_0)$ を被覆写像とし，$g:(W,w_0)\to(M,p_0)$ をとる．

このとき，$\tilde{g}:(W,w_0)\to(\tilde{M},\tilde{p})$ であって，$f\circ\tilde{g}=g$ をみたすものが存在するための必要十分条件は，

$$g_*(\pi_1(W,w_0))\subset f_*(\pi_1(\tilde{M},\tilde{p})) \tag{8.11}$$

が成立つことである．

証明 必要性：命題 8.2 により，$f_*\circ(\tilde{g})_*=g_*$．よって，$g_*(\pi_1(W,w_0))=f_*(\tilde{g}_*(\pi_1(W,w_0)))\subset f_*(\pi_1(\tilde{M},\tilde{p}))$．

十分性：任意の $w\in W$ に対し，$\sigma\in\Omega(W;w_0,w)$ が存在する．$g(w)=q$, $\tau=g\circ\sigma$ とおくと，$\tau\in\Omega(M;p_0,q)$ である．$\tilde{\tau}_{\tilde{p}}$ を $\tilde{p}$ を始点とする τ のリフトとし，$\tilde{g}(w)=\tilde{\tau}_{\tilde{p}}(1)$ とおく．$\tilde{g}(w)$ は道 σ のとり方によらないことを証明

しよう.

$\sigma'\in\Omega(W;w_0,w)$ をとると, $\sigma\cdot(\sigma')^{-1}\in\Omega(W;w_0)$ である. よって, 仮定(8.11) により,

$$g_*([\sigma\cdot(\sigma')^{-1}])=f_*([\rho]) \tag{8.12}$$

をみたす $\rho\in\Omega(\tilde{M};\tilde{p})$ が存在する. (8.12) は

$$g\circ(\sigma\cdot(\sigma')^{-1})\sim f\circ\rho \tag{8.13}$$

を意味する. ところで, $g\circ(\sigma\cdot(\sigma')^{-1})=(g\circ\sigma)\cdot(g\circ\sigma')^{-1}$ であるから, $\tau'=g\circ\sigma'$ とおくと, (8.13) は

$$\tau\cdot\tau'^{-1}\sim f\circ\rho \tag{8.14}$$

となる. 系 8.1 を, $\sigma=\tau\cdot\tau'^{-1}$, $\tau=f\circ\rho$ に用いると, $\tilde{\rho}\in\Omega(\tilde{M},\tilde{p})$ が存在して,

$$\tau\cdot\tau'^{-1}=f\circ\tilde{\rho}. \tag{8.15}$$

よって, $\tilde{\rho}=\rho_1\cdot\rho_2{}^{-1}$ ($\rho_i\in\Omega(\tilde{M};\tilde{p},\tilde{q})$ $(i=1,2)$) とあらわすと, $\tau=f\circ\rho_1$, $\tau'=f\circ\rho_2$ が得られ, リフトの一意性より, $\rho_1=\tilde{\tau}_{\tilde{p}}$, $\rho_2=\tilde{\tau}'_{\tilde{p}}$ となって, $\tilde{\tau}_{\tilde{p}}(1)=q=\tilde{\tau}'_{\tilde{p}}(1)$ が成立つ.

$\tilde{g}$ が求めるものであることが容易にたしかめられる.　(証終)

定義 8.13　定理 8.4 の $\tilde{g}$ を g の f に関する**リフト**(lift)とよぶ.

系 8.3　$\tilde{M}, M, W, f, g$ は定理 8.4 と同じとし, さらに, W は単連結であるとする. このとき, g のリフト $\tilde{g}$ が存在する.

証明　$\pi_1(W,w_0)$ は単位元のみよりなるから, (8.11) が成立することは自明である.　(証終)

8.3　普遍被覆空間

定理 8.5　$(M,\mathcal{U})$ を単連結位相空間とし, D は, すべての $p\in M$ に対し, $(p,p)\in D$ をみたす, $M\times M$ の中の連結開集合であるとする. つぎに各点 $p\in M$ に対し, ある集合 $E(p)$ ($E(p)$ は M に全く無関係でよい) が与えられ, かつ任意の $(p,q)\in D$ に対し, 全単射写像 $\varphi_q{}^p:E(p)\to E(q)$ が定義されていて, 次の条件をみたしているとする:

（i） $\varphi_p{}^p = 1_{E(p)}$,　$p \in M$,

（ii） $(p,q),(q,r),(p,r) \in D$ ならば，$\varphi_r{}^q \circ \varphi_q{}^p = \varphi_r{}^p$.

このような $\{\varphi_q{}^p | (p,q) \in D\}$ が与えられたとき，任意の $p_0 \in M$ と任意の $e_0 \in E(p_0)$ に対し，写像 $\psi: M \to E = \bigcup_{p \in M} E(p)$ であって，次の条件をみたすものがただ1つ存在する：

（1） $\psi(p) \in E(p)$　$(p \in M)$,

（2） $\psi(p_0) = e_0$,

（3） $\varphi_q{}^p(\psi(p)) = \psi(q)$　$((p,q) \in D)$.　　**（モノドロミー定理）**

証明　集合 $\tilde{M} = \bigcup_{p \in M} \{p\} \times E(p)$ を考え，$\tilde{M}$ に次のような位相 $\tilde{\mathcal{U}}$ を入れる．$\tilde{M}$ の部分集合 W が $W \in \tilde{\mathcal{U}}$ であるとは，任意の $(p, e_e) \in W$ に対し，$U \in \mathcal{U}(p)$ が存在して，（i） $U \times U \subset D$,（ii） $q \in U$ ならば $(q, \varphi_q{}^p(e_p)) \in W$ をみたすときであると定義する．この $\tilde{\mathcal{U}}$ は $\tilde{M}$ 上の位相であることが容易にたしかめられる．

$(\tilde{M}, \tilde{\mathcal{U}})$ はハウスドルフ空間であることを証明しよう．

まず，写像 $\pi: \tilde{M} \to M$ を $\pi(p, e_p) = p$ によって定義すれば，

(8.16)　　$U \in \mathcal{U}$ ならば，$\pi^{-1}(U) \in \tilde{\mathcal{U}}$,

(8.17)　　$W \in \tilde{\mathcal{U}}$ ならば，$\pi(W) \in \mathcal{U}$

であることがわかる．

次に，$U \times U \subset D$ をみたす $U \in \mathcal{U}$ と1点 $(p, e_p) \in \{p\} \times E(p)$ に対し，$\tilde{M}$ の部分集合 $\tilde{U}(p, e_p)$ を

(8.18)　　$\tilde{U}(p, e_p) = \{(q, \varphi_q{}^p(e_p)) | q \in U\}$

によって定義する．

$\tilde{U}(p, e_p) \in \tilde{\mathcal{U}}$ である．何故なら，$(q, \varphi_q{}^p(e_p)) \in \tilde{U}(p, e_p)$ ならば，任意の $r \in U$ に対し，$(p,r),(q,r),(p,r) \in U \times U \subset D$ であるから，

$$(r, \varphi_r{}^q(\varphi_q{}^p(e_p))) = (r, \varphi_r{}^p(e_p)) \in \tilde{U}(p, e_p)$$

が成立つからである．

$\tilde{\mathcal{U}}$ によって $\tilde{M}$ がハウスドルフ空間となることを言うため，$(p, e_p), (p', e_{p'}) \in \tilde{M}$ を異る2元とする．$p \neq p'$ なら，$U' \in \mathcal{U}(p)$，$U'' \in \mathcal{U}(p')$ であって

$U' \frown U''=\phi$ をみたすものがあるから，$\pi^{-1}(U')=W$，$\pi^{-1}(U'')=W'$ を考えれば，(8.16) によって，$W, W' \in \widetilde{\mathcal{U}}$ であって，$W \frown W'=\phi$，$W \ni (p, e_p)$，$W' \ni (p', e_{p'}')$ をみたす．つぎに，$p=p'$ ならば，$e_p \neq e_{p'}$ であるが，$U \times U \subset D$ をみたす $U \in \mathcal{U}(p)$ をとり，$W=\tilde{U}(p, e_p)$，$W'=\tilde{U}(p, e_{p'}')$ を考えると，$W \frown W'=\phi$，$W \ni (p, e_p)$，$W' \ni (p, e_{p'}')$ をみたす．よって $(\widetilde{M}, \widetilde{\mathcal{U}})$ はハウスドルフ空間であることがわかった．

つぎに，$\pi:\widetilde{M} \to M$ は被覆写像であることを示そう．

まず，(8.16)，(8.17) によって，π は連続開写像である．つぎに，任意の $p \in M$ に対し，$U \times U \subset D$ をみたす連結な $U \in \mathcal{U}(p)$ をとる．明かに，

(8.19) $$\pi^{-1}(U)=\bigcup \{\tilde{U}(p, e_p) | e_p \in E(p)\}$$

が成立つ．写像 $\pi'=\pi|\tilde{U}(p, e_p)$ を考えると，$\pi':\tilde{U}(p, e_p) \to U$ は明かに全単射である．一方，π' は連続開写像であるから，π' は位相同型である．U は連結であるから，$\tilde{U}(p, e_p)$ も連結である．よって，(8.19) は $\pi^{-1}(U)$ の連結成分による分解となっている．従って，U は π によって平等に被われることがわかった．

つぎに，$\widetilde{M}_0$ を $\widetilde{M}$ の (p_0, e_0) を含む連結成分とし，$\pi_0=\pi|\widetilde{M}_0$ を考えよう．補題 8.6 によって，$\pi_0:\widetilde{M}_0 \to M$ は被覆写像である．M は単連結であるから，命題 8.3 によって，π_0 は位相同型である．よって，

$$\pi_0^{-1}(p)=(p, \psi(p)), \qquad p \in M$$

とおくと，$\psi(p) \in E(p)$ であって，$\psi(p_0)=e_0$ をみたす．

ψ が求める写像であることを証明するため，

(8.20) $$D^*=\{(p, q) \in D | \psi(q)=\varphi_q{}^p(\psi(p))\}$$

とおき，D^* が D の開かつ閉集合であることを言えば，D は連結であるから $D^*=D$ となり ψ は (3) をみたすことになる．

さて，$(p_1, q_1) \in D$ とし，連結開集合 $U_1 \in \mathcal{U}(p_1)$，$V_1 \in \mathcal{U}(q_1)$ を $U_1 \times U_1 \subset D$，$V_1 \times V_1 \subset D$，$U_1 \times V_1 \subset D$ がみたされるようにとる．

(＊) $$(U_1 \times V_1) \frown D^* \neq \phi \text{ ならば，} (p_1, q_1) \in D^*$$

を証明しよう．

$(p_2, q_2)\in(U_1\times V_1)\frown D^*$ とする．(8.20) により，$\psi(q_2)=\varphi_{q_2}{}^{p_2}(\psi(p_2))$ である．$W=\tilde{U}_1(p_1,\psi(p))$ とおく((8.18) 参照)．W は連結であって，$(p_1, \psi(p_1))\in W\frown\tilde{M}_0$ であるから，$W\subset\tilde{M}_0$ が成立つ．$W=\{(q,\varphi_q{}^{p_1}(\psi(p_1))|q\in U_1\}$ であったから，

$$(8.21)\qquad \psi(p_2)=\varphi_{p_2}{}^{p_1}(\psi(p_1))$$

が成立つ．ところで，$(p_1,p_2),(p_2,q_2),(p_1,q_2),(q_1,q_2),(p_1,q_1)$ はいずれも D の元であるから，仮定 (ii) により，

$$\psi(q_2)=\varphi_{q_2}{}^{p_2}(\psi(p_2))=\varphi_{q_2}{}^{p_2}\varphi_{p_2}{}^{p_1}(\psi(p_1))$$
$$=\varphi_{q_2}{}^{p_1}(\psi(p_1))=\varphi_{q_2}{}^{q_1}(\varphi_{q_1}{}^{p_1}(\psi(p_1)),$$

即ち，

$$(8.22)\qquad \psi(q_2)=\varphi_{q_2}{}^{q_1}(\varphi_{q_1}{}^{p_1}(\psi(p_1))$$

が成立つ．一方，$\tilde{V}_1(q_1,\psi(q_1))\subset\tilde{M}_0$ であることから，(8.21) を得たと同様にして，

$$(8.23)\qquad \psi(q_2)=\varphi_{q_2}{}^{q_1}(\psi(q_1))$$

が得られる．(8.22)，(8.23) より $\varphi_{q_1}{}^{p_1}(\psi(p_1))=\psi(q_1)$ である($\varphi_{q_2}{}^{q_1}$ は単射であるから)．よって $(p_1,q_1)\in D^*$.

(＊) より容易に，D^* は D の中で開かつ閉であることがわかる．

終りに (1)，(2)，(3) をみたす ψ はただ1つであることを証明しよう．ψ' も (1)，(2)，(3) をみたすとして，$A=\{p\in M|\psi(p)=\psi'(p)\}$ とおく．1点 $p\in M$ に対し，$U\times U\subset D$ をみたす $U\in\mathcal{U}(p)$ をとる．

(＊＊)　　$A\frown U\neq\phi$ ならば，$p\in A$ である

ことを証明しよう．$p_1\in A\frown U$ とすると，

$$\varphi_{p_1}{}^{p}(\psi'(p))=\psi'(p_1)=\psi(p_1)=\varphi_{p_1}{}^{p}(\psi(p)),$$

従って，$\psi'(p)=\psi(p)$ となり，$p\in A$ である．

(＊＊) が成り立つから，容易に A は M の開かつ閉集合であることがわかり，$A=M$ 即ち，$\psi=\psi'$ である．　(証終)

定義 8.14 位相空間 M が**局所単連結**(locally simply connected)であるとは，任意の点 $p\in M$ に対し，p の近傍 V であって単連結なものが存在する

ときを言う.

定義 8.15 $f:\tilde{M}\to M$ を被覆写像とする. $(\tilde{M},f)$ が M の**普遍被覆空間** (universal covering space)であるとは, $\tilde{M}$ が単連結であるときを言う.

定理 8.6 $f_1:M_1\to M$; $f_2:M_2\to M$ を普遍被覆写像とし, $p_0\in M$ に対し点 $p_1\in f_1^{-1}(p_0)$, $p_2\in f_2^{-1}(p_0)$ をとり固定する. このとき, 位相同型 $\varphi:M_1\to M_2$ であって,

（i） $\varphi(p_1)=p_2$,　（ii） $f_2\circ\varphi=f_1$

をみたすものがただ1つ存在する.

証明 f_1 の f_2 に関するリフトを φ とし, f_2 の f_1 に関するリフトを ψ としよう.

$$f_2\circ\varphi=f_1,\ \varphi(p_1)=p_2,\qquad f_1\circ\psi=f_2,\ \psi(p_2)=p_1$$

が成立つから, $\varphi\circ\psi=\theta$, $\psi\circ\varphi=\eta$ とおくと,

$$f_2\circ\theta=f_2,\ \theta(p_2)=p_2,\qquad f_1\circ\eta=f_1,\ \eta(p_1)=p_1$$

が成立つ. 補題 8.7 により, $\theta=1_{M_2}$, $\eta=1_{M_1}$ となり, φ は位相同型写像である.　(証終)

定理 8.7 任意の連結かつ局所単連結な位相空間 $(M,\mathcal{U})$ に対しては, 普遍被覆空間が同型なものを除いてただ1つ存在する.

証明 1点 $x_0\in M$ を固定し, x_0 を始点とする道全体からなる集合 $\Omega(M)$ を考える:

$$\Omega(M)=\bigcup\{\Omega(M;x_0,x)\,|\,x\in M\}.$$

$\Omega(M)\ni\alpha,\beta$ に対し, $\alpha(1)=\beta(1)$ かつ α が β にホモトープ(定義 8.2)が成立つとき $\alpha\sim\beta$ とかくと, "$\sim$" は $\Omega(M)$ の中の同値関係であるから, $\Omega(M)$ を "$\sim$" に関する同値類に類別できる. $\alpha\in\Omega(M)$ を含む同値類を $[\alpha]$ であらわし, 同値類全体のなす集合を $\tilde{M}$ であらわそう: $\tilde{M}=\{[\alpha]\,|\,\alpha\in\Omega(M)\}$.

写像 $f:\tilde{M}\to M$ を $f([\alpha])=\alpha(1)$ によって定義する.

つぎに $\tilde{M}$ の中に位相 $\tilde{\mathcal{U}}$ を入れたい.

$[\alpha]\in\tilde{M}$ に対し, $V\in\mathcal{U}(\alpha(1))$ をとり, $\tilde{M}$ の部分集合 $\tilde{V}([\alpha])$ を

(8.24)　$$\tilde{V}([\alpha])=\{[\alpha\cdot\beta]\,|\,\beta\in\Omega(V;\alpha(1),q),\ q\in V\}$$

によって定義する．$\alpha\cdot\beta$ はもちろん，道 α と β との結合である((8.2)参照)．

$[\gamma]\in\tilde{V}([\alpha])\frown\tilde{W}([\beta])$ に対しては，$\widetilde{V\frown W}([\gamma])\subset\tilde{V}([\alpha])\frown\tilde{W}([\beta])$ が成立つ．従って $\tilde{\mathcal{U}}([\alpha])=\{\tilde{V}([\alpha])\,|\,V\in\mathcal{U}(\alpha(1))\}$ とおくと，命題 3.1 により，$\tilde{\mathcal{U}}([\alpha])$ を $[\alpha]$ の $\tilde{M}$ における基本近傍系とする $\tilde{M}$ の位相 $\tilde{\mathcal{U}}$ がただ1つ存在する．

$(\tilde{M},\tilde{\mathcal{U}})$ がハウスドルフ空間であることは，M の局所単連結性を用いて証明される．また，写像 $f:\tilde{M}\to M$ は連続である．f は開写像でもある．何故なら，$f(\tilde{V}([\alpha]))$ は V の $\alpha(1)$ を含む連結成分 V_0 であって，V_0 は開集合となるからである．

つぎに，$\tilde{M}$ は弧状連結であることを見よう．

$\tilde{x}_0=[\varepsilon_{x_0}]$ とおくと $\tilde{x}_0\in\tilde{M}$ である(定義 8.3)．任意の $[\alpha]\in\tilde{M}$ に対し，$\alpha_s\in\Omega(M)$ $(0\leq s\leq 1)$ を

$$\alpha_s(t)=\alpha(s\cdot t),\qquad t\in I$$

によって定義し，$\tilde{\alpha}(s)=[\alpha_s]$ $(s\in I)$ とおけば，明かに $\tilde{\alpha}\in\Omega(\tilde{M};\tilde{x}_0,[\alpha])$ である．$[\alpha]$ と $\tilde{x}_0$ が道で結べたから，$\tilde{M}$ は弧状連結である．

つぎに，f は被覆写像であることを証明しよう．

任意の点 $x\in M$ に対し，単連結な $V\in\mathcal{U}(x)$ がとれる．V が f によって平等に被われることを示せばよい．まず，容易に，

$$f^{-1}(V)=\bigcup\{\tilde{V}([\alpha])\,|\,\alpha(1)\in V\} \tag{8.25}$$

であることがわかる．$f'=f|\tilde{V}([\alpha])$ とおけば，写像 $f':\tilde{V}([\alpha])\to V$ は単射である．何故なら，$f([\alpha\cdot\beta])=f([\alpha\cdot\beta'])$；$[\alpha\cdot\beta],[\alpha\cdot\beta']\in\tilde{V}([\alpha])$ なる β,β' に対しては，$\beta(0)=\beta'(0)=\alpha(1)$，$\beta(1)=\beta'(1)$ が成立つから，V が単連結であることから $\beta\sim\beta'$ が成立ち，$[\alpha\cdot\beta]=[\alpha\cdot\beta']$ となるからである．よって，f' は全単射かつ連続開写像であるから，位相同型となり，(8.25) が連結成分への分解であることに注意すれば，V は f によって平等に被われることがわかる．

終りに，$\tilde{M}$ は単連結であることを見よう．

$\tilde{x}_0\in\tilde{M}$ における $\tilde{M}$ のループ τ をとる．$\alpha=f\circ\tau$ とおくと，$\alpha=f\circ\tilde{\alpha}$ でも

あるから，リフトの一意性(補題 8.8)により $\tilde{\alpha}=\tau$ となって，$\tilde{\alpha}$ はループである．よって，$[\alpha]=\tilde{\alpha}(1)=\tilde{x}_0=[\varepsilon_{x_0}]$ が成立ち，$\alpha\sim\varepsilon_{x_0}$ である．従って，系 8.1 より $\tilde{\alpha}\sim\varepsilon_{\tilde{x}_0}$ が成立ち，$\tau\sim 0$ が言えて，$\tilde{M}$ は単連結であることがわかった．

単連結被覆空間が同型を除いて一意的であることは，定理 8.6 より明かである．（証終）

系 8.4 連結な C^∞ 多様体 M には，つねに普遍被覆空間（$\tilde{M}, f$）が存在し，$\tilde{M}$ も C^∞ 多様体であって，f は C^∞ 写像である．

証明 多様体は明かに局所単連結であるから，定理 8.7 により，普遍被覆空間（$\tilde{M}, f$）が存在する．f は局所同型であるから，f が局所 C^∞ 同型になるように $\tilde{M}$ に C^∞ 構造が定義でき，従って，f は C^∞ 写像である．（証終）

8.4 被 覆 群

この節では，位相群 G の被覆空間について考える．G はつねに，弧状連結であると仮定する．

定理 8.8 G を局所連結な位相群とし，（$\tilde{G}, f$）を G の連結被覆空間とする．1 点 $e_0\in f^{-1}(e)$ を固定する(e は G の単位元)．

このとき，写像 $\tilde{\mu}:\tilde{G}\times\tilde{G}\to\tilde{G}$ が存在し，$\tilde{G}$ は $\tilde{\mu}$ を群乗法とする位相群となり，e_0 は $\tilde{G}$ の単位元であって，f は位相群 $\tilde{G}$ から G への準同型写像となる．また，このような $\tilde{\mu}$ はただ 1 通りに決まる．

証明 $\mu:G\times G\to G$ を G の群乗法とする：$\mu(x, y)=x\cdot y$ $(x, y\in G)$．いま，$g=\mu\circ(f\times f)$ とおくと，$g:\tilde{G}\times\tilde{G}\to G$ は連続写像であって，$g(e_0, e_0)=e$ をみたす．また，$\iota:G\to G$ を $\iota(x)=x^{-1}$ によって定義し，$h=\iota\circ f$ とおくと，$h:\tilde{G}\to G$ は連続写像であって，$h(e_0)=e$ をみたす．このとき，もし

(8.26) $$g_*(\pi_1(\tilde{G}\times\tilde{G}, (e_0, e_0)))\subset f_*(\pi_1(\tilde{G}, e_0)),$$

(8.27) $$h_*(\pi_1(\tilde{G}, e_0))\subset f_*(\pi_1(\tilde{G}, e_0))$$

の成立することが証明できれば，定理 8.4 によって，g, h の f によるリフト $\tilde{\mu}$, $\tilde{\iota}$ が存在する．即ち，写像 $\tilde{\mu}:\tilde{G}\times\tilde{G}\to\tilde{G}_1$, $\tilde{\iota}:\tilde{G}\to\tilde{G}$ が

$$(8.28)\quad \begin{aligned}&(\text{i})\quad \tilde{\mu}((e_0, e_0))=e_0, \quad \tilde{\iota}(e_0)=e_0,\\ &(\text{ii})\quad f\circ\tilde{\mu}=g=\mu\circ(f\times f), \quad f\circ\tilde{\iota}=h=\iota\circ f\end{aligned}$$

をみたすようにとれる.

(8.26), (8.27) の証明はあとまわしにして，まず，$\tilde{G}$ は $\tilde{\mu}$ を乗法とする位相群になることを証明しよう.

まず，$\tilde{\lambda};\tilde{G}\to\tilde{G}$ を $\tilde{\lambda}(\tilde{x})=\tilde{\mu}(\tilde{x}, e_0)$ $(\tilde{x}\in\tilde{G})$ で定義すると,

$$\begin{aligned}f\circ\tilde{\lambda}(\tilde{x})&=f(\tilde{\mu}(\tilde{x}, e_0))=\mu(f(\tilde{x}), f(e_0))\\ &=\mu(f(\tilde{x}), e)=f(\tilde{x})\end{aligned}$$

が成立ち，$\tilde{\lambda}(e_0)=\tilde{\mu}(e_0, e_0)=e_0$ をみたすから，補題 8.7 により，$\tilde{\lambda}=1_{\tilde{G}}$ が成立つ. 即ち e_0 は $\tilde{G}$ の単位元である.

つぎに，$\nu:\tilde{G}\to\tilde{G}$ を $\nu(\tilde{x})=\tilde{\mu}(\tilde{x}, \tilde{\iota}(\tilde{x}))$ で定義すると，$f\circ\nu(\tilde{x})=f\circ\tilde{\mu}(\tilde{x}, \tilde{\iota}(\tilde{x}))$ $=\mu(f(\tilde{x}), f\tilde{\iota}(\tilde{x}))=\mu(f(\tilde{x}), \iota(f(\tilde{x})))=e$ が成立つから，再び補題 8.7 により，$\nu(\tilde{x})=e_0$ $(\tilde{x}\in\tilde{G})$ が成立つ. 同様にして，$\tilde{\mu}(\tilde{\iota}(\tilde{x}), \tilde{x})=e_0$ も言えるから，$\tilde{\iota}(\tilde{x})$ は $\tilde{x}$ の逆元である. $\tilde{\mu}$ が結合律をみたすことも，μ の結合律を用いて，上と同じ方法で証明できる. よって，$\tilde{G}$ は $\tilde{\mu}$ を乗法とする位相群となることがわかり，(8.28) (ii) により，f は準同型写像である. $\tilde{\mu}$ の一意性も補題 8.7 による.

あとまわしにしてあった (8.26), (8.27) を証明しよう.

(8.26) を言うには，任意の $\tilde{\sigma}, \tilde{\tau}\in\Omega(\tilde{G}, e_0)$ に対し，$\tilde{G}\times\tilde{G}$ の道 $(\tilde{\sigma}, \tilde{\tau}):I\to\tilde{G}\times\tilde{G}$ を $(\tilde{\sigma}, \tilde{\tau})(t)=(\tilde{\sigma}(t), \tilde{\tau}(t))$ で定義し,

$$(8.29)\qquad g_*([\tilde{\sigma}, \tilde{\tau}])\in f_*(\pi_1(\tilde{G}, e_0))$$

の成立することを言えばよい. ところで，$f\circ\tilde{\sigma}=\sigma$, $f\circ\tilde{\tau}=\tau$ とおき，$\sigma*\tau\in\Omega(G, e)$ を

$$(8.30)\qquad (\sigma*\tau)(t)=\mu(\sigma(t), \tau(t))$$

で定義すれば,

$$g_*([(\tilde{\sigma}, \tilde{\tau})])=[\mu\circ(f\times f)\circ(\tilde{\sigma}, \tilde{\tau})]=[\mu\circ(\sigma, \tau)]=[\sigma*\tau]$$

が成立つ. 従って，もし $\sigma*\tau\sim\sigma\cdot\tau$ であることが証明できれば,

$$[\sigma*\tau]=[\sigma\cdot\tau]=[\sigma]\cdot[\tau]=[f\circ\tilde{\sigma}]\cdot[f\circ\tilde{\tau}]$$

$$=f_*([\tilde{\sigma}])\cdot f_*([\tilde{\tau}])=f_*([\tilde{\sigma}]\cdot[\tilde{\tau}])\in f_*(\pi_1(\widetilde{G},e_0))$$

となって，(8.26) が成立つ．同様にして，$\sigma\in\Omega(G,e)$ に対し，$\bar{\sigma}\in\Omega(G,e)$ を

$$(8.31)\qquad \bar{\sigma}(t)=(\sigma(t))^{-1}$$

で定義し，$\bar{\sigma}\sim\sigma^{-1}$ であること(σ^{-1} は σ と逆向きの道)が言えれば，(8.27)の成立することが言える．よって，次の補題が証明できれば，定理 8.8 の証明が完結する．

補題 8.9 G を位相群とし，$\sigma,\tau\in\Omega(G,e)$ に対し，$\sigma*\tau$，$\bar{\sigma}\in\Omega(G,e)$ を (8.30)，(8.31) で定義すれば，

（i） $\sigma*\tau\sim\sigma\cdot\tau$，　（ii） $\bar{\sigma}\sim\sigma^{-1}$

が成立つ．

証明 （i） $F:I\times I\to G$ を $F(s,t)=\sigma(s)\cdot\tau(s\cdot t)$ で定義すれば，$F(s,0)=\sigma(s)$，$F(s,1)=(\sigma*\tau)(s)$，$F(0,t)=e$，$F(1,t)=\tau(t)$ が成立つから，補題 8.4 によって，$\sigma*\tau\sim\sigma\cdot\tau$ がわかる．

（ii） $H(s,t)=\sigma(s)\cdot\sigma(s\cdot t)^{-1}$ によって，$H:I\times I\to G$ を定義すると，$H(s,0)=\sigma(s)$，$H(s,1)=e$，$H(0,t)=e$，$H(1,t)=\bar{\sigma}(t)$ が成立つから，補題 8.4 によって，$\sigma\cdot\bar{\sigma}\sim 0$ であるから，$\bar{\sigma}\sim\sigma^{-1}$ が得られる．（証終）

定義 8.16 $\widetilde{G},G$ を位相群とし，$f:\widetilde{G}\to G$ を被覆写像とする．$(\widetilde{G},f)$ が G の**被覆群**であるとは，f が群の準同型写像であるときを言う．また，$(\widetilde{G},f)$ が G の普遍被覆空間であるとき，$(\widetilde{G},f)$ を G の**普遍被覆群**であると言う．

G の 2 つの被覆群 $(\widetilde{G}_1,f_1),(\widetilde{G}_2,f_2)$ が同型であるとは，位相群の同型写像 $\Phi:\widetilde{G}_1\to\widetilde{G}_2$ が存在して，$f_1=f_2\circ\Phi$ が成立つときを言う．

系 8.5 G を位相群とし，$(\widetilde{G},f)$ を G の連結な被覆空間とすれば，任意の点 $e_0\in f^{-1}(e)$ を与えると，$\widetilde{G}$ は e_0 を単位元とする位相群となり，$(\widetilde{G},f)$ は G の被覆群となる．

証明 定理 8.8 による．（証終）

定義 8.17 G を位相群とし，H を群(位相群でなくともよい)とする．G の単位元 e の近傍 V から H の中への写像 η が G から H への**局所準同型写像**(local homomorphism)であるとは，

$$x, y, xy \in V \quad ならば, \quad \eta(xy)=\eta(x)\cdot\eta(y)$$

が成立つときを言う．H も位相群の場合は，η の連続性を仮定する．

定理 8.9 G を単連結な位相群とし，H を(位相)群とする．G から H への局所準同型 η は G から H への準同型写像 ψ に，ただ1通りに拡張される．即ち，e の近傍 W が存在して，$\psi|W=\eta|W$ が成立つ．

証明 η は V において定義されているとし，W を V に含まれる e の連結な開近傍とする．$G\times G$ の部分集合 D を

$$D=\{(\sigma,\tau)\in G\times G|\tau\sigma^{-1}\in W\}$$

によって定義する．$\Delta=\{(\sigma,\sigma)|\sigma\in G\}$ とおくと，明かに $\Delta\subset D$ であって，かつ

$$D=\bigcup\{\{\sigma\}\times W\sigma|\sigma\in G\} \tag{8.32}$$

が成立つ．Δ は G と位相同型であるから連結であり，$\{\sigma\}\times W\cdot\sigma$ も連結である．しかも $(\{\sigma\}\times W\cdot\sigma)\frown\Delta\neq\phi$ であるから，(8.32) より D も連結である(補題 3.4)．

つぎに，$(\sigma,\tau)\in D$ に対し，写像 $\varphi_\tau{}^\sigma:H\to H$ を

$$\varphi_\tau{}^\sigma(\alpha)=\eta(\tau\sigma^{-1})\cdot\alpha, \qquad \alpha\in H$$

によって定義する．$(\sigma,\tau),(\tau,\rho),(\sigma,\rho)\in D$ ならば，任意の $\alpha\in H$ に対し，$\varphi_\rho{}^\sigma(\alpha)=\eta(\rho\cdot\sigma^{-1})\cdot\alpha=\eta(\rho\tau^{-1})\cdot\eta(\tau\sigma^{-1})\alpha=\varphi_\rho{}^\tau(\varphi_\tau{}^\sigma(\alpha))$，従って，$\varphi_\rho{}^\sigma=\varphi_\rho{}^\tau\circ\varphi_\tau{}^\sigma$ が成立つ．

よって，$\{\varphi_\rho{}^\sigma|(\sigma,\rho)\in D\}$，$E(\sigma)=H(\sigma\in G)$ に対し，モノドロミー定理 8.5 が適用され，写像 $\psi:G\to H$ であって，$\psi(e)=e$ かつ

$$\psi(\tau)=\varphi_\tau{}^\sigma(\psi(\sigma))=\eta(\tau\sigma^{-1})\psi(\sigma), \qquad (\sigma,\tau)\in D \tag{8.33}$$

をみたすものが存在する．(8.33) において $\sigma=e$ とおくと $\psi(\tau)=\eta(\tau)$ $(\tau\in W)$ が成立つ．

$\psi:G\to H$ が準同型であることを示そう．

任意の $\tau\in W$ と任意の $\sigma\in G$ に対し，(8.33) において τ の代りに $\tau\sigma$ を代入すれば，

$$\psi(\tau\sigma)=\eta(\tau\sigma\sigma^{-1})\cdot\psi(\sigma)=\psi(\tau)\psi(\sigma) \tag{8.34}$$

が成立つ．よって，任意の $\tau_1,\cdots,\tau_k\in W$ と $\sigma\in G$ に対し，k についての帰納

法により,

$$\psi(\tau_1\cdots\tau_k\sigma)=\psi(\tau_1)\cdots\psi(\tau_k)\psi(\sigma)$$

の成立することがたしかめられる. 特に $\sigma=e$ をとると,

$$\psi(\tau_1\cdots\tau_k)=\psi(\tau_1)\cdots\psi(\tau_k)$$

がすべての $\tau_i\in W$ $(i=1,\cdots,k)$ に対して成立つ.

一方 G は連結であるから, 任意の元 $\sigma,\tau\in G$ は $\sigma=\sigma_1\cdots\sigma_k$, $\tau=\tau_1\cdots\tau_k$ $(\sigma_i,\tau_i\in W)$ の形に書ける(定理 7.2)から, $\psi(\sigma\tau)=\psi(\sigma)\psi(\tau)$ が得られる.

ψ の一意性も G が W によって生成されることから明かであろう.

また, H が位相群のとき, ψ が連続であることは, ψ が同型であって, e の近傍で連続であることより明かである. (証終)

定理 8.10 G を連結かつ局所単連結な位相群とすれば, G の普遍被覆群が同型を除いてただ1つ存在する.

証明 定理 8.7 によって, G の普遍被覆空間 $(\tilde{G},f)$ が存在する. 系 8.5 によって, $\tilde{G}$ は位相群となり, $(\tilde{G},f)$ は被覆群となるから, 普遍被覆群の存在がわかった. つぎに, $(\tilde{G}_1,f_1)$ も G の普遍被覆群としよう.

$\tilde{G}, \tilde{G}_1, G$ の単位元の近傍 $\tilde{V}$, $\tilde{V}_1$, V を十分小にとれば, $g=f|\tilde{V}$, $g_1=f_1|\tilde{V}_1$ はそれぞれ $\tilde{V}\to V$, $\tilde{V}_1\to V$ の位相同型, かつ局所準同型である.

$\eta=(g_1)^{-1}\circ g$, $\eta_1=g^{-1}\circ g_1$ とおくと, η は $\tilde{G}$ から $\tilde{G}_1$ への, η_1 は $\tilde{G}_1$ から $\tilde{G}$ への局所準同型である. よって, 定理 8.9 により, 準同型 $\psi:\tilde{G}\to\tilde{G}_1$, $\psi_1:\tilde{G}_1\to\tilde{G}$ が存在し, ψ,ψ_1 は η,η_1 の拡張である. 明かに, $\psi\circ\psi_1$ は $1_{\tilde{V}_1}$ の, また $\psi_1\circ\psi$ は $1_{\tilde{V}}$ の拡張であるから, 拡張の一意性から, $\psi\circ\psi_1=1_{\tilde{G}_1}$, $\psi_1\circ\psi=1_{\tilde{G}}$ が成立つ. 即ち, $\psi:\tilde{G}\to\tilde{G}_1$ は同型写像であって, $g_1\circ\psi=g$ が $\tilde{V}$ の上で成立つ. 従って, $f_1\circ\psi=f$ が成立ち, $(\tilde{G},f)$ と $(\tilde{G}_1,f_1)$ とが同型な被覆群であることがわかった. (証終)

問題 8

8.1 M_1, M_2 を連結位相空間とすると, $\pi_1(M_1\times M_2)$ と $\pi_1(M_1)\times\pi_2(M_2)$ とは自然な仕方で同型になる.

8.2 （1） $\pi_1(S^1)\simeq \boldsymbol{Z}=\{0, \pm 1, \pm 2, \cdots\}$,

（2） $\pi_1(S^n)=\{0\}\quad (n\geq 2)$

を証明せよ.

8.3 連結位相空間 M から $\boldsymbol{R}^2$ への写像 $f: M\to \boldsymbol{R}^2$ であって，次の条件をみたす例をつくれ.

（1） f は局所位相同型写像，かつ全射,

（2） f は位相同型写像ではない.

9. リ　ー　群

9.1 リー群の定義

定義 9.1 $(G, \mu, \mathcal{A})$ が**リー群** (Lie group) であるとは，次の条件 (i)〜(iii) がみたされるときを言う．

(i) (G, μ) は群である(§2.1 参照)．

(ii) $(G, \mathcal{A})$ は C^∞ 多様体である(定義 4.4)．

(iii) $\mu: G\times G\to G$, $\iota: G\to G$ は C^∞ 写像である．ただし，$\iota(x)=x^{-1}$ $(x \in G)$．(直積多様体 $G\times G$ については例 4.5 参照)．$\mu, \mathcal{A}$ を明記する必要のない場合，単に G はリー群であると言う．

例 9.1 $GL(n, \boldsymbol{R})$ (例 7.2) は行列の掛算と自然な C^∞ 構造に関し，リー群となることが例 7.2 と同じ方針でたしかめられる．

例 9.2 リー群 G_1, G_2 の直積 $G_1\times G_2$ も自然な方法でリー群となる．

9.2 リー群のリー環

G をリー群とし，任意の元 $\sigma\in G$ による G の左移動 $L_\sigma: G\to G$ を考える．§7.2 と同様にして，L_σ は G から G への C^∞ 同型写像であることがわかる．

定義 9.2 $X\in\mathfrak{X}(G)$ (定義 4.14) がすべての $\sigma\in G$ に対し，

$$(dL_\sigma)X=X \tag{9.1}$$

をみたすとき(命題 4.8 参照)，X を**左不変**(left invariant)**ベクトル場**とよぶ．左不変ベクトル場全体からなる $\mathfrak{X}(G)$ の部分集合を $\mathcal{L}(G)$ または $\mathfrak{g}$ であらわす．

定理 9.1 $\mathcal{L}(G)$ は $\mathfrak{X}(G)$ の部分リー環であって，$\dim\mathcal{L}(G)=\dim G$ が成立つ．

証明 $\mathcal{L}(G)$ が $\mathfrak{X}(G)$ の部分ベクトル空間をなすことは明かである．次に，$X, Y\in\mathcal{L}(G)$ に対し，補題 4.12 より，

$$(dL_\sigma)[X, Y]=[dL_\sigma X, dL_\sigma Y]=[X, Y]$$

がすべての $\sigma\in G$ に対し成立ち，従って $[X, Y]\in\mathcal{L}(G)$ が得られ，$\mathcal{L}(G)$ は $\mathfrak{X}(G)$ の部分リー環である．

次に，写像 $\eta:\mathcal{L}(G)\to T_e(G)$ を $\eta(X)=X_e$（命題 4.5 参照）によって定義すると，η は線型写像である．η が全単射であることがわかれば，$\dim\mathcal{L}(G)$ $\dim T_eG=\dim G$ となって証明が終る．まず，η が単射であることを示そう．$\eta(X)=0$ ならば，$X_e=0$．ところが，(9.1) により，$X(\sigma)=((dL_\sigma)X)(\sigma)=(dL_\sigma)(X_e)=0$ $(\sigma\in G)$ が成立ち $X=0$ となって，η は単射である．次に η が全射であることを証明しよう．任意に $X_e\in T_eG$ をとり，$\sigma\in G$ に対し，$X_\sigma=(dL_\sigma)X_e$ とおくと，$X_\sigma\in T_\sigma G$ であって，$(dL_\tau)X_\sigma=X_{\tau\sigma}$ $(\tau\in G)$ をみたす．写像 $\sigma\to X_\sigma$ が G から TG への C^∞ 写像であることがわかれば，$X\in\mathcal{L}(G)$ となって（命題 4.6），η は全射となる．

さて，$e\in G$ の座標近傍 (U,φ) と $\sigma_0\in G$ の座標近傍 (V,ψ) を $\sigma_0U\subset V$ をみたすようにとり，$\varphi=(x_1,\cdots,x_n)$，$\psi=(y_1,\cdots,y_n)$ $(n=\dim G)$ とおく．σ_0 の近傍 V_0 を十分小にとれば，$V_0\cdot U\subset V$ であるとしてよい．$\mu:G\times G\to G$ は C^∞ 写像であるから，$(\sigma,\tau)\in V_0\times U$ に対し，$y_i(\sigma\cdot\tau)=F_i(y_1(\sigma),\cdots,y_n(\sigma);x_1(\tau),\cdots,x_n(\tau))$ と書けて，F_i は $\boldsymbol{R}^{2n}$ の中の $(y_1(\sigma_0),\cdots,y_n(\sigma_0),x_1(e),\cdots,x_n(e))$ の近傍での C^∞ 関数である．さて，X_e, X_σ は座標系 $\{x_1,\cdots,x_n\}$, $\{y_1,\cdots,y_n\}$ を用いて，$X_e=\sum a_i(\partial/\partial x_i)_e$，$X_\sigma=\sum\xi_j(\sigma)(\partial/\partial y_j)_\sigma$ $(\sigma\in V_0)$ とあらわせる．$\sigma\to X_\sigma$ が C^∞ 写像であることを言うには，ξ_j が V_0 上の C^∞ 関数であることを示せばよい．ところで，$X_\sigma=(dL_\sigma)X_e=\sum a_i(dL_\sigma)(\partial/\partial x_i)_e$ であるから，

$$\xi_j(\sigma)=X_\sigma(y_j)=\sum a_i\left(dL_\sigma\left(\frac{\partial}{\partial x_i}\right)_e\cdot y_j\right)$$

$$=\sum a_i\left(\frac{\partial}{\partial x_i}\right)_e(y_j\circ L_\sigma)=\sum a_i\left[\frac{\partial F_j}{\partial x_i}\right]_{y_i=y_i(\sigma),x_i=x_i(e)}$$

となり，$\xi_j(\sigma)$ は $\sigma\in V_0$ に関し C^∞ 関数である．（証終）

定義 9.3 $\mathcal{L}(G)$ を**リー群** G **のリー環**とよぶ．

命題 9.1 G_1, G_2 をリー群とすると，$\mathcal{L}(G_1\times G_2)$ と $\mathcal{L}(G_1)\times\mathcal{L}(G_2)$ とは自然な方法で同型である．

9.3 リー群の準同型とリー部分群

定義 9.4 G_1, G_2 をリー群とする．写像 $\Phi: G_1 \to G_2$ がリー群の**準同型写像**であるとは，

（i） Φ は多様体 G_1 から G_2 への C^∞ 写像，

（ii） Φ は群 G_1 から G_2 への準同型写像

であるときを言う．

定理 9.2 $\mathfrak{g}_1, \mathfrak{g}_2$ をリー群 G_1, G_2 のリー環とする．$\Phi: G_1 \to G_2$ をリー群の準同型写像とすれば，リー環の準同型 $\Phi_*: \mathfrak{g}_1 \to \mathfrak{g}_2$ であって，

(9.2) $$(\Phi_* X)_e = (d\Phi) X_e \qquad (X \in \mathfrak{g}_1)$$

をみたすものが定義される．

証明 $X \in \mathfrak{g}_1$ に対し，$(\Phi_* X)_\tau = (dL_\tau)(d\Phi X_e)$ $(\tau \in G_2)$ とおくと，定理 9.1 の証明で示したように，$\Phi_* X \in \mathfrak{g}_2$ である．$\Phi_*: \mathfrak{g}_1 \to \mathfrak{g}_2$ がリー環の準同型であることを言う．

Φ_* が線型写像であることは明かであるから，$X, Y \in \mathfrak{g}_1$ に対し，

(9.3) $$\Phi_*([X, Y]) = [\Phi_* X, \Phi_* Y]$$

であることを示せばよい．$X' = \Phi_* X$，$Y' = \Phi_* Y$ とおく．まず，

(9.4) $$X'(\Phi(\sigma)) = (d\Phi)(X_\sigma) \qquad (\sigma \in G_1)$$

を証明しよう．Φ が準同型であることより，$L_{\Phi(\sigma)} \circ \Phi = \Phi \circ L_\sigma$ $(\sigma \in G)$ が成立つから，X' の定義より，

$$X'(\Phi(\sigma)) = dL_{\Phi(\sigma)}(d\Phi X_e) = d(L_{\Phi(\sigma)} \circ \Phi)(X_e)$$
$$= d(\Phi \circ L_\sigma)(X_e) = d\Phi dL_\sigma(X_e) = (d\Phi)(X_\sigma)$$

となり，(9.4) が示された．次に，任意の $g \in C^\infty(G_2)$ に対し，

$$X(g \circ \Phi) = (X'g) \circ \Phi$$

の成立することが，次のようにして示される．

$$(X'g)(\Phi(\sigma)) = X'(\Phi(\sigma)) \cdot g = (d\Phi(X_\sigma)) \cdot g$$
$$= X_\sigma(g \circ \Phi) = (X(g \circ \Phi))(\sigma) \qquad (\sigma \in G_1).$$

同様にして，Y に対しても，

(9.5) $$Y(g\circ\Phi)=(Y'g)\circ\Phi \qquad (g\in C^\infty(G_2)).$$

(9.5) において，g の代りに $X'g$ をとり，(9.4) を用いると

(9.6) $$(Y'X'g)\circ\Phi=Y((X'g)\circ\Phi)=Y(X(g\circ\Phi))$$

を得る．(9.6) において，X と Y とを入れかえると，

(9.7) $$(X'Y'g)\circ\Phi=X(Y(g\circ\Phi)).$$

よって，(9.6) と (9.7) とより，$([X', Y']g)\circ\Phi=(X'Y'g)\circ\Phi-(Y'X'g)\circ\Phi=(XY-YX)(g\circ\Phi)=[X, Y](g\circ\Phi)$，従って，$\sigma\in G_1$ に対し，$[X', Y'](\Phi(\sigma))=d\Phi([X, Y](\sigma))$ が成立つ．特に，$[X', Y']_e=d\Phi([X, Y]_e)=(\Phi_*([X, Y])(e)$ が成立つ．よって，$[X', Y']$，$\Phi_*([X, Y])$ は共に $\mathfrak{g}_2$ の元であって，e における値が一致するから，(9.3) が成立つ． （証終）

定義 9.5 G をリー群とする．リー群 H が G の**リー部分群**(Lie subgroup) であるとは，次の2つの条件をみたすときを言う．

(i) H は G の部分多様体である(定義 5.1)，

(ii) H は G の部分群である．

補題 9.1 H をリー群 G のリー部分群とし，$\iota:H\to G$ を包含写像とする．G, H のリー環を $\mathfrak{g}, \mathfrak{h}$ とすれば，リー環の準同型 $\iota_*:\mathfrak{h}\to\mathfrak{g}$ は単射である．

証明 $X\in\mathfrak{h}$，$\iota_*(X)=0$ から $X=0$ を証明すればよい．(9.2) より，$(\iota_*X)_e=(d\iota)(X_e)$ であって $d\iota$ は単射であるから(定義 5.1) $X_e=0$．ところで，$\mathfrak{h}\ni X\to X_e\in T_eH$ は単射であった(定理 9.1)．よって，$X=0$． （証終）

定義 9.6 H がリー群 G のリー部分群であるとき，補題 9.1 により，$\iota_*:\mathfrak{h}\to\mathfrak{g}$ は単射であるから，$\mathfrak{h}$ と $\mathfrak{g}$ の部分リー環 $\iota_*\mathfrak{h}$ とは同一視してよい．この部分リー環 $\mathfrak{h}$ を H に**対応する部分リー環**とよび，$\mathfrak{h}=\mathcal{L}(H)$ であらわす．

リー部分群からは自然に部分リー環が定義されたが，逆に，次の重要な定理が成立つ．

定理 9.3 連結リー群 G のリー環を $\mathfrak{g}$ とし，$\mathfrak{h}$ を $\mathfrak{g}$ の部分リー環とすれば，G の連結なリー部分群 H であって，$\mathfrak{h}=\mathcal{L}(H)$ となるものがただ1つ存在する．

証明 任意の $\sigma\in G$ に対し，$D(\sigma)=\{X_\sigma | X\in\mathfrak{h}\}$ とおくと，$D(\sigma)$ は $T_\sigma G$

の部分ベクトル空間であって，$\dim D(\sigma)=\dim\mathfrak{h}\ (\sigma\in G)$ が成立つ．よって，多様体 G 上の C^∞ 微分系 $\mathcal{D}=\{D(\sigma)|\sigma\in G\}$ が定義された(定義 5.3)．X_1, $\cdots, X_m$ を $\mathfrak{h}$ の基とすれば，$[X_i, X_j]\in\mathfrak{h}$ であることから，$\mathcal{D}$ が内包的微分系であることも明かである．従って，定理 5.3 により，$e\in G$ を通る $\mathcal{D}$ の極大積分多様体 H が存在する．H が求めるものであることを証明しよう．まず，任意の $\sigma, \tau\in G$ に対し，$dL_\sigma D(\tau)=D(\sigma\tau)$ が成立つから，$L_\sigma(H)$ も $\mathcal{D}$ の極大積分多様体であることがわかる．特に，$\sigma\in H$ に対しては，$L_{\sigma^{-1}}(H)\ni e$ であるから，$L_{\sigma^{-1}}H=H$ が成立ち，H は G の部分群であることがわかった．よって，$H\times H\to H$ の写像 $\mu:(\sigma,\tau)\to\sigma\cdot\tau^{-1}$ が C^∞ 写像であることを示せばよい．Gは連結リー群であるから，可算基をもつ(系 7.1)．よって，その部分多様体 H も可算基をもつ(定理 5.4)．従って，$G\times G$ の部分多様体 $H\times H$ も可算基をもつ．$\iota_1:H\to G$, $\iota_2:H\times H\to G\times G$ を包含写像とし，写像 $\tilde{\mu}:G\times G\to G$ を $\tilde{\mu}(\sigma,\tau)=\sigma\tau^{-1}$ で定義すれば，

$$\iota_1\circ\mu=\tilde{\mu}\circ\iota_2$$

が成立つから，$\iota_1\circ\mu$ は C^∞ 写像である．よって，定理 5.5 により，μ も C^∞ 写像である．

(証終)

定義 9.7 G_1, G_2 をリー群とし，W を G_1 の単位元の近傍とする．写像 $\Phi: W\to G_2$ がリー群 G_1 から G_2 への**局所準同型**写像であるとは

(i) Φ は位相群 G_1 から G_2 への局所準同型である，

(ii) Φ は多様体 W から G_2 への C^∞ 写像である，

をみたすときを言う．

定理 9.4 リー群 G_1, G_2 のリー環を $\mathfrak{g}_1, \mathfrak{g}_2$ とし，$\psi:\mathfrak{g}_1\to\mathfrak{g}_2$ をリー環の準同型とする．このとき，リー群 G_1 から G_2 への局所準同型写像 Φ が存在し，

(9.8) $$(d\Phi)(X_e)=(\psi(X))_e \qquad (X\in\mathfrak{g}_1)$$

が成立つ．もし，さらに G_1 が単連結ならば，Φ は G_1 から G_2 への準同型写像にとれ，

(9.9) $$\Phi_*=\psi$$

が成立つ(Φ_* の定義は定理 9.2 による)．

証明 $\mathfrak{h}=\{(X,\psi X(|X\in\mathfrak{g}_1\}$ とおくと，$\mathfrak{h}$ は $\mathfrak{g}_1\times\mathfrak{g}_2$ の部分リー環である．$\mathfrak{g}_1\times\mathfrak{g}_2$ はリー群 $G_1\times G_2$ のリー環と考えられるから，定理 9.3 により，$G_1\times G_2$ のリー部分群 H が存在し，$\mathcal{L}(H)=\mathfrak{h}$ が成立つ．$\pi_i:G_1\times G_2\to G_i$ $(i=1,2)$ を自然な写像とする．$\pi_1'=\pi_1|H$ とおくと，$\pi_1':H\to G_1$ はリー群の準同型写像であって，$(d\pi_1')_e:T_eH\to T_eG_1$ は同型写像である．何故なら，$\dim T_eH=\dim\mathfrak{h}=\dim\mathfrak{g}_1=\dim G_1=\dim T_eG_1$ であって，$(d\pi_1')_e(X,\psi X)=X$ $(X\in T_eH)$ であるから $(d\pi_1')_e$ は単射，したがって全射となる(系 2.3)からである．よって，逆写像の定理 2.6 により，H の単位元の近傍 U と G_1 の単位元の近傍 W が存在して，$\pi_1'|U:U\to W$ は C^∞ 同型である．いま，$\lambda=(\pi_1'|U)^{-1}$ とおくと，π_1 したがって，π_1' が群の準同型であることから，λ は G_1 から H への局所準同型であることがわかる．ここで，$\Phi=\pi_2\circ\lambda$ とおくと，C^∞ 写像 $\Phi:W\to G_2$ も G_1 から G_2 への局所準同型である．しかも，$T_eH=\{(X_e,\psi X_e)|X_e\in T_eG_1\}$ であることに注意すれば，Φ は (9.8) をみたすことが容易にたしかめられる．

次に，G_1 が単連結ならば，G_1 の単位元の近傍で定義された局所準同型写像 Φ は定理 8.9 により，G_1 から G_2 への準同型に拡張される．この拡張された準同型を同じ記号 Φ であらわせば，(9.8) と定理 9.2 により，(9.9) の成立することがわかる．　(証終)

9.4 指数写像と標準座標

実数の加群 $\boldsymbol{R}$ のリー環を $\mathfrak{r}$ としよう．$\boldsymbol{R}$ の自然な座標系 t をとると，ベクトル場 $X_0=d/dt$ は明かに左不変である．よって，$\mathfrak{r}$ は X_0 によって張られる1次元ベクトル空間になっている．

定義 9.8 リー群 $\boldsymbol{R}$ からリー群 G への準同型写像 $\theta:\boldsymbol{R}\to G$ のことを G の **1 径数部分群**と言う．

補題 9.2 リー群 G のリー環を $\mathfrak{g}$ とする．任意の元 $X\in\mathfrak{g}$ に対し，G の1径数部分群 $\theta:\boldsymbol{R}\to G$ であって，$\theta_*(X_0)=X$ をみたすものがただ 1 つ存在する．

証明 写像 $\psi:\mathfrak{r}\to\mathfrak{g}$ を $\psi(aX_0)=aX$ $(a\in\boldsymbol{R})$ によって定義すると，ψ はリ

ー環の準同型写像である．$\boldsymbol{R}$ は単連結リー群であるから，定理 9.4 により，準同型 $\theta:\boldsymbol{R}\to G$ が存在して，$\theta_*=\psi$ が成立つ．この θ に対し，$\theta_*(X_0)=X$ が成立つことは明かである．次に，θ の一意性を証明するため，写像 $\Phi_t:G\to G$ を $\Phi_t=R_{\theta(t)}$(右移動)とおけば，$\{\Phi_t\}_{t\in R}$ は多様体 G の 1 径数変換群(定義 4.16) であって，それから導かれた G 上のベクトル場を Y とすると，$Y=X$ であることが次のようにして示される：任意の $f\in C^\infty(G)$ に対し，

$$Y_\sigma f=\left[\frac{d(f\circ\Phi_f(\sigma))}{dt}\right]_{t=0},\qquad \sigma\in G$$

であるから，$\tau\in G$ に対し，

$$(dL_\tau Y_\sigma)f=Y_\sigma(f\circ L_\tau)=\left[\frac{d(f\circ L_\tau\circ\Phi_t(\sigma))}{dt}\right]_{t=0}$$

$$=\left[\frac{d(f\circ\Phi_t\circ L_\tau(\sigma))}{dt}\right]_{t=0}=\left[\frac{d(f\circ\Phi_t(\tau\sigma))}{dt}\right]_{t=0}=Y_{\tau\sigma}f$$

が成立ち，$(dL_\tau)Y_\sigma=Y_{\tau\sigma}$，即ち $Y\in\mathcal{L}(G)$ が得られた．次に，

$$Y_e f=\left[\frac{df\circ\Phi_t(e)}{dt}\right]_{t=0}=\left[\frac{df(\theta(t))}{dt}\right]_{t=0}=\left[\frac{d(f\circ\theta)(t)}{dt}\right]_{t=0}$$

$$=\left(\frac{d}{dt}\right)_0(f\circ\theta)=\left(d\theta\left(\frac{d}{dt}\right)_0\right)f=X_e f$$

が任意の $f\in C^\infty(G)$ に対し成立つから，$Y_e=X_e$ が成立ち，従って $X=Y$ を得る．

よって，もし θ' も G の 1 径数部分群であって，$\theta_*'(X_0)=X$ をみたせば，$\Phi_t'=R_{\theta'(t)}$ とおくと，X は 1 径数変換群 $\{\Phi_t'\}$ から導かれたベクトル場でもある．定理 4.5 によれば，十分小な $\varepsilon>0$ が存在して，$\Phi_t=\Phi_t'$ ($|t|<\varepsilon$) が単位元 e の近傍で成立つ．特に $\theta(t)=\theta'(t)$ ($|t|<\varepsilon$) が成立つ．任意の $s\in\boldsymbol{R}$ に対しては，自然数 N を十分大にとれば，$|s/N|<\varepsilon$ となるから，$\theta(s)=(\theta(s/N))^N=(\theta'(s/N))^N=\theta'(s)$ となり，$\theta=\theta'$ が証明された． (証終)

定義 9.9 補題 9.2 によって得られた 1 径数部分群 θ は X によってきまったから $\theta(t)=\theta(t,X)$ であらわし，写像 $\exp:\mathfrak{g}\to G$ を

(9.10) $$\exp X=\theta(1,X),\qquad X\in\mathfrak{g}$$

で定義する．exp を**指数写像**(exponential map)とよぶ．

定理 9.5 指数写像 $\exp:\mathfrak{g}\to G$ は C^∞ 写像である．ただし，$\mathfrak{g}$ はベクトル空間であるから，自然な C^∞構造で C^∞ 多様体と考える．

証明 $\mathfrak{g}$ の基 $\{X_1,\cdots,X_n\}$ をとると，任意の $X\in\mathfrak{g}$ は $X=\sum u_i(X)\cdot X_i$, $u_i(X)\in\boldsymbol{R}$ とあらわせる．$\{u_1,\cdots,u_n\}$ は $\mathfrak{g}$ 上の座標系になっている．次に，$\{y_1,\cdots,y_n\}$ を G の単位元 e の近傍 U 上の座標系とし，$y_i(e)=0$ $(i=1,2,\cdots,n)$ とする．$a>0$ を十分小にとれば，$W=\{\sigma\in U\,|\,|y_i(\sigma)|<a\ (i=1,\cdots,n)\}$ は $\boldsymbol{R}^n$ の立方体 $\{x\in\boldsymbol{R}^n\,|\,|x_i|<a\}$ と同相である．

さて，任意の $u=(u_1,\cdots,u_n)\in\boldsymbol{R}^n$ に対し，$t_1>0$ があって，

$$\exp(t\cdot\sum u_iX_i)\in W \qquad (|t|<t_1) \tag{9.11}$$

が成立つ．(9.11) が成立つような t_1 の上限を $T(u)$ と書く．$|t|<T(u)$ なる t に対しては，

$$F_j(t,u)=y_j(\exp t\sum u_iX_i) \tag{9.12}$$

によって関数 F_j が定義できる．$\sigma\in W$ に対し，$(X_i)_\sigma y_j$ は σ に関し C^∞ 関数であるから，

$$(X_i)_\sigma y_j=H_{ij}(y_1(\sigma),\cdots,y_n(\sigma))$$

と書け，$H_{ij}(y_1,\cdots,y_n)$ は $|y_k|<a$ において C^∞ 関数である．$X=\sum u_iX_i$ に対し，$\theta_X(t)=\theta(t,X)$ とおくと，θ の定義より，$d\theta_X(d/dt)=X(\theta_X(t))$ が成立ち，従って，

$$d\theta_X\left(\frac{d}{dt}\right)y_j=X(\theta_X(t))y_j, \qquad |t|<T(u) \tag{9.13}$$

が成立つ．(9.13) の左辺は $d/dt\cdot(y_j\circ\theta_X)=dy_j(\exp tX)/dt=(dF_j/dt)\cdot(t;u)$ であり，右辺は

$$\sum u_1\cdot(X_i)_{\theta_X(t)}\cdot y_j=\sum u_i\cdot H_{ij}(y_1(\theta_X(t)),\cdots,y_n(\theta_X(t)))$$
$$=\sum u_i\cdot H_{ij}(F_1(t,u),\cdots,F_n(t,u)) \quad \text{であるから，}$$

$$\left(\frac{dF_j}{dt}\right)(t,u)=\sum u_iH_{ij}(F_1(t,u),\cdots,F_n(t,u))$$

が成立つ．従って，$y_j=F_j(t,u)$ $(1\leq j\leq n)$ は常微分方程式系

$$\frac{dy_j}{dt}=\sum u_i\cdot H_{ij}(y_2,\cdots,y_n) \qquad (1\leq j\leq n) \tag{9.14}$$

の初期条件 $F_i(0,u)=0$ をみたす解である．(9.14) に対し，定理 1.6 により，正数 b, c と，$|u_k|<b$, $|t|<c$ で定義された n この C^∞ 関数 $F_i^*(t,u)$ であって，

(i) $F_i^*(0,u)=0 \quad (1\leq i\leq n)$,

(ii) $|F_i^*(t,u)|<a$,

(iii) $y_i=F_i^*(t,u)$ は (9.14) の解である，

をみたすものが存在する．また解の一意性によって，$F_i(t,u)=F_i^*(t,u)$ が $|u_k|<b$, $|t|<\mathrm{Min}\{c, T(u)\}$ に対して成立つ．一方，$T(u)$ の定義の仕方から，

$$\sup\{\underset{1\leq i\leq n}{\mathrm{Max}}|F_i(t,u)|\,;|t|<T(u)\}=a$$

が成立つ．よって，(ii) により，$T(u)\geq c$ が $|u_k|<b \ (1\leq k\leq n)$ に対し成立つ．他方 (9.12) より，

$$F_i(t;\lambda_u)=F_i(\lambda t, u)$$

が $|t\lambda|<T(u)$ に対し成立つ．従って，$F_i(1,u)$ は $|u_k|<bc \ (1\leq k\leq n)$ に対し定義され，u_k について C^∞ 関数であることがわかる．よって，写像 exp は $\mathfrak{g}$ の原点 0 のある近傍 U で C^∞ であることがわかった．

任意の $X\in\mathfrak{g}$ に対しては，十分大きい自然数 N をとると $1/N\cdot X\in U$ とできる．一方，$\exp Y=(\exp 1/N\cdot Y)^N$ であるから，X の近傍 V を $1/N\cdot Y\in U$ $(Y\in V)$ がみたされるように小さくとる．いま，写像 $\varphi: V\to U$, $\psi: U\to G$, $\eta: G\to G$ を $\varphi(Y)=1/N\cdot Y \ (Y\in V)$, $\psi(Y')=\exp Y' \ (Y'\in U)$, $\eta(\sigma)=\sigma^N$ で定義すると，$\exp|V=\eta\circ\psi\circ\varphi$ が成立ち，φ, ψ, η はいずれも C^∞ 写像であるから，$\exp|V$ も C^∞ 写像となり，exp が X の近傍で C^∞ 写像であることが示された． (証終)

定理 9.6 $\mathfrak{g}$ をリー群 G のリー環とする．$\mathfrak{g}$ の原点 0 の近傍 W を十分小にとれば，指数写像 $\exp:\mathfrak{g}\to G$ は W から G の単位元の近傍 $\exp W=V$ の上への C^∞ 同型を与える．

証明 $\mathfrak{g}$ の基 $\{X_1,\cdots,X_n\}$ をとり，G の単位元の座標近傍を (U,φ) とする．$\varphi=(y_1,\cdots,y_n)$ とすると，$(X_i)_e=\sum a_{ij}(\partial/\partial y_j)_e$ と書け，$\det(a_{ij})\neq 0$ である．$\exp:\mathfrak{g}\to G$ は (9.12) により，$y_i(\exp\sum u_iX_i)=F_i(1,u)$ であって，

$$\frac{\partial F_i}{\partial u_j}(1;0)=\left[\frac{\partial y_i(\exp u_i X_j)}{\partial u_j}\right]_{u=0}=\left[\frac{\partial y_i(\exp tX_j)}{\partial t}\right]_{t=0}$$

$$=\left[\frac{\partial y_i(\theta_{X_j}(t))}{\partial t}\right]_{t=0}=\left[\frac{\partial y_i\circ\theta_{X_j}(t)}{\partial t}\right]_{t=0}=\left(\frac{d}{dt}\right)_0(y_i\circ\theta_{X_j})$$

$$=\left(d\theta_{X_j}\left(\frac{d}{dt}\right)_0\right)y_i=(X_j)_e y_i=a_{ji}.$$

従って，$(d(\exp))_0: T_0(\mathfrak{g})\to T_e(G)$ は同型写像である．よって，逆写像の定理 2.6 により，定理 9.6 は証明された． (証終)

定義 9.10 $\mathfrak{g}$ の基 $\{X_1,\cdots,X_n\}$ をとると，定理 9.6 によって，$\exp(\sum u_i X_i)\to(u_1,\cdots,u_n)$ は $V=\{\exp\sum u_i X_i \mid |u_i|<c\ (1\leq i\leq n)\}$ から $\{u\in\boldsymbol{R}^n \mid |u_i|<c\}$ への C^∞ 同型である．ゆえに，V における座標系 $\{x_1,\cdots,x_n\}$ を $x_i(\exp\sum u_j X_j)=u_i$ $(i=1,\cdots,n)$ によって定義できる．座標系 $\{x_1,\cdots,x_n\}$ を $\mathfrak{g}$ の基 $\{X_1,\cdots,X_n\}$ に関する G の**標準座標系** (canonical coordinate system) とよぶ．

補題 9.3 H はリー群 G のリー部分群，かつ閉集合であるとする．G のリー環 $\mathfrak{g}$ の基 $\{X_1,\cdots,X_n\}$ をとり，$X=\sum\alpha_i X_i\in\mathfrak{g}$ に対し，$|X|=\mathrm{Max}\{|\alpha_i|; i=1,\cdots,n\}$ とおく．いま，$\mathfrak{g}$ の元の列 $\{Y_\nu\}$ $(Y_\nu\neq 0)$ があって，

(1) $Y_\nu\to 0$ $(\nu\to\infty)$,

(2) $\exp Y_\nu\in H$ $(\nu=1,2,\cdots)$,

(3) $Y_\nu/|Y_\nu|\to Y_0$ $(\nu\to\infty)$

をみたせば，Y_0 は H のリー環 $\mathfrak{h}$ の元である．

証明 $t_0\in\boldsymbol{R}$ に対し，$q_\nu=[t_0/|Y_\nu|]$ $(\nu=1,2,\cdots)$ ($[r]$ は r を越えない最大整数) とおくと，

$$|q_\nu Y_\nu-t_0Y_0|\leq\left|q_\nu Y_\nu-\left(\frac{t_0}{|Y_\nu|}\right)Y_\nu\right|+\left|\left(\frac{t_0}{|Y_\nu|}\right)Y_\nu-t_0Y_0\right|$$

$$\leq\left|q_\nu-\frac{t_0}{|Y_\nu|}\right|\cdot|Y_\nu|+|t_0|\cdot\left|\frac{Y_\nu}{|Y_\nu|}-Y_0\right|\to 0\qquad(\nu\to\infty),$$

即ち $q_\nu Y_\nu\to t_0Y_0$ $(\nu\to\infty)$．従って，$\exp(q_\nu Y_\nu)\to\exp(t_0Y_0)$ $(\nu\to\infty)$．一方 $\exp(q_\nu Y_\nu)=(\exp Y_\nu)^{q_\nu}\in H$ $(\nu=1,2,\cdots)$ であって，H は閉集合であるから，$\exp t_0Y_0\in H$．$t_0\in\boldsymbol{R}$ は任意であったから $Y_0\in\mathfrak{h}$． (証終)

定理 9.7 H を連結リー群 G の連結リー部分群であって，かつ H は G の

閉集合とする．このとき，H の位相は G の位相の相対位相である(定義3.5)．

証明 $\dim H=n$，$\dim G=m$ とする．$D(\sigma)=TL_\sigma(T_eH)$ $(\sigma\in G)$ とおくと，$\mathscr{D}=\{D(\sigma)|\sigma\in G\}$ は G 上の n 次元内包的微分系であって，$\mathscr{D}$ の極大積分多様体は σH $(\sigma\in G)$ なる部分多様体である．よって，単位元 e の座標近傍 (V,φ)，$\varphi=(x_1,\cdots,x_m)$ を適当にとると，

$$\varphi(V)=\{t\in \boldsymbol{R}^m||t_i|<a\ \ (i=1,\cdots,m)\}$$

であって，任意の $\xi=(\xi_{n+1},\cdots,\xi_m)\in\boldsymbol{R}^{m-n}$，$|\xi_{n+j}|<a$ に対し，$S_\xi=\{\sigma\in V|\,|x_{n+j}(\sigma)|=\xi_{n+j}\ (j=1,\cdots,m-n)\}$ とおくと，$S_\xi\subset\tau\cdot H$ をみたす $\tau\in G$ が存在する．ここで，$A=\{\xi\in\boldsymbol{R}^{m-n}||\xi|<a, S_\xi\subset H\}$ とおくと，$H\frown V=\bigcup\{S_\xi|\xi\in A\}$ であるが，H は可算基をもつから(系7.1，定理5.4)，A は可算集合である．一方 H は G の閉集合であるから，A は $\{\xi\in\boldsymbol{R}^{m-n}||\xi|<a\}$ の閉集合である．

$0\in A$ は A の孤立点(すなわち，$\boldsymbol{R}^{m-n}$ の開集合 U であって $U\frown A=\{0\}$ をみたすものがある)となることを証明しよう．

もし $0\in A$ が A の孤立点でないとすると，$\xi^{(\nu)}\to 0$ $(\nu\to\infty)$ なる $0\neq\xi^{(\nu)}\in A$ $(\nu=1,2,\cdots)$ が存在する．$\sigma_\nu=\varphi^{-1}((0,\xi^{(\nu)}))$ $(\nu=1,2,\cdots)$ とおけば，$\sigma_\nu\neq e$ かつ $\sigma_\nu\to e$ $(\nu\to\infty)$．いま補題 9.3 と同じ記号を用いると，十分大な ν に対しては $\sigma_\nu=\exp Y_\nu$ と書ける．(必要ならば部分列をとることにして)，$Y_\nu/|Y_\nu|\to Y_0$ $(\nu\to\infty)$ としてよい．従って，補題 9.3 により，$\exp tY_0\in H$ $(t\in\boldsymbol{R})$ が得られる．

ところで，十分小な $\varepsilon>0$ に対し，$\psi=\varphi\circ(\exp)$ は $\{Y\in\mathfrak{g};|Y|<\varepsilon\}$ から $\boldsymbol{R}^m$ の開集合への C^∞ 微分同型であって，

$$Y_\nu\in\psi^{-1}(\{0\}\times\boldsymbol{R}^{m-n})\qquad(\nu=1,2,\cdots),$$

従って，$Y_0\in T_0(\psi^{-1}(\{0\}\times\boldsymbol{R}^{m-n}))$ となり，曲線 $\psi(tY_0)$ は $\{0\}\times\boldsymbol{R}^{m-n}$ に接する．よって，十分小さい t に対し，

$$\psi(tY_0)=(\eta(t),\xi(t)),\qquad \eta(t)\in\boldsymbol{R}^n,\qquad \xi(t)\in\boldsymbol{R}^{m-n}$$

とおくと，$t\neq 0$ ならば $\xi(t)\neq 0$ である．これは $\xi(t)\in A$ を意味するから，A が可算であることに矛盾する．よって，$0\in A$ は A の孤立点であることがわかった．

いま H における単位元の近傍 W を十分小にとり，$W \subset S_0$ とすれば，$0 \in A$ が A の孤立点であることから，G における e の近傍 V' が存在して，$W = H \frown V'$ となる．これは，H の位相が G の位相の相対位相であることを示している．（証終）

補題 9.4 リー群 G のリー環を $\mathfrak{g}$ とし，$\mathfrak{g}$ の部分ベクトル空間 $\mathfrak{m}, \mathfrak{n}$ があって，

$$\mathfrak{g} = \mathfrak{m} + \mathfrak{n}, \qquad \mathfrak{m} \frown \mathfrak{n} = \{0\}$$

であるとする．このとき，$\mathfrak{m}$（および $\mathfrak{n}$）の中の 0 の近傍 $U_{\mathfrak{m}}$（および $U_{\mathfrak{n}}$）が存在して，$\Phi(X, Y) = \exp X \cdot \exp Y$ によって定義される写像 $\Phi: U_{\mathfrak{m}} \times U_{\mathfrak{n}} \to G$ は $U_{\mathfrak{m}} \times U_{\mathfrak{n}}$ から G の単位元のある近傍 U の上への微分同型を与える．

証明 $\mathfrak{g}$ の基 $\{X_1, \cdots, X_n\}$ であって，$X_i \in \mathfrak{m}$ $(1 \leq i \leq r)$，$X_j \in \mathfrak{n}$ $(r < j \leq n)$ となるものを取る．定義 9.10 における標準座標系 $\{x_1, \cdots, x_n\}$ の定義される近傍を V とする．$\varepsilon > 0$ を十分小にとれば，$|t_i| < \varepsilon$ $(1 \leq i \leq n)$ ならば，$\Phi\left(\sum_{i=1}^{r} t_i X_i, \sum_{j=r+1}^{n} t_j X_j\right) \in V$ をみたすようにできる．

$$\varphi_k(t_1, \cdots, t_n) = x_k(\Phi(\textstyle\sum t_i X_i, \sum t_j X_j))$$

とおけば，φ_k は $|t_i| < \varepsilon$ において，C^∞ な関数であって，$\det((\partial \varphi_i / \partial t_j)_{t=0}) = 1$ をみたすことが容易にたしかめられる．よって，逆写像の定理により，求むる $U_{\mathfrak{m}}, U_{\mathfrak{n}}$ が得られる．（証終）

命題 9.2 H をリー群 G のリー部分群とし，かつ H は G の閉集合であるとする．G, H のリー環を $\mathfrak{g}, \mathfrak{h}$ とし，$\mathfrak{g}$ の部分ベクトル空間 $\mathfrak{m}$ であって，

$$\mathfrak{g} = \mathfrak{h} + \mathfrak{m}, \qquad \mathfrak{h} \frown \mathfrak{m} = \{0\}$$

をみたすものをとる．$\pi: G \to G/H$ を自然な射影とし，$p_0 = \pi(e)$，$\psi = \exp|\mathfrak{m}$ とおく．

このとき，$\mathfrak{m}$ の中の 0 の近傍 U であって，

$$\psi: U \to \psi(U); \qquad \pi: \psi(U) \to \pi(\psi(U))$$

がともに位相同型となるものが存在する．ここで，$\pi(\psi(U))$ は G/H の中の p_0 の近傍である．

証明 補題 9.4 において，$\mathfrak{n} = \mathfrak{h}$ にとり，$U_{\mathfrak{m}}$，$U_{\mathfrak{h}}$ は補題の条件をみたすも

のとする．$\exp U_{\mathfrak{h}}$ は H の中の単位元の近傍であって，H の位相は G からの相対位相と一致するから(定理 9.7)，G の中の単位元の近傍 V であって，$V \frown H=\exp U_{\mathfrak{h}}$ をみたすものが存在する．つぎに，$U_{\mathfrak{m}}$ の中の 0 のコンパクトな近傍 U であって，$\exp(-U)\cdot\exp U\subset V$ をみたすものをとる．$\Phi: U_{\mathfrak{m}}\times U_{\mathfrak{h}}\to\Phi(U_{\mathfrak{m}}\times U_{\mathfrak{h}})$ が位相同型であることより，当然 $\psi: U\to\psi(U)$ も位相同型である．次に，$\pi:\psi(U)\to\pi(\psi(U))$ が単射であることを示そう．$X', X''\in U$，$\pi\exp X'=\pi\exp X''$ とせよ．$\exp(-X'')\cdot\exp X'\in V\frown H$ であるから，$\exp X'=\exp X''\cdot\exp Z$ をみたす $Z\in U_{\mathfrak{h}}$ がある．補題 9.4 によれば，$X'=X''$，$Z=0$ である．よって，π は単射である．U はコンパクトであるから，π は位相同型であることがわかった．

終りに，$\pi\psi(U)$ が p_0 の近傍であることを示そう．まず，$U\times U_{\mathfrak{h}}$ は $U_{\mathfrak{m}}\times U_{\mathfrak{h}}$ の中の $(0,0)$ の近傍であるから，$\exp U\cdot\exp U_{\mathfrak{h}}$ は G の中の e の近傍である．ところで，π は開写像であるから，$\pi(\exp U\cdot\exp U_{\mathfrak{h}})=\pi\psi(U)$ は p_0 の近傍である．　　(証終)

定義 9.11　位相同型 $\pi:\psi(U)\to\pi(\psi(U))$ の逆写像 $\gamma:\pi(\psi(U))\to G$ を G/H の $\pi\psi(U)$ 上の**局所断面**(local cross section)とよぶ．

定理 9.8　H をリー群 G の閉リー部分群とする．G 上の道 $\tilde{g}:I\to G$ に対し，$g=\pi\circ\tilde{g}$ とおく．ただし $\pi:G\to G/H$ は自然な射影とする．このとき，g の任意のホモトピー $F:I\times I\to G/H$ (即ち，$F(t,0)=g(t)$ $(t\in I)$ をみたす連続写像 F)に対し，$\tilde{g}$ のホモトピー $\tilde{F}$ であって，$F=\pi\circ\tilde{F}$ をみたすものが存在する．　　**(ホモトピー持上げ定理)**

証明　$\pi(e)\in G/H$ の近傍 V から G への局所断面 $\gamma: V\to G$ をとる(定義 9.11)．

$F(s,t)$ が $(s,t)\in I\times I$ について連続であることと，$I\times I$ がコンパクトであることを用いると，十分大きい自然数 N をとれば，次の条件 (9.15) がみたされる：

$$(9.15)\qquad s\in I,\ |t-t'|<\frac{1}{N},\ \sigma\in F(s,t')\ \text{ならば}\ \sigma^{-1}\cdot F(s,t)\in V.$$

ところで，$\tilde{g}(s)\in g(s)=F(s,0)$ $(s\in I)$ であるから，(9.15) によって，$\tilde{g}(s)^{-1}\cdot F(s,t)\in V$ $(0\leq t\leq 1/N)$ が成立つ．従って，写像 $\tilde{F}_1:I\times[0,1/N]\to G$ を

$$\tilde{F}_1(s,t)=\tilde{g}(s)\cdot\gamma(\tilde{g}(s)^{-1}\cdot F(s,t)) \tag{9.16}$$

によって定義できる．明かに，$\pi(\tilde{F}_1(s,t))=F(s,t)$ が成立つ．つぎに，写像 $\tilde{F}_2:I\times[1/N,2/N]\to G$ を

$$\tilde{F}_2(s,t)=F_1\left(s,\frac{1}{N}\right)\cdot\gamma\left(\left(\tilde{F}_1\left(s,\frac{1}{N}\right)\right)^{-1}\cdot F(s,t)\right)$$

によって定義できる．以下，帰納法によって，$\tilde{F}_i:I\times[i-1/N,i/N]\to G$ が定義できたとして，$\tilde{F}_{i+1}:I\times[i/N,i+1/N]\to G$ を

$$\tilde{F}_{i+1}(s,t)=\tilde{F}_i\left(s,\frac{i}{N}\right)\cdot\gamma\left(\left(\tilde{F}_i\left(s,\frac{i}{N}\right)\right)^{-1}\cdot F(s,t)\right)$$

によって定義できる．よって，写像 $\tilde{F}:I\times I\to G$ が

$$\tilde{F}(s,t)=\tilde{F}_i(s,t),\qquad s\in I,\qquad t\in\left[\frac{i-1}{N},\frac{i}{N}\right]$$

によって定義できる．$\tilde{F}$ は明かに連続であって，$F=\pi\circ\tilde{F}$，かつ $\tilde{F}(s,0)=\tilde{F}_1(s,0)=\tilde{g}(s)\cdot\gamma(\tilde{g}(s)^{-1}\cdot F(s,0))=\tilde{g}(s)\cdot\gamma(\pi(e))=\tilde{g}(s)$ をみたすから，$\tilde{F}$ は $\tilde{g}$ のホモトピーである．（証終）

9.5 リー変換群

定義 9.12 G をリー群，M を C^∞ 多様体とする．G が M の**リー変換群** (Lie transformation group)であるとは，C^∞ 写像 $\rho:G\times M\to M$ が定義されていて，定義 7.5 の (2)，(3) をみたすときを言う．

$(\sigma,p)\in G\times M$ に対し $\rho(\sigma,p)=\sigma\cdot p$ と書くと，写像 $p\to\sigma\cdot p$ は M から M への C^∞ 同型写像であることがわかる．

G が M に推移的に作用する場合(定義 7.5 (4))，M をリー群 G の**等質空間**(homogeneous space)とよぶ．

G が M に推移的に作用するとき，M の点 p_0 における G の**固定群**(isotropy subgroup)を $G_{p_0}=\{\sigma\in G|\sigma\cdot p_0=p_0\}$ で定義すれば，商空間 G/G_{p_0} か

ら M への写像 φ が，$\varphi(\sigma\cdot G_{p_0})=\sigma\cdot p_0$ によって定義される(定理 7.4 参照).

命題 9.3　M をリー変換群 G の連結等質空間とし，$\varphi:G/G_{p_0}\to M$ は位相同型であるとする．このとき，G の単位元の連結成分 G_0 も M に推移的に作用する．

証明　$\pi:G\to G/G_{p_0}$ を自然な射影とし，$\beta=\varphi\circ\pi$ を考える．π が開写像で，φ が位相同型であるから，β も開写像である．よって，任意の元 $\sigma\in G$ に対し，$G_0\sigma$ は G の開集合であるから，$\beta(G_0\cdot\sigma)=G_0\sigma\cdot p_0$ は M の開集合である．いま，$G=\bigcup_{i\in J}G_0\cdot\sigma_i$ と書ける $\{\sigma_i|i\in J\}\subset G$ があるから，$M=\bigcup_{i\in J}G_0\cdot\sigma_i\cdot p_0$ と書ける．$G_0\sigma_i\cdot p_0$ と $G_0\sigma_j\cdot p_0$ は一致するか，または $G_0\sigma_i\cdot p_0\frown G_0\sigma_j\cdot p_0=\phi$ であるかのいずれかである．一方，M は連結であるから，$G_0\sigma_i\cdot p_0$ はすべて一致しなければならない．即ち，$G_0\sigma_i\cdot p_0=G_0\cdot p_0$ $(i\in J)$ が成立ち，$M=G_0\cdot p_0$ となって，G_0 が M に推移的に作用することがわかった．　(証終)

系 9.1　G を連結多様体 M に推移的に作用するリー変換群とし，G は可算基をもつとする．このとき，G の単位元の連結成分も M に推移的に作用する．

証明　G はリー群だから，局所コンパクトである．従って，定理 7.4 により，$\varphi:G/G_{p_0}\to M$ は位相同型であるから，命題 9.3 により，連結成分 G_0 も M に推移的に作用する．　(証終)

問　題　9

9.1　リー群 $GL(n,\boldsymbol{C})$ のリー環 $\mathfrak{g}$ は例 6.1 のリー環 $\mathfrak{gl}(n,\boldsymbol{C})$ と同型である．

9.2　$\exp:\mathfrak{gl}(m,\boldsymbol{C})\to GL(m,\boldsymbol{C})$ は $\exp X=\sum_{n=0}^{\infty}(1/n!)X^n$ で与えられる．

9.3　$A\in SL(n,\boldsymbol{R})$ かつ $A\cdot{}^tA=E_n$ ならば，$A=\exp X$ をみたす $X\in\mathfrak{gl}(n,\boldsymbol{R})$ が存在する．

9.4　G をリー群とし，μ を群乗法とする．$T(G\times G)$ と $TG\times TG$ を同一視する(問題 4.3)と μ の接写像 $T\mu$ は $TG\times TG$ から TG への写像と考えられる．TG は $T\mu$ を群乗法としてリー群になることを示せ．また $TG=(T_eG)\cdot G$，$T_eG\frown G=\{e\}$ かつ T_eG は TG の正規部分群である．

9.5　G を単連結リー群，H を G の閉リー部分群とする．商空間 G/H が単連結であるための必要十分条件は，H が連結なることである．

10. 正 則 関 数

この章では，あとの章で用いられる多複素変数正則関数についての基本的性質のいくつかをのべる．おもに，1変数正則関数論の自然な拡張として得られる初等的な結果ばかりである．1変数関数論の結果については，多くの文献があるので，ここでは証明を省略した．また，ベキ級数についての初歩的知識は，既知として，断りなしに用いる．

複素ベクトル空間 $\boldsymbol{C}^n$（例 2.1）を考える．$\boldsymbol{C}^n$ の元 $z=(z_1, \cdots, z_n)$ に対し，

$$|z|=\mathrm{Max}\{|z_i|; i=1, \cdots, n\}, \qquad \|z\|=(|z|^2+\cdots+|z_n|^2)^{1/2}$$

とおく．つぎに，$w\in\boldsymbol{C}^n$，$r=(r_1, \cdots, r_n)\in\boldsymbol{R}^n$ に対し，

$$\begin{aligned}\Delta(w, r)&=\{z\in\boldsymbol{C}^n \mid |z_j-w_j|<r_j \ (1\leq j\leq n)\},\\ \overline{\Delta}(w, r)&=\{z\in\boldsymbol{C}^n \mid |z_j-w_j|\leq r_j \ (1\leq j\leq n)\}\end{aligned} \tag{10.1}$$

とおき，$\Delta(w, r)$（または $\overline{\Delta}(w, r)$）を，中心が w，多重半径 r の開(または閉)**多重円板**(polydisc)とよぶ．ただし $r_j>0$ $(j=1, \cdots, n)$．つぎに，$\rho(z, z')=|z-z'|$ によって，$\boldsymbol{C}^n$ 上の距離 ρ が定義され，ρ から導かれた位相(命題 3.2)は $\{\Delta(w, r) \mid r_j>0\}$ を w の基本近傍系とする位相であって，$\boldsymbol{C}^n$ と $\boldsymbol{R}^{2n}$ とは(位相もこめて)同一視される．$\boldsymbol{C}^n$ を複素 n 次元数空間とよぶ．

$\boldsymbol{C}^n$ の部分集合 D が $\boldsymbol{C}^n$ の**領域**であるとは，D が $\boldsymbol{C}^n$ の連結開集合であるときを言う．

10.1 1変数正則関数

定義 10.1 複素平面 $\boldsymbol{C}$ の開集合 D で定義された関数 $f(z)$ が1点 $z_0\in D$ で**微分可能**であるとは，極限値

$$\lim_{z\to z_0}\frac{f(z)-f(z_0)}{z-z_0} \qquad (\neq\infty)$$

が存在するときを言う．すべての点 $z_0\in D$ で微分可能であるとき，f は D において**正則**(regular, holomorphic)であると言う．

以下，**C** の**曲線**とは長さをもつ連続曲線のこととする．

一般に，D で定義された関数 $f(z)$ は $z=x+\sqrt{-1}y$ $(x, y\in \boldsymbol{R})$ とするとき，$f(z)$ の実数部分 $u(x,y)$，虚数部分 $v(x,y)$ を用いて，次のようにあらわせる．

(10.2)
$$f(z)=u(x,y)+\sqrt{-1}v(x,y).$$

このとき，つぎの関数論における基本定理が成立つ(証明は例えば，参考書［11］を見られたい)．

定理 10.1　複素平面 $\boldsymbol{C}$ の開集合 D において定義された連続関数 $f(z)$ に対し，次の条件（1）～（5）はたがいに同値である．

（1） $f(z)$ は D で正則である．

（2） $f(z)=u(x,y)+\sqrt{-1}v(x,y)$ $(z=x+\sqrt{-1}y)$ とあらわすと，$u, v \in C^1(D)$ (定義 1.1) であって，

(10.3)
$$\frac{\partial u}{\partial x}=\frac{\partial v}{\partial y}, \qquad \frac{\partial u}{\partial y}=-\frac{\partial v}{\partial x}$$

が成立つ．

（3） D の中でホモトープ 0 な任意の閉曲線 C に対し，

(10.4)
$$\int_C f(z)\,dz=0$$

が成立つ．

（4） C を D 内の単純閉曲線で，C の内部は D の点ばかりからなるものとすると，z が C の内部の点であれば

(10.5)
$$f(z)=\frac{1}{2\pi i}\int_C \frac{f(\zeta)}{\zeta-z}\,d\zeta$$

が成立つ．

（5） 任意の点 $z_0\in D$ に対し，$\varDelta(z_0, r)\subset D$ $(r>0)$ とすれば，$f(z)$ は $z\in\varDelta(z_0, r)$ に対し，

(10.6)
$$f(z)=\sum_{n=0}^{\infty}a_n(z-z_0)^n$$

と，$\varDelta(z_0, r)$ で収束するベキ級数に展開できる．

注意 10.1　（ i ） (10.3) はコーシー–リーマン(Cauchy–Riemann)の関係

式とよばれる．(1)$\Longleftrightarrow$(2) はコーシー-リーマンの判定法とよばれる．

(ii)　(1)$\Rightarrow$(3) はコーシーの積分定理とよばれる．(3)$\Rightarrow$(1) はモレラ (Morera)の定理とよばれる．

(iii)　(10.5) はコーシーの積分公式とよばれる．

(iv)　(10.6) は $f(z)$ の z_0 を中心としたテーラー展開とよばれる．

(1)，(3)，(4)，(5) の同値性は (1)$\Rightarrow$(3)$\Rightarrow$(4)$\Rightarrow$(5)$\Rightarrow$(1) の順序に証明するのが普通である．

10.2　多変数正則関数

$\boldsymbol{C}^n$ の開集合 D で定義された C^r 級実数値関数全体からなる集合 $C^r(D)$ (定義 1.1) を考える．このとき，

$$C^r(D, \boldsymbol{C}) = \{f \mid f = u + \sqrt{-1}v \;;\; u, v \in C^r(D)\}$$

とおくと，$C^r(D, \boldsymbol{C})$ は自然な方法で複素ベクトル空間となる．さらに積も定義されて $\boldsymbol{C}$ 上の多元環になる．

$$z_j = x_j + \sqrt{-1}y_j, \qquad x_j = \mathrm{Re}\, z_j, \qquad y_j = \mathrm{Im}\, z_j \qquad (j = 1, \cdots, n)$$

とあらわすと，$f \in C^r(D, \boldsymbol{C})$ は

$$f(z) = u(x, y) + \sqrt{-1}v(x, y),$$

$x = (x_1, \cdots, x_n)$，$y = (y_1, \cdots, y_n)$ とあらわせる．

定義 10.2　$f \in C^r(D, \boldsymbol{C})$ $(r \geq 1)$ に対し，

$$\text{(10.7)} \qquad \frac{\partial f}{\partial z_j} = \frac{1}{2}\left(\frac{\partial}{\partial x_j} - \sqrt{-1}\frac{\partial}{\partial y_j}\right)f = \frac{1}{2}\left\{\frac{\partial u}{\partial x_j} + \sqrt{-1}\frac{\partial v}{\partial x_j} - \sqrt{-1}\frac{\partial u}{\partial y_j} + \frac{\partial v}{\partial y_j}\right\},$$

$$\text{(10.8)} \qquad \frac{\partial f}{\partial \bar{z}_j} = \frac{1}{2}\left(\frac{\partial}{\partial x_j} + \sqrt{-1}\frac{\partial}{\partial y_j}\right)f = \frac{1}{2}\left\{\frac{\partial u}{\partial x_j} + \sqrt{-1}\frac{\partial v}{\partial x_j} + \sqrt{-1}\frac{\partial u}{\partial y_j} - \frac{\partial v}{\partial y_j}\right\}$$

によって，$\partial f/\partial z_j, \partial f/\partial \bar{z}_j \in C^{r-1}(D, \boldsymbol{C})$ を定義する．

補題 10.1　$f, g \in C^r(D, \boldsymbol{C})$ $(r \geq 1)$ に対し，

$$\text{(i)}\quad \frac{\partial}{\partial \bar{z}_j}(f+g)=\frac{\partial f}{\partial \bar{z}_j}+\frac{\partial g}{\partial \bar{z}_j},$$

$$(10.9)\quad \text{(ii)}\quad \frac{\partial}{\partial \bar{z}_j}(f\cdot g)=\frac{\partial f}{\partial \bar{z}_j}\cdot g+f\cdot\frac{\partial g}{\partial \bar{z}_j},\qquad (j=1,2,\cdots,n)$$

が成立つ．$\partial/\partial z_j$ についても同様の関係式が成立つ．

証明 （i）は殆んど明か．（ii）$f=u+\sqrt{-1}v$, $g=u'+\sqrt{-1}v'$ とおき，直接計算によって，容易にたしかめられる．（証終）

定義 10.3 $\boldsymbol{C}^n$ の開集合 D に対し，

$$\mathcal{O}_D=\left\{f\in C^r(D,\boldsymbol{C})\,|\,r\geq 1,\ \frac{\partial f}{\partial \bar{z}_j}=0\ \ (1\leq j\leq n)\right\}$$

とおき，$\mathcal{O}_D$ の元 f を D 上の**正則関数**(holomorphic function)とよぶ．

注意 10.2 $f(z)=u(x,y)+\sqrt{-1}v(x,y)$ とおくと，f が正則であるための必要十分条件は

$$(10.10)\qquad \frac{\partial u}{\partial x_j}=\frac{\partial v}{\partial y_j},\qquad \frac{\partial u}{\partial y_j}=-\frac{\partial v}{\partial x_j}\qquad (1\leq j\leq n)$$

が成立つことである．

$C^r(D,\boldsymbol{C})$ $(r\geq 1)$ の元 f が (10.10) をみたすためには，$f(z)=f(z_1,\cdots,z_n)$ を z_j の関数と見て($(z_1,\cdots,z_{j-1},z_{i+1},\cdots,z_n)$ は固定すると）1変数正則関数であることが必要十分である(定理 10.1（2）$\Longleftrightarrow$（1）による)．このとき，特に $f\in C^\infty(D,\boldsymbol{C})$ である．

定理 10.2 D を $\boldsymbol{C}^n$ の開集合とする．

（i）$f,g\in\mathcal{O}_D$ ならば，$f+g$, $f\cdot g\in\mathcal{O}_D$ である．

（ii）$f\in\mathcal{O}_D$ かつ $f(z)\neq 0$ $(z\in D)$ ならば，$1/f\in\mathcal{O}_D$.

証明 （i）補題 10.1 により，$\partial/\partial\bar{z}_j\cdot(f+g)=\partial/\partial\bar{z}_j\cdot f+\partial/\partial\bar{z}_j\cdot g=0$, $\partial/\partial\bar{z}_j(f\cdot g)=\partial f/\partial\bar{z}_j\cdot g+f\cdot\partial g/\partial\bar{z}_j=0$ より，$f+g$, $f\cdot g\in\mathcal{O}_D$ である．

（ii）$g=f^{-1}$ に (10.9) を用いると $0=f\cdot\partial f^{-1}/\partial\bar{z}_j$. よって，$\partial f^{-1}/\partial\bar{z}_j=0$ であるから $f^{-1}\in\mathcal{O}_D$ を得る．（証終）

定義 10.4 D, D' を $\boldsymbol{C}^n, \boldsymbol{C}^m$ の開集合とする．いま，写像 $F:D\to D'$ に対して，

(10.11) $$F(z)=(f_1(z),\cdots,f_m(z)),\qquad z\in D$$

とおくと，m この関数 $f_j:D\to\boldsymbol{C}$ が定義される．逆に m この関数 $f_j:D\to\boldsymbol{C}$ が与えられると，写像 $F:D\to\boldsymbol{C}^m$ が (10.11) によって定義できる．

$f_j\in\mathcal{O}_D$ $(1\leq j\leq m)$ のとき (10.11) によって定義される写像 $F:D\to D'$ は**正則写像**(holomorphic map)とよぶ．

定理 10.3 $F:D\to D'$ を正則写像とし，$g\in\mathcal{O}_{D'}$ とすれば，$g\circ F\in\mathcal{O}_D$ である．

証明 $\boldsymbol{C}^m$ の点を $w=(w_1,\cdots,w_m)$, $w_k\in\boldsymbol{C}$, $w_k=u_k+\sqrt{-1}v_k$ であらわせば，(10.7)，(10.8) と同様にして，$g\in C^r(D',\boldsymbol{C})$ に対し，$\partial g/\partial w_k$，$\partial g/\partial\bar{w}_k$ $(1\leq k\leq m)$ が定義される：

$$\frac{\partial g}{\partial w_k}=\frac{1}{2}\left(\frac{\partial}{\partial u_k}-\sqrt{-1}\frac{\partial}{\partial v_k}\right)g,\qquad \frac{\partial g}{\partial\bar{w}_k}=\frac{1}{2}\left(\frac{\partial}{\partial u_k}+\sqrt{-1}\frac{\partial}{\partial v_k}\right)g.$$

いま，F の座標関数 f_j を，$f_j(z)=u_j(z)+\sqrt{-1}v_j(z)$ とあらわすと，合成関数の偏微分法を用いて，次の等式を得る．

(10.12) $$\frac{\partial g(F(z))}{\partial\bar{z}_j}=\sum_{k=1}^{n}\left(\frac{\partial g}{\partial u_k}\cdot\frac{\partial u_k}{\partial\bar{z}_j}+\frac{\partial g}{\partial v_k}\cdot\frac{\partial v_k}{\partial\bar{z}_j}\right).$$

(10.12) に $u_k=1/2\cdot(f_k+\bar{f}_k)$，$v_k=1/2\sqrt{-1}\cdot(f_k-\bar{f}_k)$ を代入すると，

$$\begin{aligned}\frac{\partial g(F(z))}{\partial\bar{z}_j}&=\sum_{k=1}^{n}\frac{1}{2}\left(\frac{\partial g}{\partial u_k}-\sqrt{-1}\frac{\partial g}{\partial v_k}\right)\frac{\partial f_k}{\partial\bar{z}_j}+\sum_{k=1}^{n}\frac{1}{2}\left(\frac{\partial g}{\partial u_k}+\sqrt{-1}\frac{\partial g}{\partial v_k}\right)\frac{\partial\bar{f}_k}{\partial\bar{z}_j}\\&=\sum_{k=1}^{n}\frac{\partial g}{\partial w_k}\cdot\frac{\partial f_k}{\partial\bar{z}_j}+\sum_{k=1}^{n}\frac{\partial g}{\partial\bar{w}_k}\cdot\frac{\partial\bar{f}_k}{\partial\bar{z}_j}=0.\end{aligned}$$

（証終）

定義 10.5 D,D' を $\boldsymbol{C}^n$, $\boldsymbol{C}^m$ の開集合とし，D から D' への正則写像(定義 10.4)全体からなる集合を $\mathrm{Hol}(D,D')$ であらわす．さらに，D'' が $\boldsymbol{C}^p$ の開集合であるとき，$F_1\in\mathrm{Hol}(D,D')$，$F_2\in\mathrm{Hol}(D',D'')$ ならば，$F_2\circ F_1\in\mathrm{Hol}(D,D'')$ である(定理 10.3)．

$F_1\in\mathrm{Hol}(D,D')$ に対し，$F_2\in\mathrm{Hol}(D',D)$ が存在して，$F_1\circ F_2=1_{D'}$，$F_2\circ F_1=1_D$ が成立つとき(必然的に $n=m$ となるが)，F_1 は D から D' への**正則同型写像**とよぶ．さらに，$D=D'$ のとき F_1 は D の**正則自己同型写像**(holomorphic automorphism)とよぶ．

10.3　コーシーの積分公式

定理 10.4　D を $\boldsymbol{C}^n$ の開集合とし，$f\in\mathcal{O}_D$ とする．点 $w\in D$ に対し，$\bar{\varDelta}(w,r)\subset D$ ((10.1) 参照) とすれば，任意の $z=(z_1,\cdots,z_n)\in\varDelta(w,r)$ に対し，

$$f(z)=\left(\frac{1}{2\pi\sqrt{-1}}\right)^n\int_{C_1}\frac{d\zeta_1}{\zeta_1-z_1}\int_{C_2}\frac{d\zeta_2}{\zeta_2-z_2}\cdots\int_{C_n}\frac{f(\zeta)d\zeta_n}{\zeta_n-z_n}\tag{10.13}$$

が成立つ．ただし，$C_j=\{\zeta_j\in\boldsymbol{C}\,|\,|w_j-\zeta_j|=r_j\}$ $(1\leq j\leq n)$.

証明　$n=2$ の場合を証明する($n>2$ の時も同様である).

z_2 を固定して，$f(z_1,z_2)$ を z_1 の関数と見ると，$f(z_1,z_2)$ は C_1 を含む開集合で正則であるから，定理 10.1 により，

$$f(z_1,z_2)=\frac{1}{2\pi\sqrt{-1}}\int_{C_1}\frac{f(\zeta_1,z_2)}{\zeta_1-z_1}d\zeta_1\tag{10.14}$$

と積分表示できる．$f(\zeta_1,z_2)$ を z_2 の関数と見ると，C_2 を含む開集合で正則であるから，再び定理 10.1 より，

$$f(\zeta_1,z_2)=\frac{1}{2\pi\sqrt{-1}}\int_{C_2}\frac{f(\zeta_1,\zeta_2)}{\zeta_2-z_2}d\zeta_2\tag{10.15}$$

とあらわせる．(10.14)，(10.15) より

$$f(z_1,z_2)=\left(\frac{1}{2\pi\sqrt{-1}}\right)^2\int_{C_1}\frac{d\zeta_1}{\zeta_1-z_1}\int_{C_2}\frac{f(\zeta_1,\zeta_2)d\zeta_2}{\zeta_2-z_2}.$$

(証終)

定義 10.6　(10.13)を $f(z)$ に対する(n変数)のコーシーの積分公式とよび

$$f(z)=\left(\frac{1}{2\pi i}\right)^n\int_{|w_j-\zeta_j|=r_j}\frac{f(\zeta)d\zeta_1\cdots d\zeta_n}{(\zeta_1-z_1)\cdots(\zeta_n-z_n)}$$

であらわす．

定義 10.7　$k_1,\cdots,k_n$ を整数 (≥ 0) とするとき (1.4) と同じように，$k=(k_1,\cdots,k_n)$ と $f\in\mathcal{O}_D$ に対し，

$$\partial^k f=\left(\frac{\partial}{\partial z_1}\right)^{k_1}\cdots\left(\frac{\partial}{\partial z_n}\right)^{k_n}f$$

によって，$\partial^k f\in\mathcal{O}_D$ が定義できる．

系 10.1　$f\in\mathcal{O}_D$，$D\supset\bar{\varDelta}(0,r)$ かつ $|f(z)|\leq M$ $(z\in\bar{\varDelta}(0,r))$ ならば，k

$=(k_1,\cdots,k_n)$ に対し，

$$|(\partial^k f)(0)|\leq\left(\frac{k!}{r^k}\right)\cdot M$$

が成立つ($k!, r^k$ については (1.5)，(1.7) 参照)． **(コーシーの評価式)**

証明 (10.13) を $z_1,\cdots,z_n$ に関し偏微分すると，

(10.16) $$(\partial^k f)(z)=\frac{k!}{(2\pi i)^n}\int_{C_1}\frac{d\xi_1}{(\zeta_1-z_1)^{k_1+1}}\cdots\int_{C_n}\frac{f(\zeta)d\zeta_n}{(\zeta_n-z_n)^{k_n+1}}.$$

ただし，$C_j=\{z\in\boldsymbol{C}\,|\,|z|=r_j\}$ $(1\leq j\leq n)$．従って，

$$\begin{aligned}|(\partial^k f)(0)|&=\left|\frac{k!}{(2\pi i)^n}\int_{|\zeta_1|=r_1}\frac{d\zeta_1}{\zeta_1^{k_1+1}}\cdots\int_{|\zeta_n|=r_n}\frac{f(\zeta)d\zeta_n}{\zeta_n^{k_n+1}}\right|\\&\leq\frac{k!}{(2\pi)^n}\int_{|\zeta_1|=r_1}\frac{|d\zeta_1|}{|\zeta_1|^{k_1+1}}\cdots\int_{|\zeta_n|=r_n}\frac{|f(\zeta)|\cdot|d\zeta_n|}{|\zeta_n|^{k_n+1}}\\&\leq\frac{k!M}{(2\pi)^n}\int_0^{2\pi}\frac{d\varphi_1}{r_1^{k_1}}\cdots\int_0^{2\pi}\frac{d\varphi_n}{r_n^{k_n}}=\frac{k!M}{r^k}.\end{aligned}$$

(証終)

定理 10.5 $D=\Delta(w,r)$，$f\in\mathcal{O}_D$ とすれば，

$$f(z)=\sum_{k_1,\cdots,k_n}\frac{1}{k!}(\partial^k f)(w)\cdot(z-w)^k$$

とテーラー展開ができる．右辺は $\Delta(w,r)$ において絶対かつ広義一様収束する．

証明 $w=0$ として証明する．$C_j=\{\zeta_j\in\boldsymbol{C}\,|\,|\zeta_j|=\rho_j\}$ $(0<\rho_j<r_j)$ とおき，$|z_j|\leq r_j'<\rho_j$ $(1\leq j\leq n)$ とすれば，

$$\frac{1}{\zeta_1-z_1}=\frac{1}{\zeta_1}\cdot\left(\frac{1}{1-z_1/\zeta_1}\right)=\frac{1}{\zeta_1}\left(1+\frac{z_1}{\zeta_1}+\left(\frac{z_1}{\zeta_1}\right)^2+\cdots\right).$$

従って，

$$\frac{1}{(\zeta_1-z_1)\cdots(\zeta_n-z_n)}=\sum_{k_1,\cdots,k_n}\frac{z_1^{k_1}\cdots z_n^{k_n}}{\zeta_1^{k_1+1}\cdots\zeta_n^{k_n+1}}=\sum\frac{1}{\zeta_1\cdots\zeta_n}\cdot\frac{z^k}{\zeta^k}.$$

ところで，この級数の各項の絶対値を項とする級数は

$$\sum\frac{|z_1|^{k_1}\cdots|z_n|^{k_n}}{|\zeta_1|^{k_1+1}\cdots|\zeta_n|^{k_n+1}}\leq\sum\frac{(r_1')^{k_1}\cdots(r_n')^{k_n}}{\rho_1^{k_1+1}\cdots\rho_n^{k_n+1}}\leq\frac{1}{(\rho_1-r_1')\cdots(\rho_n-r_n')}.$$

従って，$\sum 1/\zeta_1\cdots\zeta_n\cdot z^k/\zeta^k$ は $\Delta(0,r')$ で絶対，かつ一様に収束する．よって，項別積分ができる．よって，コーシーの積分公式と (10.16) とによって，

$$
(10.17)\quad
\begin{aligned}
f(z)&=\left(\frac{1}{2\pi i}\right)^n\int_{C_1}\frac{d\zeta_1}{\zeta_1-z_1}\cdots\int_{C_n}\frac{f(\zeta)\,d\zeta_n}{\zeta_n-z_n}\\
&=\sum\left(\frac{1}{2\pi i}\right)^n z^k\int_{C_1}\frac{d\zeta_1}{\zeta_1^{k_1+1}}\cdots\int_{C_n}\frac{f(\zeta)\,d\zeta_n}{\zeta_n^{k_n+1}}=\sum\frac{z^k}{k!}(\partial^k f)(0).
\end{aligned}
$$

しかも (10.17) は $|z_j|\leq r_j'<\rho_j<r_j$ で絶対かつ一様収束する．ここで ρ_j は r_j にいかほど近くてもよく，r_k' は ρ_k にいかほど近くてもよかったから，結局 (10.17) は $|z_j|<r_j$ で絶対かつ広義一様に収束する． (証終)

以上をまとめると，ベキ級数は微分可能であるから，定理 10.1 の n 変数への拡張である次の定理を得る．

定理 10.6 D を $\boldsymbol{C}^n$ の開集合とし，$f\in C^1(D,\boldsymbol{C})$ とすると，次の条件 (1)〜(4) はたがいに同値である．

(1) $z\in D$ に対し，$z_1,\cdots,z_{j-1},z_{j+1},\cdots,z_n$ を固定すると $f(z)$ は z_j について正則である．

(2) $\partial f/\partial\bar{z}_j=0$ $(j=1,\cdots,n)$

(3) $\Delta(w,r)\subset D$ をみたす任意の w に対し，$C_j=\{\zeta\in\boldsymbol{C}\,|\,|w_j-\zeta|=r_j\}$ $(1\leq j\leq n)$ とおくと，次の積分表示ができる．

$$
f(z)=\left(\frac{1}{2\pi i}\right)^n\int_{C_1}\cdots\int_{C_n}\frac{f(\zeta)\,d\zeta_1\cdots d\zeta_n}{(\zeta_1-z_1)\cdots(\zeta_n-z_n)},\qquad z\in\Delta(w,r),
$$

(4) $\Delta(w,r)\subset D$ とすれば，$z\in\Delta(w,r)$ に対し，$f(z)=\sum a_k(z-w)^k$ と $\Delta(w,r)$ で収束するベキ級数に展開できる．

定義 10.8 D を $\boldsymbol{R}^n$ の開集合とし，$f\in C^1(D)$ とする．任意の $x\in D$ に対し，$U(x,r)\subset D$ をみたす $r>0$ が存在して，$y\in U(x,r)$ に対し，

$$
f(y)=\sum a_k(y-x)^k,\qquad a_k\in\boldsymbol{R}
$$

と $U(x,r)$ で収束するベキ級数に展開されるとき，f は D 上の(実)**解析関数** (real analytic function) とよぶ．

10.4 正則関数の性質

定理 10.7 D を $\boldsymbol{C}^n$ の領域とし，$f,g\in\mathcal{O}_D$ とする．もし，D の中の空でない開集合 U が存在して，$f|U=g|U$ ならば，$f=g$ である．(**一致の定理**)

証明 $g=0$ として一般性を失わない．

D の点 z であって，z のある近傍 V では $f|V=0$ となるような z 全体からなる集合を E とおく．明かに $U\subset E$ であって，E は開集合でもある．E が D の中で閉集合であることを証明すれば，Dが連結であることより，$D=E$ となって，$f=0$ が結論される．

$w\in\bar{E}\frown D$ とせよ．$\varDelta(w;r,\cdots,r)\subset D$ をみたす $r>0$ をとる．$w\in\bar{E}$ であるから，$w'\in E\frown\varDelta(w;r/2,\cdots,r/2)$ なる点 w' が存在する．もちろん，$w\in\varDelta(w';r/2,\cdots,r/2)$ である．さて，f は $\bar{\varDelta}(w';r/2,\cdots,r/2)$ を含む開集合で正則であるから，定理 10.5 により，$z\in\varDelta(w';r/2,\cdots,r/2)$ に対し，

$$f(z)=\sum\frac{1}{k!}(\partial^k f)(w')\cdot(z-w')^k \tag{10.18}$$

が成立つ．一方，$w'\in E$ であるから，f は w' の近傍で恒等的に 0 であるから，$(\partial^k f)(w')=0$．よって，(10.10) より，$f(z)=0$ $(z\in\varDelta(w';r/2,\cdots,r/2))$ が成立つ．すでに注意したように，$\varDelta(w';r/2,\cdots,r/2)$ は w の近傍であるから，$w\in E$ がわかった．よって E は D の中で閉集合である． (証終)

定理 10.8 D を $\boldsymbol{C}^n$ の開集合とし，$f_\nu\in\mathcal{O}_D$ $(\nu=1,2,\cdots)$ とする．f_ν は D 上の関数 f_0 に広義一様収束するとする．即ち，任意のコンパクト集合 $K\subset D$ と $\varepsilon>0$ に対し，$N=N(\varepsilon)$ を十分大にとれば，$|f_\nu(z)-f_0(z)|<\varepsilon$ がすべての $\nu\geq N$, $z\in K$ に対し成立つとする．

このとき，$f_0\in\mathcal{O}_D$ であって，かつすべての $k=(k_1,\cdots,k_n)$ に対し，$\partial_k f$ は $\partial_k f_0$ に広義一様収束する． **(ワイエルシュトラス(Weierstrass)の定理)**

証明 $w\in D$ をとり，$\bar{\varDelta}(w;r)\subset D$ としよう．定理 10.4 により，$z\in\varDelta(w,r)$ に対し，

$$f_\nu(z)=\left(\frac{1}{2\pi i}\right)^n\int_{|w_j-\zeta_j|=r_j}\frac{f_\nu(\zeta)d\zeta_1\cdots d\zeta_n}{(\zeta_1-z_1)\cdots(\zeta_n-z_n)} \tag{10.19}$$

と積分表示ができる．$K=\bar{\varDelta}(w;r)$ 上で f_ν は f_0 に一様収束するから，(10.19) の両辺で $\nu\to\infty$ とすると，

$$f_0(z)=\left(\frac{1}{2\pi i}\right)^n\int_{|w_j-\zeta_j|=r_j}\frac{f_0(\zeta)d\zeta_1\cdots d\zeta_n}{(\zeta_1-z_1)\cdots(\zeta_n-z_n)}$$

が $z\in\Delta(w;r/2)$ に対し成立つ．よって，定理 10.6 の（3）⇒（1）により，$f_0\in\mathcal{O}_D$ である．

$\partial_k f_\nu\to\partial_k f_0$ $(\nu\to\infty)$ なることは，(10.16) を f_ν と f_0 に用いることにより容易にたしかめられる．（証終）

定理 10.9 $f\in\mathcal{O}_{C^n}$ を有界とする．即ち，$M>0$ が存在して，$|f(z)|\leq M$ $(z\in \boldsymbol{C}^n)$ とする．

このとき，$f(z)=c$（定数）である．　**（リューヴィユ**(Liouville)**の定理）**

証明　定理 10.5 により

$$f(z)=\sum\frac{1}{k!}(\partial^k f)(0)\cdot z^k \tag{10.20}$$

とテーラー展開できる．一方，系 10.1 により，

$$|(\partial^k f)(0)|\leq\left(\frac{k!}{r^k}\right)\cdot M$$

が任意の $r_j>0$ $(1\leq j\leq n)$ に対し成立つ．従って，$k=(k_1,\cdots,k_n)\neq(0,\cdots,0)$ ならば，$r_j\to\infty$ として $(\partial^k f)(0)=0$ を得る．これを (10.20) に代入し，$f(z)=f(0)$ を得る．（証終）

定理 10.10 D を $\boldsymbol{C}^n$ の開集合とし，$f_\nu\in\mathcal{O}_D$ $(\nu=1,2,\cdots)$ とする．いま $\{f_\nu\}$ は一様有界とする．即ち，$M>0$ が存在して，$|f_\nu(z)|\leq M$ $(z\in D, \nu=1,2,\cdots)$ とする．

このとき，$\{f_\nu\}$ の適当な部分列 $\{f_{\nu_\mu}\}_{\mu=1}^\infty$ をとれば，D 上で広義一様収束する．　**（モンテル**(Montel)**の定理）**

証明　$\bar{\Delta}_\nu=\bar{\Delta}(w_\nu;r_\nu)\subset D$ $(\nu=1,2,\cdots)$，かつ $D=\bigcup_{\nu=1}^\infty\Delta_\nu$ をみたす多重円板 Δ_ν $(\nu=1,2,\cdots)$ をとる（このような $\{\Delta_\nu\}$ がとれることは明かであろう）．いま，

$$2\delta_\nu=\inf\{|z-w|\,|\,z\in\Delta_\nu, w\notin D\}$$

とおくと，$\delta_\nu>0$ である．だから，

$$\bar{\Delta}(w_\nu;r_\nu)\subset\bar{\Delta}(w_\nu;r_\nu+\delta_\nu)\subset D$$

が成立つ．

$\{f_\mu\}_{\mu=1}^\infty$ は $\bar{\Delta}_\nu$ 上で同程度一様連続（定義 7.7）であることを示そう．$z,z'\in\bar{\Delta}_\nu$ に対し，積分公式 (10.13) より，

$$f_\mu(z)-f_\mu(z')=\left(\frac{1}{2\pi i}\right)^n\int_{|(w_\nu)_j-\zeta_j|=r_\nu+\delta_\nu}\frac{\Pi(\zeta_i-z_i')-\Pi(\zeta_i-z_i)}{\Pi(\zeta_i-z_i)\cdot(\zeta_i-z_i')}f_\mu(\zeta)d\zeta_1\cdots d\zeta_n.$$

ところが，$|f_\mu(\zeta)|\leq M$ ($\mu=1,2,\cdots;\zeta\in D$) であるから，任意の $\varepsilon>0$ に対し，$\delta>0$ を十分小にとれば，

$$|f_\mu(z)-f_\mu(z')|\leq\varepsilon \qquad (|z-z'|<\delta;\mu=1,2,\cdots)$$

をみたすようにできる．よって，$\{f_\mu\}$ は $\bar{\varDelta}_\nu$ 上で同程度一様連続，かつ一様有界であるから，補題 7.1 を $G=\boldsymbol{C}^n$ に用いることにより，適当な部分列 $\{f_{\nu,1},f_{\nu,2},\cdots\}\subset\{f_\mu\}$ をとると，$\bar{\varDelta}_\nu$ 上で一様収束する．$\{f_{\nu,\mu}\}_{\mu=1}^\infty$ は $\bar{\varDelta}_{\nu+1}$ 上で同程度一様連続かつ一様有界であるから，適当な部分列 $\{f_{\nu+1,1},\cdots\}\subset\{f_{\nu,\mu}\}_{\mu=1}^\infty$ をとると，$\bar{\varDelta}_{\nu+1}$ 上で一様収束する．$f_{k,k}=f_{\nu_k}$ ($k=1,2,\cdots$) とおけば，$\{f_{\nu_k}\}_{\mu=1}^\infty$ は任意の $\bar{\varDelta}_\nu$ 上で一様収束することがわかり，結局，$\{f_{\nu_k}\}$ は D 上で広義一様収束する． （証終）

10.5 正 則 写 像

この節では §2.4 において証明した逆写像の定理，陰関数定理，階数定理と類似の定理を正則写像に対して証明する．

定義 10.9 D を $\boldsymbol{C}^n$ の開集合とし，$f:D\to\boldsymbol{C}^n$ を正則写像とする(定義 10.4)．$w\in D$ に対し，$n\times n$ 行列

$$(df)_w=\left(\left(\frac{\partial f_i}{\partial z_j}\right)(w)\right)$$

を写像 f の $z=w$ における(複素)ヤコビ行列とよぶ．また，その行列式を f の w におけるヤコビアンとよぶ．

定理 10.11 D を $\boldsymbol{C}^n$ の開集合とする．正則写像 $f:D\to\boldsymbol{C}^n$ の $z=w$ におけるヤコビアンが 0 でなければ，w と $f(w)$ の近傍 U,V が存在して，$f|U:U\to V$ は正則同型写像(定義 10.5)となる． **(逆写像定理)**

証明 $w=0$, $f(0)=0$ としてよい．定理 1.3 と同様にして，$(df)_0=E_n$ としてよい．$g(z)=f(z)-z$ によって，写像 $g:D\to\boldsymbol{C}^n$ を定義すると，定理 1.3 におけると同様にして，0 の近傍 U,V がとれ，

$$\varphi_0(z)=0,\qquad \varphi_\nu(z)=z-g(\varphi_{\nu-1}(z))\quad(\nu=1,2,\cdots)$$

によって，正則写像 φ_ν が定義でき，φ_ν はある写像 φ に広義一様収束する．定理 10.8 によって，φ も正則写像であって，$\varphi=(f|U)^{-1}$ となる．（証終）

定理 10.12 D_i $(i=1,2)$ を $\boldsymbol{C}^{n_i}$ の開集合とし，$f=(f_1,\cdots,f_{n_2})\in\mathrm{Hol}(D_1\times D_2,\boldsymbol{C}^{n_2})$ を考える．$\boldsymbol{C}^{n_1}$ の座標を $z=(z_1,\cdots,z_{n_1})$，$\boldsymbol{C}^{n_2}$ の座標を $w=(w_1,\cdots,w_{n_2})$ とする．ある点 $(a,b)\in D_1\times D_2$ において，$f(a,b)=0$，かつ $\mathrm{rank}((\partial f_i/\partial w_j)(a,b))=n_2$ とすれば，(a,b) の $D_1\times D_2$ における近傍 $U_1\times U_2$ と $g\in\mathrm{Hol}(U_1,U_2)$ が存在して，$f(z,g(z))=0$ $(z\in U_1)$ が成立つ．**（陰関数定理）**

証明 写像 $F:D_1\times D_2\to\boldsymbol{C}^{n_1+n_2}$ を $F(z,w)=(z,f(z,w))$ で定義すると，$\det(dF)_{(a,b)}\neq 0$ である．よって，定理 10.11 により，(a,b) の近傍 $U\times U_2$ と $(a,0)$ の近傍 W が存在して，$F|(U\times U_2):U\times U_2\to W$ は正則同型である．定理 2.4 の証明と同様にして，a の近傍 U_1 と写像 g を定義すれば求めるものである．（証終）

定理 10.13 D を $\boldsymbol{C}^n$ の開集合とし，$f\in\mathrm{Hol}(D,\boldsymbol{C}^m)$ を考える．$\mathrm{rank}((\partial f_i/\partial z_j)(z))=r$ $(z\in D)$ を仮定する．このとき，任意の点 $a\in D$ に対し，a の近傍 $U, f(a)$ の近傍 V，$\boldsymbol{C}^n,\boldsymbol{C}^m$ の多重円板 Q,Q' および正則同型写像 $\psi: Q\to U$，$\psi':V\to Q'$ が存在して，$\varphi=\psi'\circ f\circ\psi$ は $z\in Q$ に対し，

$$\varphi(z_1,\cdots,z_n)=(z_1,\cdots,z_r,0,\cdots,0)$$

をみたす．**（階数定理）**

証明 定理 2.7 と殆んど平行に証明される．異る点は定理 2.5 の代りに定理 10.12 を用いる点のみである．（証終）

10.6 微分方程式の解

この節では §1.5 で証明した定理の正則関数への類似をのべる．

定理 10.14 D,D' をそれぞれ $\boldsymbol{C}^n$，$\boldsymbol{C}^m$ の開集合とし，$\Delta_\rho=\{\zeta\in\boldsymbol{C}\,|\,|\zeta|<\rho\}$ を半径 ρ の開円板とする．$f\in\mathrm{Hol}(D\times\Delta_\rho\times D',\boldsymbol{C}^n)$ とする．このとき，任意の点 $z_0\in D$ と任意のコンパクト集合 $K'\subset D'$ に対し，ある正数 δ が存在し，任意の $w\in K'$ に対し，次の（i），（ii）をみたす Δ_δ から D への正則写像 $\zeta\to z(\zeta,w)$ がただ1つ存在する．

（i）　$\partial z/\partial\zeta = f(z(\zeta, w), \zeta, w)$,

（ii）　$z(0, w) = z_0$.

さらに，K' に含まれる開集合を U とすれば，写像 $(\zeta, w)\to z(\zeta, w)$ は $\Delta_\delta \times U$ から D への正則写像である．

証明　定理 1.4 と殆んど平行に議論できる．(1.24) と同様にして，

$$z_n(\zeta, w) = z_0 + \int_0^\zeta f(z_{n-1}(\rho, w), \rho, w)\, d\rho$$

とおく．ただし積分は0と ζ とを結ぶ線分とする．(1.25) と同様の評価式が容易に得られ，$\lim z_n = z$ が存在する．定理 10.8 によれば，z も正則写像となり，求めるものであることがたしかめられる．一意性は定理 1.4 の証明と全く同様である．　（証終）

定理 10.15　D を $\boldsymbol{C}^n$ の開集合とし，$f\in \mathrm{Hol}(D, \boldsymbol{C}^n)$ とする．このとき，任意のコンパクト集合 $K\subset D$ に対し，正数 ε が存在し，すべての点 $\zeta_0\in K$ に対し，写像 $z: I_\varepsilon = (-\varepsilon, \varepsilon)\to D$ であって，

$$\frac{\partial z}{\partial t} = f(z), \qquad z(0) = \zeta_0$$

をみたすものがただ1つ存在する．この解 z を $z(t) = z(t, \zeta_0)$ と書けば，写像 $z: I_\varepsilon\times K\to D$ が考えられるが，この写像は，K に含まれる任意の開集合 U に対し，$z_t\in \mathrm{Hol}(U, D)$ $(t\in I_\varepsilon)$ である．ただし，$z_t(\zeta) = z(t, \zeta)$ とおく．

証明は系 1.3 と平行にできるから省略する．

問　題　10

10.1　f を $\boldsymbol{C}^n$ の領域 D で正則な関数とする．ある点 $p_0\in D$ があって，すべての $p\in D$ に対し，$|f(p_0)|\geq |f(p)|$ をみたすならば，f は D 上で定数である．

10.2　f を多重円板 $U(0; r)$ で正則な関数とすると，f は k 次の斉次多項式 $P_k(z)$ の和としてあらわせる：$f(z) = \sum_{k=1}^{\infty} P_k(z)$．しかも，$P_k(z)$ は次式で与えられる：

$$P_k(z) = \frac{1}{2\pi}\int_0^{2\pi} e^{-ki\theta} f(e^{i\theta} z)\, d\theta.$$

10.3　f を $\boldsymbol{C}^n$ の領域 D から D' の上への全単射正則写像とすれば，f^{-1} も D' から D への正則写像である．

11. 複素多様体

11.1 複素多様体の定義

以下，$(M, \mathcal{U})$ を(ハウスドルフ)位相空間とする．

定義 11.1 定義 4.1 における $\boldsymbol{R}^n$ を $\boldsymbol{C}^n$ でおきかえると $\mathrm{Chart}(M, \boldsymbol{C}^n)$ が定義できる．

定義 11.2 $(U_i, \varphi_i) \in \mathrm{Chart}(M, \boldsymbol{C}^n)$ $(i=1,2)$ に対し，定義 4.2 と平行に，正則適合(holomorphically compatible)が定義できる．正則適合のとき $(U_1, \varphi_1) \underset{\mathrm{hol}}{\sim} (U_2, \varphi_2)$ であらわす．

定義 11.3 $\mathrm{Chart}(M, \boldsymbol{C})$ の部分集合 $\mathcal{A} = \{(U_\alpha, \varphi_\alpha) | \alpha \in A\}$ が M 上の n 次元**複素構造**(complex structure)であるとは，次の条件（1）～（3）をみたすときを言う．

（1） $M = \bigcup_{\alpha \in A} U_\alpha$,

（2） $\alpha, \beta \in A$ ならば，$(U_\alpha, \varphi_\alpha) \underset{\mathrm{hol}}{\sim} (U_\beta, \varphi_\beta)$,

（3） $\mathcal{A}$ は（1），（2）をみたす $\mathrm{Chart}(M, \boldsymbol{C}^n)$ の部分集合の中で極大である．

定義 11.4 M と M 上の n 次元複素構造 $\mathcal{A}$ との組 $(M, \mathcal{A})$ を n 次元**複素多様体**(complex manifold)とよぶ．$\mathcal{A}$ を明記する必要のない場合，単に M を複素多様体とよぶ．

注意 11.1 （1），（2）をみたす $\mathcal{A}$ が与えられたとき，$(M, \mathcal{A})$ を複素多様体とよんでも差支えない(注意 4.1 参照)．

注意 11.2 n 次元複素多様体は $2n$ 次元 C^∞ 多様体と考え得る．従って，第4章で定義した，M の接空間 T_pM 等が(M を $2n$ 次元多様体と考えて)定義される．

定義 11.5 $(M, \mathcal{A})$ を複素多様体とし $(U_\alpha, \varphi_\alpha) \in \mathcal{A}$ とする．$p \in U_\alpha$ のとき，$(U_\alpha, \varphi_\alpha)$ を p の座標近傍，$\varphi_\alpha = (z_1, \cdots, z_n)$ を U_α 上の局所座標系とよぶ．$z_i = x_i + \sqrt{-1} y_i$ と書くと，$\{x_1, y_1, \cdots, x_n, y_n\}$ は U_α 上の (2n 次元 C^∞ 多

様体 M の)局所座標系となる．これを $\{z_1, \cdots, z_n\}$ から導かれた実座標系とよぶことにしよう．

例 11.1 $\boldsymbol{C}^n$ の開集合 M に対し $\mathscr{A}=\{(M, 1_M)\}$ をとると，$(M, \mathscr{A})$ は複素多様体である(注意 11.1，例 4.1 参照)．

例 11.2 例 4.6 における $\boldsymbol{R}^{n+1}$ を $\boldsymbol{C}^{n+1}$ でおきかえ，同値関係 $\sim$ を $\boldsymbol{C}^{n-1}-\{0\}$ に定義すると，例 4.6 におけると全く同じ方法で n 次元複素多様体 $P^n(\boldsymbol{C})$ が定義できる．これを n 次元**複素射影空間**とよぶ．

例 11.3 $(M_1, \mathscr{A}_1), (M_2, \mathscr{A}_2)$ を複素多様体とすると，直積 $M_1 \times M_2$ も自然な方法で複素多様体となる．

定義 11.6 $(M, \mathscr{A}), (W, \mathscr{B})$ を複素多様体とする．写像 $\Phi: M \to W$ が点 $p \in M$ において正則であるとは，$p \in U$，$\Phi(p) \in V$，かつ $\Phi(U) \subset V$ をみたす $(U, \varphi) \in \mathscr{A}$，$(V, \psi) \in \mathscr{B}$ をとると，$\psi \circ \Phi \circ \varphi^{-1} \in \mathrm{Hol}(\varphi(U), \psi(V))$ となるときを言う．

Φ がすべての点 $p \in M$ において正則であるとき，Φ は M から W への**正則写像**(holomorphic map)とよぶ．

M から W への正則写像全体からなる集合を $\mathrm{Hol}(M, W)$ であらわす．$W=\boldsymbol{C}^1$ であるとき，$\mathrm{Hol}(M, \boldsymbol{C}^1)=\mathscr{O}_M$ と書き，$\Phi \in \mathscr{O}_M$ を M 上の正則関数とよぶ．

M が $\boldsymbol{C}^n$ の開集合 D であるとき，$\mathscr{O}_M$ は定義 10.3 の $\mathscr{O}_D$ と一致する．一般に，$\mathscr{O}_M$ は $\boldsymbol{C}$ 多元環となることは $\mathscr{O}_D$ の場合と同様である．また，複素多様体 M_i $(i=1,2,3)$ に対し，$\Phi \in \mathrm{Hol}(M_1, M_2)$，$\Psi \in \mathrm{Hol}(M_2, M_3)$ ならば，$\Psi \circ \Phi \in \mathrm{Hol}(M_1, M_3)$ であることが定理 10.3 を用いてわかる．

定義 11.7 $(M, \mathscr{A}), (W, \mathscr{B})$ を複素多様体とする．$\Phi \in \mathrm{Hol}(M, W)$ が**正則同型写像**であるとは，$\Psi \in \mathrm{Hol}(W, M)$ が存在して，$\Psi \circ \Phi = 1_M$，$\Phi \circ \Psi = 1_W$ をみたすときを言う．少くとも 1 つ正則同型写像が存在するとき，M と W は**正則同型**であると言い，$M \simeq W$ であらわす．

特に，$(M, \mathscr{A})=(W, \mathscr{B})$ のとき，M から M への正則同型は，**正則自己同型**とよばれ，その全体を $\mathrm{Aut}(M)$ と書くと，$\mathrm{Aut}(M)$ は自然に群と

なる.

11.2 複素構造テンソル

$(M, \mathcal{A})$ を n 次元複素多様体とする．$p\in M$ の座標近傍 $(U_\alpha, \varphi_\alpha)$ をとり座標系 $\{z_1, \cdots, z_n\}$, $\{x_1, y_1, \cdots, x_n, y_n\}$ を定義 11.5 と同じものとする．

$$T_pM=\left\{\left(\frac{\partial}{\partial x_1}\right)_p, \left(\frac{\partial}{\partial y_1}\right)_p, \cdots, \left(\frac{\partial}{\partial x_n}\right)_p, \left(\frac{\partial}{\partial y_n}\right)_p\right\}_{\boldsymbol{R}}$$

であるから，線型写像 $J_p{}^\alpha: T_pM\to T_pM$ が，

$$(11.1)\qquad J_p{}^\alpha\left(\frac{\partial}{\partial x_i}\right)_p=\left(\frac{\partial}{\partial y_i}\right)_p,\quad J_p{}^\alpha\left(\frac{\partial}{\partial y_i}\right)_p=-\left(\frac{\partial}{\partial x_i}\right)_p\qquad (i=1, \cdots, n)$$

によって定義され，$(J_p{}^\alpha)^2=-1_{T_pM}$ をみたす．

(U_β, φ_β) も p の座標近傍であるとし，$\varphi_\beta=(w_1, \cdots, w_n)$, $w_i=u_i+\sqrt{-1}v_i$ $(i=1, \cdots, n)$ なる座標系を，上と同じようにとると，(11.1) と同様にして $J_p{}^\beta$: $T_pM\to T_pM$ なる線型写像が定義できる．実は，

補題 11.1 $J_p{}^\alpha=J_p{}^\beta$ が成立つ．

証明 $F=\varphi_\beta\circ\varphi_\alpha{}^{-1}$ とおくと，$F\in\mathrm{Hol}(\varphi_\alpha(U_{\alpha\beta}), \varphi_\beta(U_{\alpha\beta}))$ である．ただし，$U_{\alpha\beta}=U_\alpha\frown U_\beta$. いま，$F(z)=(F_1(z), \cdots, F_n(z))$, $F_i(z)=u_i(z)+\sqrt{-1}v_i(z)$; $u_i(z), v_i(z)\in\boldsymbol{R}$ $(z\in\varphi_\alpha(U_{\alpha\beta}))$ とおくと，補題 4.6, (4.20) により，

$$\left(\frac{\partial}{\partial x_i}\right)_p=\sum\left(\frac{\partial u_j}{\partial x_i}\right)_0\cdot\left(\frac{\partial}{\partial u_j}\right)_p+\sum\left(\frac{\partial v_j}{\partial x_i}\right)_0\cdot\left(\frac{\partial}{\partial v_j}\right)_p,$$

$$\left(\frac{\partial}{\partial y_i}\right)_p=\sum\left(\frac{\partial u_j}{\partial y_i}\right)_0\cdot\left(\frac{\partial}{\partial u_j}\right)_p+\sum\left(\frac{\partial v_j}{\partial y_i}\right)_0\cdot\left(\frac{\partial}{\partial v_j}\right)_p$$

が成立つ．ただし $(\ \ )_0$ は $z=\varphi_\alpha(p)$ における値をあらわす．一方，$F_i\in\mathcal{O}_{\varphi_\alpha(U_{\alpha\beta})}$であるから，(10.10) により，

$$\left(\frac{\partial u_j}{\partial x_i}\right)_0=\left(\frac{\partial v_j}{\partial y_i}\right)_0,\qquad \left(\frac{\partial u_j}{\partial y_i}\right)_0=-\left(\frac{\partial v_j}{\partial x_i}\right)_0$$

をみたす．よって，

$$J_p{}^\beta\left(\frac{\partial}{\partial x_i}\right)_p=\sum\left(\frac{\partial u_j}{\partial x_i}\right)_0\left(\frac{\partial}{\partial v_j}\right)_p-\sum\left(\frac{\partial v_j}{\partial x_i}\right)_0\left(\frac{\partial}{\partial u_j}\right)_p$$

$$=\sum\left(\frac{\partial v_j}{\partial y_i}\right)_0\left(\frac{\partial}{\partial v_j}\right)_p+\sum\left(\frac{\partial u_j}{\partial y_i}\right)_0\cdot\left(\frac{\partial}{\partial u_j}\right)_p$$

$$=\left(\frac{\partial}{\partial y_i}\right)_p=J_p{}^\alpha\left(\frac{\partial}{\partial x_i}\right)_p,$$

$$J_p{}^\beta\left(\frac{\partial}{\partial y_i}\right)_p=\sum\left(\frac{\partial u_j}{\partial y_i}\right)_0\cdot\left(\frac{\partial}{\partial v_j}\right)_p-\sum\left(\frac{\partial v_j}{\partial y_i}\right)_0\left(\frac{\partial}{\partial u_j}\right)_p$$

$$=-\sum\left(\frac{\partial v_j}{\partial x_i}\right)_0\cdot\left(\frac{\partial}{\partial v_j}\right)_p-\sum\left(\frac{\partial u_j}{\partial x_i}\right)_0\cdot\left(\frac{\partial}{\partial u_j}\right)_p$$

$$=-\left(\frac{\partial}{\partial x_i}\right)_p=J_p{}^\alpha\left(\frac{\partial}{\partial y_i}\right)_p.$$

従って，$J_p{}^\alpha=J_p{}^\beta$ が成立つ．（証終）

定義 11.8 線型写像 $J_p{}^\alpha: T_pM\to T_pM$ は p の座標近傍（U_α, φ_α）のとり方に依存しないから，写像 $J: TM\to TM$ が定義され，$J|T_pM=J_p{}^\alpha$（$p\in U_\alpha$）をみたす．J を（$M, \mathcal{A}$）の**複素構造テンソル**(complex structure tensor)とよぶ．

定義 11.9 C^∞ 多様体（$M, \mathcal{A}$）に対し，C^∞ 写像 $J: TM\to TM$ が次の条件をみたすとき，M の**概複素構造**テンソル(almost complex structure tensor)とよぶ．

（i） $J(T_pM)=T_pM$（$p\in M$）であって，$J|T_pM$ は線型写像，

（ii） $X\in T_pM$ ならば，$J(JX)=-X$.

11.3 正則ベクトル場

定義 11.10 複素多様体 $(M, \mathcal{A})$ において点 $p\in M$ の座標近傍（U_α, φ_α）をとり，z_k, x_k, y_k（$k=1,\cdots,n$）は定義 11.5 の通りとする．このとき，$(\partial/\partial z_k)_p$, $(\partial/\partial \bar{z}_k)_p\in T_p{}^CM$ を，

(11.2) $$\left(\frac{\partial}{\partial z_k}\right)_p=\frac{1}{2}\left\{\left(\frac{\partial}{\partial x_k}\right)_p-\sqrt{-1}\left(\frac{\partial}{\partial y_k}\right)_p\right\},$$

(11.3) $$\left(\frac{\partial}{\partial \bar{z}_k}\right)_p=\frac{1}{2}\left\{\left(\frac{\partial}{\partial x_k}\right)_p+\sqrt{-1}\left(\frac{\partial}{\partial y_k}\right)_p\right\}$$

によって定義する．これら $2n$ この元 $(\partial/\partial z_k)_p$, $(\partial/\partial \bar{z}_k)_p$（$k=1,\cdots,n$）は複素

ベクトル空間 $T_p{}^CM$ の基となっている.

従って，任意の $\tilde{X}\in\mathfrak{X}^C(M)$ をとると，$p\in U_\alpha$ に対し，

$$\tilde{X}_p=\sum\xi_k(p)\left(\frac{\partial}{\partial z_k}\right)_p+\sum\eta_k(p)\cdot\left(\frac{\partial}{\partial\bar{z}_k}\right)_p, \tag{11.4}$$

$(\xi_k(p),\eta_k(p)\in\boldsymbol{C})$ と書ける. $\xi_k,\eta_k\in C^\infty(U_\alpha,\boldsymbol{C})$ となることも容易にたしかめられる.

定義 11.11 複素多様体 M 上の複素ベクトル場 $\tilde{X}$ が**正則ベクトル場**であるとは，任意の $p\in M$ に対し，座標近傍 $(U_\alpha,\varphi_\alpha)$ をとると U_α 上で

$$\tilde{X}=\sum\xi_k\cdot\left(\frac{\partial}{\partial z_k}\right) \tag{11.5}$$

と書け．$\xi_k\in\mathcal{O}_{U_\alpha}$ であるときを言う.

M の正則ベクトル場全体からなる集合 $\mathfrak{X}_0(M)$ は $\mathfrak{X}^C(M)$ の部分リー環をなすことも容易にたしかめられる.

定義 11.12 M を複素多様体とするとき，定義 4.16 において，$\mathrm{Diff}(M)$ を $\mathrm{Aut}(M)$ でおきかえると **1 径数正則変換群**が定義できる．また定義 4.18 と類似の概念として **1 径数局所正則変換群**も定義できる.

命題 11.1 複素多様体 M の 1 径数正則変換群 $\{\Phi_t\}$ が与えられたとき，$\{\Phi_t\}$ から導かれたベクトル場(定義 4.17)を X とすると，M 上の正則ベクトル場 $\tilde{X}$ が次式によって定義できる.

$$\tilde{X}=\frac{1}{2}(X-\sqrt{-1}JX), \tag{11.6}$$

ただし，J は M の複素構造テンソルをあらわす.

証明 任意の点 $p_0\in M$ の座標近傍 (U,φ) をとり，$\varphi=(z_1,\cdots,z_n)$ とする．以下定義 11.5 と同じ記号を用いる．まず，X の定義によると，$p\in U$ に対して，

$$(Xz_i)(p)=\left[\frac{\partial z_i(\Phi_t(p))}{\partial t}\right]_{t=0}$$

であるが，関数 $z_i(\Phi_t(p))$ は $p\in U$ について正則であるから，Xz_i も U 上で正則である．$Xz_i=\xi_i$ とおくと，U 上で (11.5) が成立することを示せば十

分である.

式 (4.32) を $f=x_i, y_i$ に用いると, $p\in U$ に対し,

$$(11.7)\qquad X_p=\sum_{i=1}^{n}\left[\frac{\partial x_i(\Phi_t(p))}{\partial t}\right]_0\cdot\left(\frac{\partial}{\partial x_i}\right)_p+\sum_{i=1}^{n}\left[\frac{\partial y_i(\Phi_t(p))}{\partial t}\right]_0\cdot\left(\frac{\partial}{\partial y_i}\right)_p$$

が成立つ. 従って, J の定義式 (11.1) により,

$$(11.8)\qquad JX_p=\sum\left[\frac{\partial x_i(\Phi_t(p))}{\partial t}\right]_0\cdot\left(\frac{\partial}{\partial y_i}\right)_p-\sum\left[\frac{\partial y_i(\Phi_t(p))}{\partial t}\right]_0\cdot\left(\frac{\partial}{\partial x_i}\right)_p$$

が成立つ. よって, (11.6)～(11.8) より,

$$\begin{aligned}2\tilde{X}_p&=\sum\left(\left[\frac{\partial x_i(\Phi_t(p))}{\partial t}\right]_0+\sqrt{-1}\left[\frac{\partial y_i(\Phi_t(p))}{\partial t}\right]_0\right)\cdot\left(\frac{\partial}{\partial x_i}\right)_p\\&\quad-\sqrt{-1}\sum\left(\left[\frac{\partial x_i(\Phi_t(p))}{\partial t}\right]_0+\sqrt{-1}\left[\frac{\partial y_i(\Phi_t(p))}{\partial t}\right]_0\right)\cdot\left(\frac{\partial}{\partial y_i}\right)_p\\&=\sum\left[\frac{\partial z_i(\Phi_t(p))}{\partial t}\right]_0\left\{\left(\frac{\partial}{\partial x_i}\right)_p-\sqrt{-1}\left(\frac{\partial}{\partial y_i}\right)_p\right\}=\sum 2\cdot\xi_i(p)\cdot\left(\frac{\partial}{\partial z_i}\right)_p\end{aligned}$$

が得られ, (11.5) の成立することが示された. (証終)

定義 11.13 命題 11.1 における $\tilde{X}$ を $\{\Phi_t\}$ から導かれた正則ベクトル場と言う.

定理 11.1 $\tilde{X}$ を複素多様体 M 上の正則ベクトル場とする. M の任意のコンパクト集合 K に対し, ある正数 ε と K を含む開集合 V と, V の上の1径数局所正則変換群 $\{\Phi_t\}_{t\in I_\varepsilon}$ が存在して, $\{\Phi_t\}$ から導かれた正則ベクトル場は V 上で $\tilde{X}$ と一致する. 特に, M がコンパクトの時は, $\{\Phi_t\}$ は M 上の1径数正則変換群としてよい. この Φ_t を $\Phi_t=\mathrm{Exp}\,t\tilde{X}$ であらわす.

略証 定理 4.5 の証明と全く同じ方法で証明する. 異る所は, 系 1.3 の代りに定理 10.5 を用いる点だけである.

補題 11.2 $\tilde{X}=X+\sqrt{-1}\,Y$ $(X, Y\in\mathfrak{X}(M))$ が正則ベクトル場ならば, $Y=-JX$ であって, $[X, Y]=0$ が成立つ.

証明 局所座標系 $\{z_1,\cdots,z_n\}$ を用いて, $\tilde{X}=\sum\xi_i\cdot\partial/\partial z_i$ とあらわし, $\xi_i=u_i+\sqrt{-1}v_i$ と実数部分, 虚数部分に分けると, $\tilde{X}=1/2\sum(u_i+\sqrt{-1}v_i)(\partial/\partial x_i-\sqrt{-1}\partial/\partial y_i)=1/2\sum\{u_i\cdot\partial/\partial x_i+v_i\cdot\partial/\partial y_i+\sqrt{-1}(v_i\cdot\partial/\partial x_i-u_i\cdot\partial/\partial y_i)\}$

となるから, $X=1/2\sum(u_i\cdot\partial/\partial x_i+v_i\cdot\partial/\partial y_i)$, $Y=1/2\sum(v_i\cdot\partial/\partial x_i-u_i\cdot\partial/\partial y_i)$. よって $Y=-JX$ が成立つ.

つぎに, $\tilde{X}$ は正則であるから, u_i, v_i はコーシー-リーマンの関係式 $\partial u_i/\partial x_j=\partial v_i/\partial y_j$, $\partial u_i/\partial y_j=-\partial v_i/\partial x_j$ $(i, j=1, \cdots, n)$ をみたす. この関係式を用いて, $[X, Y]$ を直接計算すると $[X, Y]=0$ が得られる. (証終)

定理 11.2 $\tilde{X}$ を複素多様体 M 上の正則ベクトル場とする. ある点 $p_0\in M$ において $\tilde{X}_{p_0}\neq 0$ ならば, p_0 の座標近傍 (U, φ) が存在し $(\varphi=(z_1, \cdots, z_n)$ とおくと) U 上で, $\tilde{X}=\partial/\partial z_1$ が成立つ.

証明 系 5.1 と同じ方針で証明する. まず p_0 の座標近傍 (V, ψ) $(\psi=(w_1, \cdots, w_n)$ とおく) であって, $\psi(p_0)=0$, かつ $\tilde{X}_{p_0}, (\partial/\partial w_2)_{p_0}, \cdots, (\partial/\partial w_n)_{p_n}$ は $\boldsymbol{C}$ 上一次独立であるものをとる. 定理 11.1 による. $\tilde{X}$, $\sqrt{-1}\tilde{X}$ の生成する p_0 の近傍の 1 径数局所正則変換群を $\{\Phi_t\}, \{\Psi_t\}$ とする. このとき, $\delta>0$ を十分小にとれば, 写像

$$\theta: \{z\in \boldsymbol{C}^n \mid |z|<\delta\}\to M$$

が

$$\theta(s+\sqrt{-1}t, \zeta_2, \zeta_3, \cdots, \zeta_n)=\Phi_s\circ\Psi_t\circ\psi^{-1}(0, \zeta_2, \cdots, \zeta_n),$$
$$|s+\sqrt{-1}t|<\delta,\ |\zeta_i|<\delta \qquad (i=2, \cdots, n)$$

によって定義できる. θ は正則写像であり, かつ θ の原点におけるヤコビアンが 0 でないことが容易にわかる. よって, 逆写像の定理 10.11 により, 十分小な $\delta_0>0$ に対し, θ は $U_{\delta_0}=\{z\in \boldsymbol{C}^n \mid |z|<\delta\}$ から M の開集合 U への正則同型写像となる. さらに,

$$(T\theta)\left(\left(\frac{\partial}{\partial\zeta_1}\right)_\zeta\right)=\tilde{X}(\theta(\zeta))$$

がすべての $\zeta\in U_{\delta_0}$ に対し成立つことがわかる. よって, 座標近傍 (U, θ^{-1}) は求めるものである. (証終)

問題 11

11.1 J を複素多様体 M の複素構造テンソルとすると, すべての $X, Y\in\mathfrak{X}(M)$ に対

し，次式が成立つ．

$$J[X, Y]=[JX, Y]+[X, JY]+J[JX, JY].$$

11.2 X_i $(i=1, \cdots, k)$ を複素多様体 M 上の正則ベクトル場とし，任意の $p\in M$ に対し，$X_1(p), \cdots, X_k(p)$ は $\boldsymbol{C}$ 上一次独立であるとし，かつ $[X_i, X_j]=0$ $(i, j=1, \cdots, k)$ をみたすとする．このとき，任意の点 $p_0\in M$ の座標近傍 (U, φ) が存在して，$\varphi=(z_1, \cdots, z_n)$ かつ，$X_i=\partial/\partial z_i$ $(i=1, \cdots, k)$ が U 上で成立つ．

11.3 複素多様体 M の接バンドル TM は自然な方法で複素多様体となり，射影 π: $TM\to M$ は正則写像となる．

12. 正則変換群

12.1 無限小変換

定義 12.1 $\boldsymbol{C}^n$ の部分集合 D は，領域であって，かつ $D\subset\varDelta(0;r)$ なる r が存在するとき，$\boldsymbol{C}^n$ の**有界領域**であると言う((10.1) 参照)．D は複素多様体と考えられる(例 11.1)．D 上の正則ベクトル場全体からなる集合を $\mathfrak{X}_0(D)$ であらわす(定義 11.11)．

注意 12.1 $X=\sum\eta_i\cdot\partial/\partial z_i\in\mathfrak{X}_0(D)$ に対し，$f:D\to\boldsymbol{C}^n$ を $f(z)=(\eta_1(z),\cdots,\eta_n(z))$ で定義すれば，$f\in\mathrm{Hol}(D,\boldsymbol{C}^n)$ である．逆に，かかる f に対しては $X=\sum\eta_i\cdot\partial/\partial z_i\in\mathfrak{X}_0(D)$ が定義されるので，$\mathfrak{X}_0(D)$ と $\mathrm{Hol}(D,\boldsymbol{C}^n)$ は同一視してよい．

$G(D)=\mathrm{Aut}(D)$ (定義 11.7) と書き，G を $G(D)$ の任意の部分群とする．

定義 12.2 $X\in\mathfrak{X}_0(D)$ が **G に属する，D の**(大局的)**無限小変換**(infinitesimal transformation)であるとは，X は D の 1 径数正則変換群 $\mathrm{Exp}\,tX$ を生成し，$\mathrm{Exp}\,tX\in G$ がすべての $t\in R$ に対し成立つときを言う．このような X 全体のなす集合を $\mathrm{Inf}(G)$ または $\mathfrak{g}$ であらわす:

$$\mathfrak{g}=\mathrm{Inf}(G)=\{X\in\mathfrak{X}_0(D)\,|\,\mathrm{Exp}\,tX\in G\ \ (t\in\boldsymbol{R})\}.$$

$G(D)$ に属する，D の無限小変換を単に **D の無限小変換**とよび，D の無限小変換全体を $\mathfrak{g}(D)$ であらわす．

この章の目標は，$\boldsymbol{C}^n$ の有界領域 D に対し，$G(D)$ が D 上のリー変換群となり，そのリー環が $\mathfrak{g}(D)$ と同一視できることを証明することである．

まず，$G(D)$ に位相を入れて位相群にしたい．閉包がコンパクトでかつ D に含まれる D の部分領域 $\varDelta$ を $\varDelta\Subset D$ で表わす．任意の $\varepsilon>0$ に対し，

$$W(\varDelta,\varepsilon)=\{\sigma\in G(D)\,|\,|\sigma|_\varDelta<\varepsilon\},$$

ただし，$|\sigma|_\varDelta=\sup\{|\sigma(z)-z|;z\in\varDelta\}$ とおく．

$\mathcal{U}_0=\{W(\varDelta,\varepsilon)\,|\,\varDelta\Subset D,\varepsilon>0\}$ とおくと，$\mathcal{U}_0$ は命題 7.2 の (1)～(6) をみたすことがたしかめられる．よって，$G(D)$ は $\mathcal{U}_0$ を単位元 1_D の基本近

傍系とする位相群になる．$G(D)$ の元の列 $\{\sigma_\nu\}$ が $\sigma_0\in G(D)$ に収束するのは，任意の $\varDelta\Subset D$ に対し，$\varDelta$ 上で σ_ν が σ_0 に一様収束するときである．従って，"$G(D)$ に広義一様収束で位相を入れる" と言ってもよいであろう．

定理 12.1 G を $G(D)$ の局所コンパクト部分群とする．$\sigma_k\in G$，$\sigma_k\to 1_D$ $(k\to\infty)$ であって，かつ正の整数 m_k が存在して，$\psi_k(z)=m_k(\sigma_k(z)-z)$ とおくと，ψ_k はある $\psi:D\to \boldsymbol{C}^n$ に広義一様収束するとする．このとき，ψ に対応するベクトル場 X (注意 12.1) は $X\in \mathrm{Inf}(G)$ である．

証明 $\psi\equiv 0$ なら明かであるから，$\psi\not\equiv 0$ としてよい．$\psi\in \mathrm{Hol}(D,\boldsymbol{C}^n)$ は明かである(定理 10.8)．$\psi(z_0)\neq 0$ なる点 $z_0\in D$ をとると，$\sigma_k(z_0)\to z_0$ $(k\to\infty)$ であるから，$m_k\to\infty$ $(k\to\infty)$ である．V を 1_D の G におけるコンパクトな近傍とする．G の位相の入れ方から，ある領域 $\varDelta\Subset D$ と $\eta(\varDelta)>0$ が存在して，$W(\varDelta,\eta(\varDelta))\subset V$ である．次にこの $\varDelta$ に対し $\varDelta\Subset\varDelta'\Subset D$ なる開集合 $\varDelta'$ をとる．$\varDelta,\varDelta'$ に対し，$r>0$ が存在して $U(\varDelta,r)\subset\varDelta'$ とできる．$r<\eta(\varDelta)$ としてよい．ただし，$U(\varDelta,r)=\bigcup_{z\in\varDelta}U(z,r)$，$U(z,r)=\{x\in D\,|\,|x-z|<r\}$ とおいた．

$\varDelta'$ に対し $\tau>0$ が存在して (定理 11.1)，$\varPsi_t(z)=\varPsi(z,t)=(\mathrm{Exp}\,tX)(z)$ $(-\tau<t<\tau)$ で定義される写像 $\varPsi_t:\varDelta'\to D$ は正則である．$A=\sup_{p\in\varDelta'}|\psi(p)|$，$\rho=\mathrm{Min}(r/A,\tau)$ とおく．この ρ に対し，$0\le t_0<\rho$ なる任意の t_0 をとる．と, $\mathrm{Exp}\,t_0\psi$ は D 全体で定義され, かつ $\mathrm{Exp}\,t_0\psi\in G$ であることを証明しよう．

まず，$q_k=[m_k\cdot t_0]$ とおくと，$q_k\to\infty$ $(k\to\infty)$ である．また，$B=2/t_0$ とおくと，

$$\left|\frac{t_0}{q_k}-\frac{1}{m_k}\right|<\frac{B}{(m_k)^2} \tag{12.1}$$

が成立つ．この q_k に対し，

（1） $(\sigma_k)^i\in V$ $(0\le i\le q_k)$，

（2） $(\sigma_k)^{q_k}$ は $\varDelta$ 上で $\mathrm{Exp}\,t_0X$ に一様収束する，

が証明できれば，V がコンパクトであることより，$\mathrm{Exp}\,t_0X$ は D 全体で定義され，かつ $\mathrm{Exp}\,t_0X\in G$ であることがわかり，定理の証明が完結する．

（1）の証明．$\sigma_k(z)-z=(1/m_k)(\psi(z)+\eta_k(z))$ とおくと，仮定より，$|\eta_k(z)|\to 0$ $(k\to\infty)$ が任意の $z\in\Delta'$ に対し成立ち，かつ一様収束である．また，

(12.2) $$\sigma_k(z)-z=\left(\frac{t_0}{q_k}\right)((\psi(z)+\eta_k'(z)),\qquad z\in D$$

とおくと，(12.1) により，$|\eta_k'(z)|\to 0$ $(k\to\infty)$ は Δ' 上で一様収束である．従って，k を十分大にとれば，

(12.3) $$|\sigma_k(z)-z|<\frac{\rho A}{q_k}\leq\frac{r}{q_k}\qquad (z\in\Delta')$$

が成立つ．$z^{(1)}=\sigma_k(z)$ とおくと，(12.3) により，

（＊） $z\in\Delta$ ならば，$z^{(1)}\in\Delta'$ である．

(12.3) を $z^{(1)}$ に対し適用すると，

(12.4) $$|\sigma_k{}^2(z)-\sigma_k(z)|<\frac{r}{q_k}$$

が成立つ．(12.3) と (12.4) とにより，

(12.5) $$|\sigma_k{}^2(z)-z|<\frac{2r}{q_k},\qquad z\in\Delta$$

が成立つ．もし $q_k\geq 2$ ならば，$\sigma_k{}^2(z)\in\Delta'$，かつ $|\sigma_k{}^2|_\Delta<r<\eta(\Delta)$．従って $\sigma_k{}^2\in V$ がわかった．(12.5) を得たと同様にして，$|\sigma_k{}^i(z)-z|<ir/q_k$ $(z\in\Delta)$ が示されるので，$i\leq q_k$ に対し，$\sigma_k{}^i(z)\in\Delta'$，かつ $|\sigma_k{}^i|_\Delta<r$ となり，$(\sigma_k)^{q_k}\in V$ が証明された．

（2）の証明．$\Psi(z,t)$ の定義より，$z\in\Delta'$，$|t|<\tau$ に対し，

(12.6) $$\Psi(z,t)-z=t(\psi(z)+\eta''(z,t))$$

とおくと，$\eta''(z,t)\to 0$ $(t\to 0)$ が $z\in\Delta'$ に対し成立ち，かつ Δ' 上で一様収束である．$t=t_0/q_k$ に対し (12.6) を用いると，(12.2) により，

(12.7) $$\left|\Psi\left(z,\frac{t_0}{q_k}\right)-\sigma_k(z)\right|<\frac{\varepsilon_k}{q_k},\qquad z\in\Delta'$$

であって，$\varepsilon_k\to 0$ $(k\to\infty)$ なることがわかる．

他方，$z,z'\in\Delta'$ に対し，(12.6) より，

(12.8) $$|\Psi(z',t)-\Psi(z,t)|<|z'-z|(1+C\cdot t)$$

が $0<t<\tau$ に対し成立つ．C は正の定数である．

いま，十分大な k を 1 つ固定し，任意の $z\in\varDelta$ に対し，$z(j)$，$z'(j)$ ($j=1,\cdots,q_k$) を次式で定義する．

$$z(j)=\sigma_k{}^j(z),\qquad z'(j)=\varPsi\left(z,\frac{jt_0}{q_k}\right).$$

$z(j)\in\varDelta'(j\leq q_k)$ なることは（1）の証明においてすでに示してある．その時の証明と同様の方法で $z'(j)\in\varDelta'$ ($j\leq q_k$) であることがわかる．(12.7)，(12.8) を用いて，

$$\text{(12.9)}\qquad\begin{cases}\left|\varPsi\left(z(i),\dfrac{t_0}{q_k}\right)-\sigma_k(z(i))\right|<\dfrac{\varepsilon_k}{q_k},\\[2ex]\left|\varPsi\left(z'(i),\dfrac{t_0}{q_k}\right)-\varPsi\left(z(i),\dfrac{t_0}{q_k}\right)\right|<|z'(i)-z(i)|\left(1+C\dfrac{t_0}{q_k}\right)\end{cases}$$

が $i=1,\cdots,q_k$ に対し得られる．(12.9) の 2 式より，

$$|z'(i+1)-z(i+1)|<\frac{\varepsilon_k}{q_k}+|z'(i)-z(i)|\left(1+C\frac{t_0}{q_k}\right).$$

即ち，次式が得られる．

$$\text{(12.10)}\qquad\frac{|z'(i+1)-z(i+1)|}{(1+C\cdot t_0/q_k)^{i+1}}<\frac{\varepsilon_k}{q_k}+\frac{|z'(i)-z(i)|}{(1+C\cdot t_0/q_k)^{i}}.$$

一方，(12.7) より，$|z'(1)-z(1)|<\varepsilon_k/q_k$．これと (12.10) とより，

$$\text{(12.11)}\qquad|z'(q_k)-z(q_k)|<\varepsilon_k\left(1+C\frac{t_0}{q_k}\right)^{q_k}<\varepsilon_k\cdot e^{C\cdot t_0}.$$

(12.11) において，$k\to\infty$ とすれば，$|\sigma_k{}^{q_k}(z)-\varPsi(z,t_0)|\to 0$ が $z\in\varDelta$ に対し成立ち，$\varDelta$ 上で一様収束である．よって（2）が証明された．（証終）

定理 12.2 G を $G(D)$ の局所コンパクト部分群とすると，$\mathrm{Inf}(G)$ は $\mathfrak{X}_0(D)$ の部分リー環である．

証明 $X, Y\in\mathrm{Inf}(G)$ をとり，$\varPhi_t=\mathrm{Exp}\,tX$，$\varPsi_t=\mathrm{Exp}\,tY$ とおく．$aX+bY$，$[X, Y]\in\mathrm{Inf}(G)$ ($a,b\in\boldsymbol{R}$) を示せばよい．

$X=\sum\varphi_i\cdot\partial/\partial z_i$，$Y=\sum\psi_i\cdot\partial/\partial z_i$ とあらわし，$\varPhi_t(z)$（または $\varPsi_t(z)$）の j 成分を $\varPhi_t{}^{(j)}(z)$（または $\varPsi_t{}^{(j)}(z)$）であらわすと，

$$(12.12)\quad \begin{cases} \varPhi_t^{(j)}(z)=z_j+t(\varphi_j(z)+\xi_j(z,t)), \\ \varPsi_t^{(j)}(z)=z_j+t(\psi_j(z)+\eta_j(z,t)) \end{cases}$$

と書け，$\xi_j(z,t),\eta_j(z,t)$ は $t\to 0$ の時0に収束する．いま，$\sigma_t=\varPhi_{at}\circ\varPsi_{bt}$ $(t>0)$ によって $\sigma_t:D\to D$ を定義すると $\sigma_t\in G$ である．$\sigma_t(z)$ の i 成分を $\sigma_t^{(i)}(z)$ であらわし，(12.12)を用いて計算すると，$k(\sigma_{1/k}^{(i)}(z)-z_i)$は $a\varphi_i(z)+b\psi_i(z)$ に広義一様収束することがわかる．よって定理 12.1 により $aX+bY=\sum(a\varphi_i+b\psi_i)\cdot\partial/\partial z_i\in \mathrm{Inf}(G)$ である．

また，$T_t=\varPhi_t\circ\varPsi_t\circ\varPhi_{-t}\circ\varPsi_{-t}$ とおくと，$k^2(T_{1/k}(z)-z)$ が $[X, Y]$ へ広義一様収束することがわかるので，$[X, Y]\in\mathrm{Inf}(G)$ が得られる． (証終)

12.2 準連続群

定義 12.3 $G(D)$ の部分群 G が**高々 q 次の準連続群**(quasi-continuous group)であるとは，G の 1_D の近傍 U が存在して，$\boldsymbol{R}^q$ のコンパクト部分集合と同相になる時を言う．準連続群は局所コンパクト群である．

定理 12.3 G を $G(D)$ の高々 q 次の準連続群であるとすれば，$\dim(\mathrm{Inf}(G))\leq q$ が成立つ．

証明 $X_1,\cdots,X_p$ を $\mathrm{Inf}(G)$ の元であって，一次独立であるとする．$p\leq q$ を証明すればよい．

$t=(t_1,\cdots,t_p)\in\boldsymbol{R}^p$ に対し，$\varPsi_t=\mathrm{Exp}(\sum t_iX_i)$ とおく．さて，$\delta>0$ を十分小にとれば，$\varPsi_t\neq\varPsi_{t'}$ が $t\neq t', |t|<\delta$, $|t'|<\delta$ なる任意の t, t' に対し成立つことを示そう．$\{\varPsi_t||t|<\delta\}$ が定義 12.3 の U に入るように δ をさらに小にとれば，$\boldsymbol{R}^p$ の開集合と同相な部分集合が $\boldsymbol{R}^q$ の中にあることになり，$p\leq q$ が証明される．

δ の存在証明．$V=\{X_1,\cdots,X_p\}_{R}\subset\mathrm{Inf}(G)$ とする．まず，X_1 に対し，$a_1\in D$が存在して，$X_1(a_1)\neq 0$である．$V_1=\{X\in V|X(a_1)=0\}$ とおくと $\dim V_1\leq p-1$ である．$\dim V_1\neq 0$ ならば，$0\neq X^{(1)}\in V_1$ を一つとる．$a_2\in D$ が存在して $X^{(1)}(a_2)\neq 0$ である．次に，$V_2=\{X\in V_1|X(a_2)=0\}$ とおくと，$\dim V_2\leq\dim V_2-1$ である．$\dim V_2\neq 0$ ならば，$0\neq X^{(2)}\in V_2$ を1つとり，$X^{(2)}(a_3)$

$\neq 0$ なる $a_3 \in D$ をとる．以下この操作をくりかえすと，$a_1, \cdots, a_N \in D$ が存在して，任意の $X \in V$ に対し，ある $j \leq N$ があって，$X(a_j) \neq 0$ が成立つようにできる．これらの $a_1, \cdots, a_N$ を用いて，写像 $\Phi : \boldsymbol{R}^p \to \boldsymbol{C}^{n \cdot N}$ を $\Phi(t) = (\Psi_t(a_1), \cdots, \Psi_t(a_N))$ で定義しよう．

いま，$X_i = \sum \psi_i{}^{(j)} \cdot \partial / \partial z_j \ (i=1, \cdots, p)$ とあらわしておくと，写像 Φ の $t=0$ における微係数 $(\partial \Phi^{(\nu)} / \partial t_k)_{t=0}$ のなす $p \times nN$ 行列は，Ψ_t の定義にもどって考えると，次のようになる：

$$(12.13) \qquad \left(\left[\frac{\partial \Phi^{(\nu)}}{\partial t_k} \right]_{t=0} \right) = \begin{pmatrix} \psi_1(a_1) & \psi_1(a_2) \cdots \psi_1(a_N) \\ \psi_2(a_1) & \psi_2(a_2) \cdots \psi_2(a_N) \\ \cdots\cdots & \cdots\cdots\cdots\cdots \\ \psi_p(a_1) & \psi_p(a_2) \cdots \psi_p(a_N) \end{pmatrix}.$$

ただし，$\Phi(t) = (\Phi^{(1)}(t), \cdots, \Phi^{(nN)}(t)$, $\psi_i(a_k) = (\psi_i{}^{(1)}(a_k), \cdots, \psi_i{}^{(n)}(a_k))$ とおいた．ところで，$a_1, \cdots, a_N$ の取り方により，行列 (12.13) の階数は p であることがわかる(即ち，(12.13)の p 個の行ベクトルが一次独立である)．よって陰関数の定理 10.12 により，十分小な $\delta > 0$ が存在して，次の性質をもつ．$a = (a_1, \cdots, a_N) \in D^N$ の近傍の点 $a' = (a_1', \cdots, a_N')$ に対しては，$\Phi_t(a) = a'$ なる $t \ (|t| < \delta)$ は高々1つしか存在しない．従って，この δ に対しては，$\Phi_t(a) \neq \Phi_{t'}(a)$ $(t \neq t', |t| < \delta, |t'| < \delta)$ が成立ち，特に $\Psi_t \neq \Psi_{t'}$ である． (証終)

定義 12.4 $G(D)$ の部分集合 Γ が**局所群**(local group)であるとは，$\Gamma \ni 1_D$ であって，Γ における 1_D の近傍 U が存在し（i）$U \ni \sigma, \tau$ ならば，$\sigma \circ \tau \in \Gamma$,（ii）$U \ni \sigma$ ならば $\sigma^{-1} \in \Gamma$，を満足する時を言う．

定義 12.5 $G(D)$ の局所群 Γ が q 次元**局所リー変換群**であるとは，定義 12.4 の（i），（ii）をみたす Γ の 1_D の近傍 U から $\boldsymbol{R}^q$ の原点の近傍 U' への同相写像 $\Phi: U \to U'$ であって，次の (iii)，(iv) をみたすものが存在するときを言う．

(iii) $\Psi: D \times U' \to D$ を $\Psi(z, t) = (\Phi^{-1}(t))(z)$ で定義すると Ψ は C^∞ 写像である．

(iv) $\Phi(\sigma) = (x_1(\sigma), \cdots, x_q(\sigma))$ とおくと，$V \cdot V^{-1} \subset U$ をみたす Γ の 1_D

の近傍 V に対し，$x_i(\sigma\cdot\tau^{-1})$ $(\sigma,\tau\in V)$ は $(x_1(\sigma),\cdots,x_q(\sigma),x_1(\tau),\cdots,x_q(\tau))$ の C^∞ 関数である．

定理 12.4 G を $G(D)$ の準連続部分群とすると，$G(D)$ の中の局所リー変換群 Γ であって，G の任意の1径数部分群を含むものが存在する．

証明 $\mathfrak{g}=\mathrm{Inf}(G)$ は定理 12.2, 12.3 により，有限次元リー環である．$X_1,\cdots,X_q$ を $\mathfrak{g}$ の基とし，$t=(t_1,\cdots,t_q)\in\boldsymbol{R}^q$ に対し，$\Psi_t=\mathrm{Exp}(\sum t_iX_i)$ とおくと，$\Psi(z,t)=\Psi_t(z)$ によって定義される写像 $\Psi:D\times\boldsymbol{R}^q\to D$ は C^∞ 写像(実は，実解析的)であって，$\Gamma=\{\Psi_t|t\in\boldsymbol{R}^q\}$ は局所リー変換群であることが証明される(詳細は省略する．参考書[6]参照)．G の任意の1径数部分群が Γ に含まれることは，$\mathfrak{g}$ および Γ の定義から明かである．　(証終)

定義 12.6 $G(D)$ の部分群 G が ($\boldsymbol{P}$) 群であるとは，次の条件 [P] をみたすときを言う．

[P]:$1_D\neq\sigma_k\in G,\sigma_k\to 1_D$ $(k\to\infty)$ ならば，$\{\sigma_k\}$ の部分列 $\{\sigma_{k_i}\}$ と正整数列 $\{m_i\}$ が存在して，$m_i(\sigma_{k_i}-1_D)$ は，ある写像 $\psi\neq 0$ に広義一様収束する．

定理 12.5 G を $G(D)$ の中の準連続部分群とする．もし，G が (P) 群ならば，G はリー変換群である．

証明 $\mathfrak{g}=\mathrm{Inf}(G)$ を考え，定理 12.4 の Ψ_t, Γ をとると，十分小な $u>0$ に対し，$\Gamma_1=\{\Psi_t||t_i|\leq u\}$ は G の 1_D のコンパクトな近傍 $V=\{\sigma\in G||\sigma_\Delta|\leq\eta\}$ に含まれる．さらに，$0<u_0<u$ を十分小にとれば，定理 12.3 の証明と同様にして，$t\neq t'$, $|t|<u_0$, $|t'|<u_0$ に対し，$\Psi_t\neq\Psi_{t'}$ となるようにできる．$\Gamma_0=\{\Psi_t||t_i|\leq u_0\}$ とおく．$\varepsilon>0$ が存在して，$|\sigma|_\Delta<\varepsilon$ ならば，$\sigma\in\Gamma_0$ であることを証明しよう．もしこれが言えれば，$V'=\{\sigma\in V||\sigma|_\Delta<\varepsilon\}\subset\Gamma_0$ となり，Γ_0 が 1_D の近傍となることより証明が完結する．

もし，上の主張が正しくないと仮定すると，$\tau_k\in G$ $(k=1,2,\cdots)$ であって，$\tau_k\notin\Gamma_0$, $\tau_k\to 1_D$ $(k\to\infty)$ なる $\{\tau_k\}$ があることになる．さて，任意の $\gamma\in\Gamma_0$ に対し，k を十分大にとれば，$\gamma\cdot\tau_k\in V$ としてよい．$\inf\{|\gamma\cdot\tau_k|_\Delta;\gamma\in\Gamma_0\}=\varepsilon_k$ とおくと，Γ_0 がコンパクトであることから，$\varepsilon_k=|\gamma_k\cdot\tau_k|_\Delta$ をみたす $\gamma_k\in\Gamma_0$ が存在する．$\varepsilon_k\leq|\tau_k|_\Delta$ であるから，$\varepsilon_k\to 0$ $(k\to\infty)$ である．そこで，$\sigma_k=\gamma_k\cdot\tau_k$

とおくと，$\gamma_k=\sigma_k\cdot\tau_k^{-1}$ であって，$|\sigma_k|_\Delta\to 0$，$\tau_k\to 1_D$ であることから，$|\gamma_k|_\Delta\to 0$ $(k\to\infty)$ である．ここで，$u'<u_0$ を十分小な正数とし，$\Gamma'=\{\Psi_t||t_t|<u'\}$ とおくと，

(12.14) $$|\gamma\cdot\sigma_k|_\Delta\geq|\sigma_k|_\Delta$$

が十分大な k と任意の $\gamma\in\Gamma'$ に対し成立つ．何故なら，k が十分大ならば，$\gamma\in\Gamma'$ に対し，$\gamma\cdot\gamma_k\in\Gamma_0$ となるようにできることより，$|\gamma\cdot\sigma_k|_\Delta=|\gamma\cdot\gamma_k\tau_k|_\Delta\geq|\gamma_k\tau_k|_\Delta=|\sigma_k|_\Delta$ を得るからである．ところが，(12.14) と反対の向きの不等式を得て矛盾を生ずることを次に示そう．

$\{\sigma_k\}$ に対し，条件［P］を用いると，ある正整数の列 $\{m_k\}$ が存在して，$m_k(\sigma_k-1_D)$ は写像 $\psi\neq 0$ に広義一様収束するとしてよい．$A=\sup_{p\in\Delta}|\psi(p)|$ とおくと，$A\neq 0$ であって，ε_k の定義により，

(12.15) $$m_k\cdot\varepsilon_k\to A \qquad (k\to\infty)$$

である．定理 12.1 により，$\psi\in\mathrm{Inf}(G)$ であるから，$\Phi_t=\mathrm{Exp}\,t\psi\in G$ が考えられ，$|t|$ が十分小なら $\Phi_t\in\Gamma'$ である．この Φ_t に対し，$\sigma_k'=\Phi_{(-1/m_k)}\circ\sigma_k$，$|\sigma_k'|_\Delta=\varepsilon_k'$ とおく．もし，

(12.16) $$m_k\cdot\varepsilon_k'\to 0 \qquad (k\to\infty)$$

が言えれば，(12.15) と比較することにより，

(12.17) $$\varepsilon_k'<\varepsilon_k$$

が十分大な k に対し成立つ．(12.17) は (12.14) と反対向きの不等式である．

(12.16) を証明するため，$z'=\Phi_{-1/m_k}(\sigma_k(z))$ とおけば，$\varepsilon_k'=\mathrm{Max}\{|z'-z|;z\in\Delta\}$ である．ところが，

$$\Phi_{-1/m_k}(\sigma_k(z))=\sigma_k(z)-\left(\frac{1}{m_k}\right)\cdot\psi(\sigma_k(z))+\frac{\lambda(z)}{(m_k)^2}$$

と書け，しかも $\lambda(z)$ は $z\in\Delta$ に対し有界である．よって，

$$m_k(\Phi_{-1/m_k}(\sigma_k(z))-z)$$
$$=\{m_k(\sigma_k(z)-z)-\psi(z)\}+\left\{\psi(z)-\psi(\sigma_k(z))+\frac{\lambda(z)}{m_k}\right\}$$

の右辺の各項はいずれも $k\to\infty$ のとき Δ 上で 0 に一様収束する．従って，

$m_k \cdot \varepsilon_k' \to 0$ $(k \to \infty)$ が得られた. (証終)

系 12.1 G を $G(D)$ の部分群とし, H を G の閉部分群とする. もし G がリー変換群ならば, H もリー変換群である.

証明 G がリー変換群であれば, 条件 [P] をみたすことが容易にわかり, (P) 群の部分群はもちろん (P) 群であるから, H も (P) 群となる. 従って, 定理 12.5 により, H はリー変換群である. (証終)

定理 12.6 $G(D)$ の任意の部分群 G は (P) 群である.

まず, 次の 2 つの補題を準備する.

補題 12.1 Σ, Σ' を $\boldsymbol{C}^n$ の原点を中心とする半径 ρ, ρ' $(\rho > \rho')$ の多重円板とし, u, v を $0<u<1<v$ をみたす任意の実数とする. このとき, 次の性質をもつ正数 α が存在する: $T_j \in \mathrm{Hol}(\Sigma, \boldsymbol{C}^n)$ $(j=1, \cdots, q)$ が (i) $|T_j|_\Sigma < \alpha$ $(1 \leq j \leq q-1)$, かつ (ii) z, $T_1 z \in \Sigma$ なら $T_j(z) = T_{j-1}(T_1 z)$ $(1 \leq j \leq q)$ をみたしているならば,

(12.18) $$\left(\frac{u}{q}\right)|T_q(z)-z| \leq |T(z)-z| \leq \left(\frac{v}{q}\right)|T_q(z)-z|$$

がすべての $z \in \Sigma'$ に対し成立つ.

証明 $\rho > \rho_1' > \rho'$ なる ρ_1' を 1 つ固定し, 原点を中心とする半径 ρ_1' の多重円板を Σ_1' とする.

定理 10.8 を用いると, 容易に次の性質をもつ正数 β の存在が言える:

$S \in \mathrm{Hol}(\Sigma, \boldsymbol{C}^n)$ かつ $|S|_\Sigma < \beta$ ならば

(12.19) $$u|S(z)-S(z')| \leq |z-z'| \leq v \cdot |S(z)-S(z')|$$

がすべての $z, z' \in \Sigma_1'$ に対し成立つ. この β に対し, $\alpha = \mathrm{Min}(\rho_1' - \rho', \beta)$ とおく. さらに, $S(z) = (1/q)(z + T_1(z) + T_2(z) + \cdots + T_{q-1}(z))$ とおくと, $S \in \mathrm{Hol}(\Sigma, \boldsymbol{C}^n)$, かつ $|S|_\Sigma < \alpha$ が成立つ. 一方, $\alpha \leq \rho_1' - \rho'$ であるから,

$$z \in \Sigma' \quad \text{ならば,} \quad T_1(z) \in \Sigma_1'$$

であることがわかる. (12.19) を $z' = T_1(z)$ に用いると,

$$u|ST_1(z) - S(z)| \leq |T(z)-z| \leq v|ST(z)-S(z)|$$

が $z \in \Sigma'$ に対し成立つ. ところで, S の定義により, $S(Tz) - S(z) = (1/q)$

$(T_q(z)-z)$ が成立つから，(12.18) が証明された．（証終）

補題 12.2 $\Sigma\subset \boldsymbol{C}^n$ を補題 12.1 と同じとすれば，正数 α であって，次の性質をもつものが存在する：$T_q\in \mathrm{Hol}(\Sigma, \boldsymbol{C}^n)$ $(q=1,2,\cdots)$ が（i）$|T_q|_\Sigma<\alpha$ $(q=1,2,\cdots)$ かつ（ii）$z, T_1z\in\Sigma$ ならば $T_q(z)=T_{q-1}(T_1z)$ $(q=2,3,\cdots)$ をみたせば，実は $T_1=1_\Sigma$ である．

証明 Σ' を原点を中心とする多重円板で $\Sigma'\subsetneq\Sigma$ なるものとする．$0<u<1<v$ なる u, v を任意にとると補題 12.1 の性質をもつ $\alpha>0$ が存在する．従って，(12.18) が任意の $z\in\Sigma'$，$q=1,2,\cdots$ に対し成立する．$|T_q|_\Sigma<\alpha$ であるから，$|T_1z-z|<(v/q)\alpha$ $(q=1,2,\cdots)$ が成立ち $T_1z=z$ がすべての $z\in\Sigma'$ に対し成立つことになる．一致の定理 10.7 より $T_1=1_\Sigma$ である．（証終）

系 12.2 G を $G(D)$ の部分群とする．このとき，G の 1_D の近傍 V が存在して，V は $\{1_D\}$ 以外の部分群を含まない．

証明 Σ を $\Sigma\Subset D$ なる任意の多重円板とし，α を補題 12.2 の正数とする．この Σ と α に対し，$V=\{\sigma\in G\,|\,|\sigma|_\Sigma<\alpha\}$ とおく．$H\subset V$ が部分群ならば，$H=\{1_D\}$ であることを証明すればよい．そのため，$T\in H$ をとり，$T_q=T^q|\Sigma$ $(q=1,2,\cdots)$ とおくと，$\{T_q\}$ は補題 12.2 の（i），（ii）をみたす．よって $T_1=1_\Sigma$ となり，従って $T=1_D$ である．（証終）

定理 12.6 の証明 $\tau_k\in G$，$\tau_k\neq 1_D$ $(k=1,2,\cdots)$，$\tau_k\to 1_D$ $(k\to\infty)$ ならば，部分列 $\{\tau_{k_i}\}$ と自然数列 $\{m_i\}$ が存在して，$m_i(\tau_{k_i}-1_D)$ が広義一様に $\psi\neq 0$ に収束することを証明すればよい．それにはモンテル(Montel)の定理 10.10 により，次の（$*$）が証明できればよい．

$$
(*)\quad
\begin{cases}
\text{任意の } \tau\in G \text{ に対しある自然数 } q_\tau \text{ が存在して，} \\
\mathcal{M}=\{q_\tau(\tau-1_D)\,|\,1_D\neq\tau\in G\} \text{ とおくと，} \mathcal{M} \text{ は} \\
\mathcal{M}\subset \mathrm{Hol}(D, \boldsymbol{C}^n) \text{ と考えて次の（i），（ii）をみたす．} \\
\quad\text{（i）任意の } \varDelta\Subset D \text{ に対し } \mathcal{M} \text{ は } \varDelta \text{ で一様有界，} \\
\quad\text{（ii）} 0 \text{ は } \mathcal{M} \text{ の集積点でない．}
\end{cases}
$$

さて，q_τ を定義するため，まず $\Sigma'\Subset D$ なる多重円板 Σ' を 1 つ固定し，$\Sigma'\Subset\Sigma\Subset D$ なる多重円板 Σ を任意にとる．また，$0<u<1<v$ なる u, v を 1

組固定する．補題 12.1 の性質をもつ $\alpha>0$ をとる．$|\tau|_\Sigma\geq\alpha$ なる $\tau\in G$ に対しては $q_\tau=1$ とおく．次に，$|\tau|_\Sigma<\alpha$ なる $1_D\neq\tau\in G$ に対し q_τ を次のように定義する：

$$|\tau^i|_\Sigma<\alpha\ \ (i\leq q_\tau-1),\qquad |\tau^{q_\tau}|_\Sigma\geq\alpha. \tag{12.20}$$

補題 12.2 によって，たしかにこのような q_τ がただ1つとれる．(12.18) を $T_j=\tau^j|\Sigma$ に適用すると，$\mathscr{M}$ は Σ' 上で一様有界である((12.8) の右側の不等式で十分).

いま，任意の領域 $\Sigma''\Subset\Sigma'$ をとると，$\varepsilon_0>0$ が存在して，

$$|\tau^{q_\tau}|_{\Sigma''}\geq\varepsilon_0 \tag{12.21}$$

がすべての $1_D\neq\tau\in G$ に対し成立つことを示そう．

もし，このような $\varepsilon_0>0$ がとれないとすると，$\tau_\nu\in G\ (\nu=1,2,\cdots)$ であって，

$$|\tau_\nu{}^{q(\tau_\nu)}|_{\Sigma''}\to 0\qquad(\nu\to\infty) \tag{12.22}$$

なるものがとれる．ところが，モンテルの定理 10.10 より，

$$\tau_\nu{}^{q(\tau_\nu)}\to\tau_0\in\mathrm{Hol}(D,\boldsymbol{C}^n)\qquad(\nu\to\infty) \tag{12.23}$$

としてよい．(12.22) より $\tau_0|\Sigma''=1_{\Sigma''}$．従って $\tau_0=1_D$ となり，(12.23) より $\tau_\nu{}^{q(\tau_\nu)}\to 1_D\ (\nu\to\infty)$．特に，$|\tau_\nu{}^{q(\tau_\nu)}|_\Sigma\to 0\ (\nu\to\infty)$ となって (12.20) に矛盾する．よって，(12.21) をみたす $\varepsilon_0>0$ の存在がわかった．

ここで，(12.18) の左側の不等式を用いると，ε_0 に対し，

$$\mathrm{Max}\{|q(\tau)(\tau(z)-z)|\,;z\in\Sigma''\}\geq u\cdot\varepsilon_0$$

が得られ，0 が $\mathscr{M}$ の集積点でないことを知る．以上言えたことをまとめると，次の (♯) のようになる：

(♯) $\Sigma'\Subset D$ なる多重円板を1つ固定すると，任意の $1_D\neq\tau\in G$ に対し，自然数 $q(\tau)$ が定まり，$\mathscr{M}=\{q(\tau)(\tau-1_D)|1_D\neq\tau\in G\}$ は Σ' 上で一様有界であって，0 は $\mathscr{M}$ の集積点ではない．

次に，上の $q(\tau)$ に対し，$\mathscr{M}$ は任意の $\Delta\Subset D$ の上で一様有界であることを証明したい．そのため，D を可算個の多重円板 $\Sigma_k'\Subset D$ で被い，任意の k に対し $j\lneqq k$ があって，$\Sigma_k'\frown\Sigma_j'\neq\phi$ となるようにする．特に Σ_1' は上の Σ' と

してよい．この被覆 $\{\Sigma_k'\}$ に対し，$D_k=\bigcup_{j=1}^{k}\Sigma_j'$ とおく．$\mathcal{M}$ は $D_1=\Sigma'$ 上では一様有界である．そこで，$\mathcal{M}$ が D_k で一様有界であると仮定して，D_{k+1} でも一様有界であることを証明できれば，帰納法によって，$\mathcal{M}$ は Δ で一様有界なことがわかる．$\mathcal{M}$ が D_{k+1} で一様有界を言うには Σ_{k+1}' 上で一様有界であることを示せばよい．

（#）において Σ' を Σ_{k+1}' と思って議論をすると，次の（##）が言えることになる：

$$(\#\#)\quad \begin{cases}\text{任意の } 1_D\neq\tau\in G \text{ に対し，自然数 } \bar{q}(\tau) \text{ がきまり，} \bar{\mathcal{M}}=\{\bar{q}(\tau)(\tau-1_D)\,|\,1_D\neq\tau\in G\} \text{ は } \Sigma_{k+1}' \text{ 上で一様有界であって，} 0 \text{ は } \bar{\mathcal{M}} \text{ の集積点でない．}\end{cases}$$

次に，$\{q(\tau)/\bar{q}(\tau)\,|\,1_D\neq\tau\in G\}$ は有界集合であることを言う．もし有界でなかったとすると，$\bar{q}(\tau)(\tau-1_D)=(\bar{q}(\tau)/q(\tau))q(\tau)(\tau-1_D)$ であるから，$\bar{\mathcal{M}}$ は $D_k\frown\Sigma_{k+1}'$ の上で一様有界であって，0 を集積点にもつことになって矛盾である．

$\{q(\tau)/\bar{q}(\tau)\}$ が有界であるから，$q(\tau)(\tau-1_D)=(q(\tau)/\bar{q}(\tau))\cdot\bar{q}(\tau)(\tau-1_D)$ に注意すると，$\mathcal{M}$ は Σ_{k+1}' 上で一様有界であることがわかる．　（証終）

定理 12.7　D を $\boldsymbol{C}^n$ の有界領域とすれば，$G(D)$ は高々 $2n(n+1)$ 次の準連続群である．

この定理の証明は次の節で与えられる．

12.3　正則変換の極限と固定群

この節では $G(D)$ の点 $p_0\in D$ における**固定群** $G_{p_0}=\{\sigma\in G(D)\,|\,\sigma(p_0)=p_0\}$ の性質についてのべる．

補題 12.3　D, D' を $\boldsymbol{R}^n$ の領域とし，$S:D\to D'$；$S':D'\to D$ を C^∞ 写像とする．もし，$S'\circ S:D\to D$ が C^∞ 同型であれば，S, S' も共に C^∞ 同型写像である．

証明　S は明かに単射である．$x\in D$ に対し $J_S(x)$ を S の x におけるヤ

コビ行列とすると，$S'\circ S$ が C^∞ 同型であるから，$J_{S'}(S(x))J_S(x)=J_{S'\circ S}(x)$ は行列式は0でないから，$J_S(x)$ も行列式は0でない．従って，S は開写像である(定理 1.3)．よって，$S(D)=D_1'$ とおくと，D_1' は D' の部分領域であって，$S:D\to S(D)$ は C^∞ 同型である．同様にして，$S'|D_1':D_1'\to D$ も C^∞ 同型，特に位相同型である．よって，$D_1'=D'$ がわかれば，補題 12.3 は証明されたことになる．もし，$D_1'\neq D'$ とすれば，D' 上における D_1' の境界点 x' がとれる．この x' に対し $x_k\in D_1'$，$x_k\to x'$ $(k\to\infty)$ なる点列をとる．$S'|D_1'$ は位相同型であったから，$S'(x_k)$ は D の点に収束しない．他方，$S':D'\to D$ は連続であるから，$S'(x_k)\to S'(x')$ $(k\to\infty)$ である．これは矛盾である．よって，$D'=D_1'$ が言えた．　(証終)

系 12.3 D を $\boldsymbol{C}^n$ の領域とし，$S,S':D\to D$ を正則写像とする．もし，$S'\circ S$ が全単射ならば，S,S' は共に $G(D)$ の元である．

証明 $S'\circ S$ は正則かつ全単射であるから C^∞ 同型である(問題 10.3 参照)．従って，S,S' は補題 12.3 により，C^∞ 同型，特に位相同型であるから $G(D)$ の元である．　(証終)

定理 12.8 D を $\boldsymbol{C}^n$ の有界領域とし，$\sigma_k\in G(D)$ $(k=1,2,\cdots)$ とする．いま，$S\in \mathrm{Hol}(D,\boldsymbol{C}^n)$ と $a_0\in D$ が存在し，σ_k は S に広義一様収束し，$\lim_{k\to\infty}\sigma_k(a_0)\in D$ であると仮定する．このとき，$S\in G(D)$ である．

証明 $f(z)=\det((dS)_z)$ $(z\in D)$ によって，$f\in\mathcal{O}_D$ を定義する(定義 10.9)．同様に，$f_k(z)=\det((d\sigma_k)_z)$，$g_k(z)=\det((d\sigma_k{}^{-1})_z)$ とおく．まず $f(a_0)\neq 0$ を証明したい．

そのため，$a_1=\lim\sigma_k(a_0)$ とおく．$\{\sigma_k{}^{-1}\}$ は，モンテルの定理により，$\sigma_k{}^{-1}\to T$ $(k\to\infty)$ としてよい．$T\in\mathrm{Hol}(D,\boldsymbol{C}^n)$ である．$g(z)=\det((dT)_z)$ とおく．$\sigma_k{}^{-1}\circ\sigma_k=1_D$ であることから，$(d(\sigma_k{}^{-1}))_{\sigma_k(z)}\cdot(d\sigma_k)_z=(d1_D)_z$ だから，

$$g_k(\sigma_k(z))\cdot f_k(z)=1,\qquad z\in D \tag{12.24}$$

が得られる．(12.24) において，$z=a_0$，$k\to\infty$ とすると，$g(a_1)\cdot f(a_0)=1$ となって，$f(a_0)\neq 0$ が得られた．よって，S の a_0 におけるヤコビアンが 0 でないから，S は a_0 の近傍で同型写像になっている(定理 10.11)．即ち，a_0

$\in \Sigma \Subset D$ なる十分小さい開集合 Σ に対し，$\Sigma' = S(\Sigma)$ とおくと，$\Sigma' \Subset D$ であって，$S|\Sigma : \Sigma \to \Sigma'$ は同型写像である．$T|\Sigma' = (S|\Sigma)^{-1}$ を証明しよう．

まず，$z \in \Sigma$ に対し $\{\sigma_k(z)\}$ は D の中のコンパクト集合に含まれるとしてよいから，$\sigma_k^{-1}(\sigma_k(z)) = z$ において $k \to \infty$ とすると，$T(S(z)) = z$ $(z \in \Sigma)$ が得られる．従って，$(T|\Sigma') \circ (S|\Sigma) = 1_\Sigma$ が得られ，系 12.3 によれば，$T|\Sigma' = (S|\Sigma)^{-1}$ である．

次に，$S(D) \subset D$, $T(D) \subset D$ を証明しよう．$S(D) \subset D$ でないとすると，D の中の連続曲線 $c(t)$ であって，$c(0) = a_0$，かつ $c'(t) = S(c(t))$ とおくと，$c'(t) \in D$ $(0 \leq t < 1)$，$c'(1) \notin D$ なるものがとれる．もちろん，$c'(1)$ は D の境界点である．k を 1 つ固定し，$\{\sigma_k^{-1} \circ \sigma_q | q = 1, 2, \cdots\}$ を考えると，$\sigma_k^{-1} \circ \sigma_q \to T_k \in \mathrm{Hol}(D, \boldsymbol{C}^n)$ としてよい(定理 10.10)．このとき，

$$T_k|\Sigma = \sigma_k^{-1} \circ (S|\Sigma) \tag{12.25}$$

が成立するが，$T_k(c(1)) \notin D$ であることがわかる．一方 $\{T_k\}$ に対し定理 10.10 を用いると，$T_k \to T'$ $(k \to \infty)$ と考えてよいが，(12.25) により，$T_k|\Sigma \to T \circ (S|\Sigma) = 1_\Sigma$ である．従って，$T'|\Sigma = 1_\Sigma$，即ち $T' = 1_D$ となり，$T_k \to 1_D$ $(k \to \infty)$ がわかった．これより，$T_k(c(1)) \to c(1)$ $(k \to \infty)$ であるが $T_k(c(1)) \notin D$ なることより $c(1) \notin D$ となって，$c(t)$ の取り方に矛盾する．よって，$S(D) \subset D$ が証明された．$T(D) \subset D$ も同様に証明される．

これより，写像 $T \circ S : D \to D$ が定義されるが，$(T \circ S)|\Sigma = 1_\Sigma$ であったから，$T \circ S = 1_D$ が成立し，系 12.3 によって $S \in G(D)$ が証明された． (証終)

定理 12.9 D を $\boldsymbol{C}^n$ の有界領域とすると，任意の点 $a_0 \in D$ における $G(D)$ の固定群 $G_{a_0}(D) = \{\sigma \in G(D) | \sigma(a_0) = a_0\}$ はコンパクト部分群である．

証明 $G_{a_0}(D) \ni \sigma_k$ $(k = 1, 2, \cdots)$ とする．モンテルの定理により，$\sigma_{k_i} \to S$ $(k \to \infty)$ なる $\{\sigma_{k_i}\}$ が取出せる．

$\sigma_{k_i}(a_0) = a_0$ であるから，定理 12.8 により $S \in G(D)$ が得られ，$S(a_0) = a_0$ も明かだから $S \in G_{a_0}(D)$．以上で $G_{a_0}(D)$ が点列コンパクトであることがわかった．他方系 12.4 で証明するように，$G(D)$ は可算基をもつから，$G_{a_0}(D)$ がコンパクトであることがわかる． (証終)

定理 12.10　固定群$G_{a_0}(D)$の元は局所的に線型写像であらわされる．即ち，a_0 のまわりの適当な局所座標系 $\{w_1, \cdots, w_n\}$ をもつ近傍 U をとれば，任意の $\sigma \in G_{a_0}(D)$ は

$$\sigma^{(i)}(w) = \sum \alpha_{ij} \cdot w_j, \qquad \alpha_{ij} \in \boldsymbol{C} \qquad (w \in U)$$

とあらわせる．ただし，$\sigma(w) = (\sigma^{(1)}(w), \cdots, \sigma^{(n)}(w))$．

証明　a_0 は $\boldsymbol{C}^n$ の原点としてよい．$\sigma \in G_0(D)$ に対し $\sigma(z)$ の i 成分 $\sigma_i(z)$ は原点の近傍で，

$$\sigma_i(z) = \sum \alpha_{ij}(\sigma) \cdot z_j + f_i(\sigma, z) \tag{12.26}$$

と書け，$\alpha_{ij}(\sigma) \in \boldsymbol{C}$，かつ $f_i(\sigma, z)$ は z について 2 次以上の項のみを含むベキ級数である．即ち，$\alpha_{ij}(\sigma) = [\partial\sigma_i(z)/\partial z_j]_{z=0}$．

$n \times n$ 行列 $A(\sigma) = (\alpha_{ij}(\sigma))$ を考えると，$A(\sigma) = (d\sigma)_0$ は σ の原点におけるヤコビ行列である．よって，$A(\sigma \circ \tau) = A(\sigma) \cdot A(\tau)$ が $\sigma, \tau \in G_0(D)$ に対して成立つ．$G_0(D)$ から $GL(n, \boldsymbol{C})$ への写像 A が連続であることも $G(D)$ の位相の入れ方より明かである．$B(\sigma) = (A(\sigma))^{-1}$ とおき，$B(\sigma) = (\beta_{ij}(\sigma))$ と書くことにする．定理 12.9 より，$G_0(D)$ はコンパクト群であるから，D 上の関数 T_i $(i=1, \cdots, n)$ が

$$T_i(z) = \int_{G_0(D)} \sum \beta_{ij}(\sigma) \cdot \sigma_j(z) d\sigma, \qquad z \in D \tag{12.27}$$

によって定義できる．ただし $d\sigma$ は $G_0(D)$ 上のハール測度(定理 7.5，注意 7.1)とする．(12.27) は行列の記号を用いて，

$$T(z) = \int_{G_0(D)} A(\sigma)^{-1} \cdot \sigma(z) d\sigma \tag{12.28}$$

と書きあらわせる．$w_i = T_i(z)$ とおくと，(12.26)，(12.27) より，

$$\left[\frac{\partial w_i}{\partial z_j}\right]_{z=0} = \delta_{ij} \qquad (i, j = 1, \cdots, n) \tag{12.29}$$

が得られるから，$(z_1, \cdots, z_n) \to (w_1, \cdots, w_n)$ は原点の十分小さい近傍 U から V への座標変換と見なせる．一方，任意の $\tau \in G_0(D)$ に対し，次の式が成立つ:

$$A(\tau) \circ T \circ \tau^{-1} = T. \tag{12.30}$$

何故なら，$z \in D$ に対し，

$$A(\tau)T\tau^{-1}(z)=A(\tau)\int_{G_0(D)}A(\sigma^{-1})\sigma(\tau^{-1}(z))d\sigma$$

$$=\int_{G_0(D)}A(\tau\sigma^{-1})(\sigma\tau^{-1}(z))d\sigma$$

$$=\int_{G_0(D)}A((\sigma\tau^{-1})^{-1})(\sigma\tau^{-1}(z))d\sigma=T(z)$$

が成立つからである．従って，$\tau=T^{-1}\circ A(\tau)\circ T$ が原点の近傍で成立するから，τ は座標系 $(w_1,\cdots,w_n)$ に関し，線型写像 $A(\tau)$ であらわせる．（証終）

定理 12.7 の証明　1点 $p_0\in D$ と p_0 の近傍 $\varDelta\Subset D$ をとり，$W=W(\{p_0\},\bar{\varDelta})$ とおくと，W は $G(D)$ の 1_D の近傍である．いま写像 $\varPhi: W\to \boldsymbol{C}^{n+n^2}$ を $\varPhi(\sigma)=(\sigma(p_0),(d\sigma)_{p_0})$ $(\sigma\in W)$ によって定義する．$\varPhi$ が W から $\varPhi(W)$ への全単射であることと，$\varPhi(W)$ が $\boldsymbol{C}^{n+n^2}$ の有界閉集合であることを示せば十分である．

$\sigma,\tau\in W$, $\varPhi(\sigma)=\varPhi(\tau)$ とせよ．$\sigma(p_0)=\tau(p_0)$ であるから，$(\tau^{-1}\sigma)(p_0)=p_0$. 即ち $\tau^{-1}\sigma\in G_{p_0}$ である．従って，p_0 の適当な座標系 $\{w_1,\cdots,w_n\}$ をもつ近傍 U をとれば，$\tau^{-1}\sigma$ は w_i に関し線型写像であらわされる(定理 12.10)．ところが，$d(\tau^{-1}\sigma)_{p_0}=E_n$ であるから，$(\tau^{-1}\sigma)|U=1_U$. よって，一致の定理により，$\tau^{-1}\sigma=1_D$. 即ち $\sigma=\tau$ となり，$\varPhi$ が単射であることがわかった．

つぎに，$\varPhi(W)$ が有界閉集合であることを示すには，W がコンパクトであることを示せばよい．$\{\sigma_\nu\}\subset W$ とすると，$\sigma_\nu(p_0)\in\bar{\varDelta}$ であるから，部分列 $\sigma_{\nu_k}(p_0)$ はある点 $p_*\in\bar{\varDelta}$ に収束する．モンテルの定理により，$\{\sigma_{\nu_k}\}$ の部分列 $\{\sigma_{\nu_k'}\}$ はある写像 $S\in\mathrm{Hol}(D,\boldsymbol{C}^n)$ に収束する．$\lim\sigma_{\nu_k'}(p_0)\in\bar{\varDelta}\subset D$ であるから，定理 12.8 により，$S\in G(D)$ である．$S\in W$ も明かであるから，W はコンパクトである．（証終）

定理 12.11　$G(D)$ はリー変換群であって，そのリー環は $\mathfrak{g}(D)=\mathrm{Inf}(G(D))$ と同型である．

証明　定理 12.7, 12.6, 12.5 により，$G(D)$ はリー変換群である．$G(D)$ のリー環が $\mathfrak{g}(D)$ に同型であることは定理 12.4 による．（証終）

定理 12.12 D を原点を含む有界領域とし，$f\in \mathrm{Hol}(D,D)$ とする．$f(z)=(f_1(z),\cdots,f_n(z))$ とするとき，$f_i(z)=z_i+g_i(z)$ $(z\in D)$ と書け，$g_i(z)$ は z について2次以上の項のみよりなるベキ級数とする．このとき，$f=1_D$ である．

証明 $f_i\in \mathcal{O}_D$ は原点の近傍で斉次多項式の級数に展開される(問題 10.2 参照)：

$$f_i(z)=z_i+\sum_{k=2}^{\infty}P_k{}^{(i)}(z). \tag{12.31}$$

ここで，$P_k{}^{(i)}(z)$ は z について k 次の斉次多項式である．$P_k{}^{(i)}(z)$ がすべての $k\geq 2$ に対し0であることを言えばよいから，例えば，$P_2{}^{(1)}=\cdots=P_{\alpha-1}{}^{(1)}=0$，$P_\alpha{}^{(1)}\neq 0$ となる α があったとして，矛盾を出せばよい．$f^m=f\circ\cdots\circ f$ (m 回)に対し，$f^m(z)$ の i 成分を $(f^m)_i(z)$ であらわせば，m に関する帰納法を用いて容易に次式が得られる：

$$(f^m)_1(z)=z_1+(m+1)P_\alpha{}^{(1)}(z)+\cdots. \tag{12.32}$$

一方 $\{f^m|m=1,2,\cdots\}$ は一様有界であるから，$(m+1)\cdot P_\alpha{}^{(1)}(z)$ は m に関し有界である(問題 10.2)．従って，$P_\alpha{}^{(1)}(z)=0$ となって矛盾である．

(証終)

定理 12.13 $G(D)$ の連結成分の個数は高々可算である．

証明 $G(D)$ の連結成分を G_0 とする．$p_0\in\Delta\Subset D$ を固定したとき，$\sigma_1,\cdots,\sigma_{k(\Delta)}\in G(D)$ が存在して，

$$W(\{p_0\},\Delta)\subset\bigcup\{\sigma_k\cdot G_0|k=1,\cdots,k(\Delta)\} \tag{12.33}$$

であることを示そう．もし，このような σ_i が存在しないとすると，$\tau_k\in W(\{p_0\},\Delta)$ $(k=1,2,\cdots)$ であって，

$$\tau_k\notin\bigcup\{\tau_i\cdot G_0|i=1,2,\cdots,k-1\}\qquad(k=1,2,\cdots) \tag{12.34}$$

をみたすものがとれる．

ところで，定理 12.8 の証明と同様にして，ある $\sigma\in G(D)$ が存在して，$\tau_k\to\sigma$ $(k\to\infty)$ であるとしてよい．よって，$(\tau_k)^{-1}\circ\tau_{k+1}\to 1_D$ $(k\to\infty)$ であるから，十分大きい k に対しては $(\tau_k)^{-1}\circ\tau_{k+1}\in G_0$ となって，(12.34) に矛盾する．

終りに，$D=\bigcup_{\nu=1}^{\infty}\varDelta_\nu$，$p_0\in\varDelta_\nu\Subset D$ をみたす $\varDelta_\nu$ をとれば，$G(D)=\bigcup\{W(\{p_0\},\varDelta_\nu)|\nu=1,2,\cdots\}$ であるから，(12.33) により，$G(D)=\bigcup\{\sigma_k\cdot G_0|k=1,2,\cdots\}$ をみたす $\{\sigma_k\}$ がとれる．　(証終)

系 12.4　$G(D)$ は可算公理をみたす．

13. 有 界 領 域

13.1　正則無限小変換

D を $\boldsymbol{C}^n$ の有界領域とする．$G(D)=\mathrm{Aut}(D)$ と書き，D の無限小変換全体からなるリー環を $\mathfrak{g}(D)$ であらわす．定理 12.11 で示したように，$G(D)$ は D のリー変換群となり，そのリー環は $\mathfrak{g}(D)$ と同一視できる．

定理 13.1　$\mathfrak{g}(D)$ の元 $X_1, \cdots, X_n$ が $\boldsymbol{R}$ 上一次独立ならば，$\boldsymbol{C}$ 上でも一次独立である．　　　　　　　　　　　　　　　　　　　　　**(H. カルタンの定理)**

証明　$\sum_{k=1}^{n}(a_k+\sqrt{-1}b_k)\cdot X_k=0$, $a_k, b_k\in\boldsymbol{R}$ とせよ．$a_k=b_k=0$ $(k=1, \cdots, n)$ を証明する．$Z=\sum a_kX_k$, $Y=\sum b_kX_k$ とおくと，$Y=\sqrt{-1}Z$ が成立つ．$\boldsymbol{C}^n$ の座標系 $\{z_1, \cdots, z_n\}$ を用いて，$Y=\sum\eta_k\cdot\partial/\partial z_k$ とあらわすと，$\eta_k\in\mathcal{O}_D$ である．$t_1, t_2\in\boldsymbol{R}$ に対し，$t=t_1+\sqrt{-1}t_2$ とおく．いま 1 点 $p_0\in D$ を固定し，$u(t)=\mathrm{Exp}(t_1Y+t_2Z)\cdot p_0$ で定義される写像 $u:\boldsymbol{C}\to D$ を考える．$Y=\sqrt{-1}Z$ なることより，$u(t)=(u_1(t), \cdots, u_n(t))$ は $du_k/dt=\eta_k\ (u_1, \cdots, u_n)$ なる微分方程式をみたすことがわかる．従って，$u_k\in\mathcal{O}_{C^1}$ である(定理 10.14)．D は有界であるから，u_k も有界，従って，定理 10.9 により，定数である．よって，$u(t)=u(0)=p_0$．特に，$Y(p_0)=Z(p_0)=0$．$p_0\in D$ は任意であったから，$Y=Z=0$．即ち，$\sum a_kX_k=\sum b_kX_k=0$．仮定より，$X_1, \cdots, X_n$ は $\boldsymbol{R}$ 上一次独立で $a_k, b_k\in\boldsymbol{R}$ であるから，$a_k=b_k=0$ が成立つ．　　　　　　　　(証終)

定理 13.2　$Y, Z\in\mathfrak{g}(D)$ とし $[Y, Z]=0$ と仮定する．

$f_t=\mathrm{Exp}\,tY$, $g_t=\mathrm{Exp}\,tZ$ とおく．いま1点 $p_0\in D$ の近傍 U に座標系 $\{w_1, \cdots, w_n\}$ が存在し

$$(13.1)\qquad \begin{cases} w_k(f_t(w_1, \cdots, w_r, w_{r+1}{}^0, \cdots, w_n{}^0))=w_k{}^0, \\ w_k(g_t(w_1, \cdots, w_r, w_{r+1}{}^0, \cdots, w_n{}^0))=w_k{}^0 \qquad (r+1\leq k\leq n), \end{cases}$$

をみたすとする．ただし，$w_k(p_0)=w_k{}^0$ とおく．さらに，

$$(13.2)\qquad Z(w_1, \cdots, w_r, w_{r+1}{}^0, \cdots, w_n{}^0)=\sqrt{-1}\,Y(w_1, \cdots, w_r, w_{r+1}{}^0, \cdots, w_n{}^0)$$

が任意の $(w_1, \cdots, w_r, w_{r+1}{}^0, \cdots, w_n{}^0)\in U$ に対し，成立つと仮定する．このとき，

$Y(w_1, \cdots, w_r, w_{r+1}{}^0, \cdots, w_n{}^0)=0$ が成立つ. **(E. カルタンの定理)**

注意 13.1 $r=n$ の時, 定理 13.2 は定理 13.1 に帰する.

証明 $Y=\sum \eta_k \cdot \partial/\partial w_k$ とおく. $k \geq r+1$ に対し, $\eta_k(w_1, \cdots, w_r, w_{r+1}{}^0, \cdots, w_n{}^0) = Y(w_1, \cdots, w_r, w_{r+1}{}^0, \cdots, w_r{}^0) \cdot w_k = \lim(1/t) \cdot \{w_k(f_t(w_1, \cdots, w_r, w_{r+1}{}^0, \cdots, w_n{}^0)) - w_k{}^0\}=0$. よって, $\eta_k(w_1, \cdots, w_r, w_{r+1}{}^0, \cdots, w_n{}^0)=0$ $(k \leq r)$ を示せばよい. いま, $p=(w_1, \cdots, w_r, w_{r+1}{}^0, \cdots, w_n{}^0) \in U$ を固定し, $u(t_1+\sqrt{-1}t_2)=f_{t_1} \circ g_{t_2}(p)$ によって, 写像 $u: \boldsymbol{C} \to D$ を定義する. $u \in \mathrm{Hol}(C, D)$ を示そう. まず, $\delta>0$ が存在して, $u(z) \in U$ $(|z|<\delta)$ とできる. ただし, $z=t_1+\sqrt{-1}\,t_2$ とおく (13.2) が成立することより, $u(z)$ は $|z|<\delta$ において正則となることがわかる. さらに, 任意の $z_0=t_1{}^0+\sqrt{-1}t_2{}^0$ に対して, $u(z)=f_{t_1{}^0}\, g_{t_2{}^0}(u(z-z_0))$ が成立し, $f_{t_1{}^0}, g_{t_2{}^0}$ が共に正則であることと, $u(z)$ が $z=0$ の近傍で正則であることとにより $u(z)$ は $z=z_0$ の近傍で正則なことがわかる. $z_k(u(z))$ $(k=1, \cdots, n)$ は $\boldsymbol{C}$ 上で有界正則であるから, $z_k(u(z))$は定数である. $w_k=F_k(z_1, \cdots, z_n)$ は $z_1, \cdots, z_n$ の正則関数であるから, $|z|<\delta$ に対し, $w_k(u(z))$ も定数である. 特に, $f_t(p)=p(|t|<\delta)$ が成立つ. よって, $k \leq r$ に対し, $Y(p)w_k=\lim(1/t)(w_k(f_t(p))-w_k(p))=0$, 即ち, $\eta_k(p)=0$ $(k \leq r)$ が成立つ. $p \in U$ は任意であったから, 定理 13.2 は証明された. (証終)

定理 13.3 D の点 p_0 の近傍 U における座標系 $\{w_1, \cdots, w_n\}$ が存在し, $\partial/\partial w_1 \in \mathfrak{g}(D)$ とする(即ち, ある $X \in g(D)$ に対し, $X|U=\partial/\partial w_1$ とする). このとき, $w_2 \cdot \partial/\partial w_1 \notin \mathfrak{g}(D)$ である.

証明 $w_2{}^0=a+\sqrt{-1}b$, $b \neq 0$, $a, b \in \boldsymbol{R}$ なる点 $(w_1{}^0, w_2{}^0, \cdots, w_n{}^0) \in U$ を1つとる. いま $w_2 \cdot \partial/\partial w_1 \in \mathfrak{g}(D)$ とせよ. $Y=b \cdot \partial/\partial w_1$, $Z=(w_2-a) \cdot \partial/\partial w_1$ とおくと, $Y, Z \in \mathfrak{g}(D)$, $[Y, Z]=0$ が成立つ. また $Z(w_1, w_2{}^0, \cdots, w_n{}^0)=\sqrt{-1}\,Y(w_1, w_2{}^0, \cdots, w_n{}^0)$ が任意の $(w_1, w_2{}^0, \cdots, w_n{}^0) \in U$ に対し成立つ. また (13.1) が $r=1$ に対し成立つことも容易にわかる. よって, 定理 13.2 により, $Y(w_1, w_2{}^0, \cdots, w_n{}^0)=0$ となり, $Y(w_1{}^0, \cdots, w_n{}^0)=b \cdot \partial/\partial w_1 \neq 0$ なることに矛盾する.

(証終)

系 13.1 $\partial/\partial w_1$, $f(w_2) \cdot \partial/\partial w_1 \in \mathfrak{g}(D)$ なら, $f(w_2) \equiv c \in \boldsymbol{C}$.

証明　$f(w_2)$ が定数でないとすると，$df/dw_2 \neq 0$ となる点 $p \in U$ がある．よって，$w_1' = w_1$，$w_2' = f(w_2)$ なる変換は座標変換である．$X = \partial/\partial w_1 = \partial/\partial w_1'$，$Y = f(w_2)\partial/\partial w_1 = w_2'\partial/\partial w_1'$ となり，定理 13.3 に矛盾する．　(証終)

13.2　有界領域の同型，局所同型

$\boldsymbol{C}^n$ の有界領域 D, D' をとり，その正則変換群を $G(D), G(D')$ であらわす．

定義 13.1　正則同型写像 $\Phi : D \to D'$ が存在するとき，D と D' とは同型であると言い，$D \simeq D'$ であらわす．

$D \simeq D'$ ならば，$G(D) \simeq G(D')$ である．何故なら，$\sigma \in G(D)$ に $\Phi \circ \sigma \circ \Phi^{-1} \in G(D')$ を対応させればよい．

定義 13.2　D が**等質有界領域**(homogeneous bounded domain)であるとは，$G(D)$ が D に推移的な時を言う．

定義 13.3　G, G' を $G(D), G(D')$ のリー部分群であって，D, D' に推移的に作用するとし，$\mathfrak{g}, \mathfrak{g}'$ を G, G' のリー環とする．(D, G) と (D', G') が**局所同型**であるとは，任意の $p \in D$ と $p' \in D'$ に対して，リー環 $\mathfrak{g}$ から $\mathfrak{g}'$ への同型写像 Ψ と，p の近傍 U から p' の近傍 U' への正則同型写像 $\Phi : U \to U'$ が存在して，次の 2 つの条件をみたすときを言う：(i) $\Phi(p) = p'$，(ii) $X \in \mathfrak{g}$ に対し，$(d\Phi)(X|U) = \Psi(X)|U'$．

もし，(D, G) と (D', G') が局所同型ならば，同型写像 Ψ は G, G' の単位元の近傍 V, V' の間の局所同型写像 Ψ_0 をひきおこす(定理 9.4)．

定義 13.4　等質有界領域 D, D' が**局所同型**であるとは $(D, G(D))$ と $(D', G(D'))$ が局所同型であるときを言う．このとき，$D \sim D'$ であらわす．

補題 13.1　Φ, Ψ, V, U' は上の通りとすると，V に含まれる単位元の近傍 V_0 と，U' に含まれる p' の近傍 U_0' が存在して，$\sigma \in V_0, q \in U_0'$ に対して，

$$(\Psi_0(\sigma))(q) = \Phi \circ \sigma \circ \Phi^{-1}(q) \qquad (13.3)$$

が成立つ．

証明　V_0 と U_0' を十分小さくとると，$\sigma \in V_0$，$q \in U_0'$ に対し，$\Phi \circ \sigma \circ \Phi^{-1}(q) \in U'$．いま，$\sigma = \operatorname{Exp} X$，$X \in \mathfrak{g}(D)$ なる σ に対しては，$\Phi \circ \sigma \circ \Phi^{-1} = \operatorname{Exp}(d\Phi X)$

(命題 4.9)が成立つ．よって，(ii) より $\Phi\circ\sigma\circ\Phi^{-1}|U_0'=\exp\Psi X|U_0'$．他方，$\Psi_0(\sigma)=\Psi_0(\mathrm{Exp}\,X)=\exp\Psi X$．よって，(13.3) が成立つ． (証終)

系 13.2 定義 13.3 の Φ は次の意味で一意的である．即ち，$\Phi_1: U_1\to U_2'$ を p の近傍 U_1 から p' の近傍 U_1' への同型写像で，(i) $\Phi_1(p)=p'$，(ii) $d\Phi_1(X|U_1)=\Psi(X)|U_1'$ $(X\in\mathfrak{g}(D))$ をみたせば，p の近傍 $U_0\subset U\frown U_1$ が存在して，$\Phi(q)=\Phi_1(q)$ $(q\in U_0)$ が成立つ．

証明 $X\in\mathfrak{g}(D)$ に対し，命題 4.9 により，

$$\Phi((\mathrm{Exp}\,tX)\cdot p)=\Phi\circ\mathrm{Exp}\,tX\circ\Phi^{-1}(p')=\Psi_0(\exp tX)(p')$$
$$=\Phi_1\circ\mathrm{Exp}\,tX\circ\Phi_1{}^{-1}(p')=\Phi_1((\mathrm{Exp}\,tX)\cdot p)$$

が十分小な t に対し成立つ．ところが，$\mathrm{Exp}\,tX\cdot p$ の形の元で p の近傍 $U_0\subset U\frown U'$ を含むようにできるから，$q\in U_0$ に対し，$\Phi(q)=\Phi_1(q)$ が成立つ．

(証終)

位相空間 M の点 $p_0\in M$ に対し，$\widetilde{\Omega}(p_0,M)=\bigcup\{\Omega(M;p_0,p)|p\in M\}$ とおく(定義 8.1)．

補題 13.2 D, D' を $\boldsymbol{C}^n$ の等質有界領域とし，$D\sim D'$ とする．$p_0\in D$, $p_0'\in D'$ をとり固定する．このとき，全単射写像

$$\psi:\widetilde{\Omega}(p_0,D)\to\widetilde{\Omega}(p_0',D')$$

であって，次の条件 (1)，(2) をみたすものが存在する．

(1) $\sigma\in\widetilde{\Omega}(p_0,D)$ に対し，$\sigma'=\psi(\sigma)$，$\sigma(1)=p_1$，$\sigma'(1)=p_1'$ とおくと，p_1 の近傍 U, p_1' の近傍 U' および正則同型 $\Phi_1: U\to U'$ が存在し，$\Phi_1(p_1)=p_1'$，かつ

$$\psi(\sigma\cdot\tau)=\psi(\sigma)\cdot(\Phi_1\circ\tau) \tag{13.4}$$

がすべての $\tau\in\widetilde{\Omega}(p_1,U)$に対し成立つ((8.2) 参照)．

(2) $\sigma,\sigma'\ni\Omega(D,p_0,p)$ かつ $\sigma\sim\sigma'$ ならば，$\psi(\sigma)(1)=\psi(\sigma')(1)$，かつ $\psi(\sigma)\sim\psi(\sigma')$ が成立つ．

証明 $G=G(D)$，$G'=G(D')$ とおき，G_0, G_0' を G, G' の連結成分とする．$(\widetilde{G},\pi_0)$ を G_0 の普遍被覆群とする．$D\sim D'$ であるから，p_0 の近傍 U_0，p_0' の近傍 U_0'，同型写像 $\Phi_0: U_0\to U_0'$ および，リー環の同型写像 $\Psi:\mathfrak{g}(D)\to\mathfrak{g}(D')$

が存在して，$\Phi(p_0)=p_0'$，かつ $X\in\mathfrak{g}(D)$ に対し，

$$d\Phi(X|U_0)=\Psi(X)|U_0' \tag{13.5}$$

が成立つ．Ψ は G_0 の単位元の近傍から G_0' への局所同型写像 Ψ' を導く．また，$\Psi'\circ\pi_0$ は準同型 $\widetilde{\Psi}':\widetilde{G}\to G_0'$ を導く（定理 9.4）．いま p_0 の固定群を K，p_0' のそれを K' とし，K, K' の連結成分を K_0, K_0' とする．系 9.1 と系 12.4 より，G_0, G_0' は D, D' に推移的に作用するから，定理 7.4 によれば，$\varphi(\sigma K)=\sigma\cdot p_0$ によって定義される写像 $\varphi:G_0/K\to D$ は位相同型である．同様に，位相同型 $\varphi':G_0'/K'\to D'$ が定義される．K_0，K_0' のリー環は，$\mathfrak{k}=\{X\in\mathfrak{g}(D)|X(p_0)=0\}$，$\mathfrak{k}'=\{X'\in\mathfrak{g}'(D)|X'(p_0')=0\}$ であるから，(13.5) によって，$\Psi(\mathfrak{k})=\mathfrak{k}'$ が成立つ．従って，Ψ から導かれた準同型 $\widetilde{\Psi}$ は，

$$\widetilde{\Psi}(\widetilde{K}_0)\subset K_0' \tag{13.6}$$

をみたす．ただし，$\widetilde{K}_0$ は $\pi_0^{-1}(K_0)$ の連結成分をあらわす．つぎに，$\rho:G_0\to G_0/K$，$\rho':G_0'\to G_0'/K$ を自然な射影とし，$\pi=\varphi\circ\rho$，$\pi'=\varphi'\circ\rho'$ とおく．さて，$\sigma\in\widetilde{\Omega}(p_0,D)$ に対し，$\varphi^{-1}\circ\sigma\in\widetilde{\Omega}(\rho(e),G_0/K)$ であるから，定理 9.8 により，$\varphi^{-1}\circ\sigma=\rho\circ g$ をみたす $g\in\widetilde{\Omega}(e,G_0)$ が存在する．g に対し，補題 8.8 により，$\pi_0\circ\tilde{g}=g$ をみたす $\tilde{g}\in\widetilde{\Omega}(e,\widetilde{G})$ がただ1つ存在する．$\sigma'=\pi'\circ\widetilde{\Psi}\circ\tilde{g}$ とおく．

σ' は g の取り方に依存せず，σ のみによってきまることを示そう．$\varphi^{-1}\circ\sigma=\rho\circ g_1$，$g_1\in\widetilde{\Omega}(e,G_0)$ とし，$\sigma_1'=\pi'\circ\widetilde{\Psi}\circ\tilde{g}_1$ とおく．$g(t)p_0=g_1(t)p_0$ $(0\leq t\leq 1)$ であるから，$g(t)^{-1}\cdot g_1(t)\in K$，従って，$g(t)^{-1}\cdot g_1(t)\in K_0$ であるから，$\tilde{g}(t)^{-1}\cdot\tilde{g}_1(t)\in\widetilde{K}_0$．よって (13.6) により，$\widetilde{\Psi}(\tilde{g}(t)^{-1}\cdot\tilde{g}_1(t))\in K_0'$．即ち $\rho'(\widetilde{\Psi}(\tilde{g}(t)))=\rho'(\widetilde{\Psi}(\tilde{g}_1(t)))$ が成立つ．これは $\sigma'=\sigma_1'$ を示している．

$\sigma'=\psi(\sigma)$ によって，写像 $\psi:\widetilde{\Omega}(p_0,D)\to\widetilde{\Omega}(p_0',D')$ が定義された．D と D' との役割を交換すれば，ψ の逆写像 $\psi':\widetilde{\Omega}(p_0',D')\to\widetilde{\Omega}(p_0,D)$ の存在を知る．

（1）の証明．π_0 によって平等に被われる G_0 の単位元の近傍 V_0 をとり，p_0 の近傍 $U_0'\subset U_0$ を十分小にとって，G_0/K の $\varphi^{-1}(U_0')$ 上の局所断面 γ が存在して，$\gamma(\varphi^{-1}(U_0'))\subset V_0$ となるようにする．つぎに G_0 の単位元の近傍 V_1 であって，$\pi(V_1)\subset U_0'$ をみたすものをとる．$U_1=\pi(V_1)$，$U_1'=\Phi(U_1)$，

$U=g(1)\cdot U_1$, $U'=g'(1)\cdot U_1'$ とおき，$\Phi_1: U\to U'$ を $\Phi_1(p)=g'(1)\cdot(\Phi(g(1)^{-1}\cdot p))$ によって定義すれば，明かに Φ_1 は同型であって，$\Phi_1(p_1)=p_1'$ をみたす．また，$\psi(\sigma)$ の定義の仕方をたどってみると (13.4) がすべての $\tau\in\widetilde{\Omega}(p,U)$ に対し成立つことがたしかめられる．

(2) の証明．$\sigma\sim\sigma'$ のホモトピーを F とする．定理 9.8 により，$\pi\circ\widetilde{F}=F$, かつ $\widetilde{F}(s,0)=g(s)$ $(s\in I)$ をみたす $\widetilde{F}: I\times I\to G_0$ がとれる．$g'(s)=\widetilde{F}(s,1)$ とおくと，$g(0)=g'(0)$, $g(1)=g'(1)$, $g\sim g'$ である．よって，$\tilde{g}$, $\tilde{g}'$ の終点は一致する（系 8.1）．従って，$\psi(\sigma)=\pi'\circ\widetilde{\Psi}\circ\tilde{g}$ と $\psi(\sigma')=\pi'\circ\widetilde{\Psi}\circ\tilde{g}'$ とはホモトープであって，$\psi(\sigma)(1)=\psi(\sigma')(1)$ である． (証終)

注意 13.2 D, D' を必ずしも有界でない $\boldsymbol{C}^n$ の領域とし，G, G' は D, D' に推移的に作用する，正則変換からなる，リー変換群とする．定義 13.3 におけると同様にして，(D,G) と (D',G') との局所同型が定義できる．

定理 13.4 D を等質領域，D' を等質有界領域とし，(D,G) と (D',G') とは局所同型であるとする．このとき，D はいかなる超平面も含まない．

証明 $\alpha_1,\cdots,\alpha_{n-1}\in\boldsymbol{C}$ とし，D が z_n 平面 $L=\{z_1=\alpha_1,\cdots,z_{n-1}=\alpha_{n-1}\}$ を含むとして矛盾を出せばよい．

まず，点 $p_0\in L$ と $q_0\in D'$ を固定する．任意の点 $p\in L$ と p_0 を L の中の曲線 σ で結ぶ．補題 13.2 により，D' の中の q_0 を始点とする曲線 $\sigma'=\psi(\sigma)$ がとれ，$\sigma'(1)$ は σ のホモトピー類のみに依存する．L は単連結であるから，$f(p)=\sigma'(1)$ によって写像 $L\to D'$ が定義される．$f\in\mathrm{Hol}(L,D')$ であることも明かである．D' は有界であるから，f は定数，即ち $f(p)=q_0$ $(p\in L)$ である．一方，ψ の定義の仕方から，f は局所的に単射であるから $f(p)=q_0$ ではあり得ない． (証終)

定理 13.5 D は等質有界領域かつ単連結で，しかも次の条件をみたすとする：

$\sigma\in G(D)$ がすべての $X\in\mathfrak{g}(D)$ を不変にすれば，$\sigma=1_D$ である．

このとき，もし等質有界領域 D' が D に局所同型であれば，D' は D に（大局的に）同型である．

証明　D, D' の点 p_0, p_0' をとり固定する．補題 13.2 を用いて，D から D' への正則写像 $\tilde{\Phi}$ を次のように作る．任意に $p\in D$ をとると，$\sigma\in\Omega(D;p_0, p)$ がある．D は単連結であるから，$(\psi(\sigma))(1)$ は補題 13.2 により，p のみに依存してきる．よって $\tilde{\Phi}(p)=(\psi(\sigma))(1)$ と定義できる．補題 13.2 の (2) により，$\tilde{\Phi}$ は局所同型，従って正則写像であることは明かであろう．つぎに，$\tilde{\Phi}$ は全射であることを示そう．任意に $p'\in D'$ をとると $\tau\in\tilde{\Omega}(D';p_0',p')$ がとれる．補題 13.2 において，D と D' との役割を交換すると，写像 ψ': $\tilde{\Omega}(p_0',D)\to\tilde{\Omega}(p_0,D)$ がきまる．$\sigma=\psi'(\tau)$ とおく．τ と σ の関係から，実は $\tau(t)=\tilde{\Phi}(\sigma(t))$ であることがわかる．即ち $p'=\tilde{\Phi}(\sigma(1))$．よって，$\tilde{\Phi}$ が全射であることがわかった．

次に $\tilde{\Phi}$ は単射であることを示そう．$q_1, q_2\in D$ $(q_1\neq q_2)$ が存在して，$\tilde{\Phi}(q_1)=\tilde{\Phi}(q_2)$ ならば，$\tilde{\Phi}(p_1)=p_0'$ をみたす $p_1\in D$ $(p_1\neq p_0)$ の存在が容易にたしかめられる．いま，$\sigma_0\in\Omega(D;p_0,p_1)$ を固定する．$\tilde{\Phi}(p_1)=\tilde{\Phi}(p_0)$ であるから，$\psi(\sigma_0)\in\Omega(D';p_0')$ である．以下，$G(D)$ の連結成分を $G_0(D)$ と書く．このとき，すべての $\lambda\in G_0(D)$ に対し，

$$\lambda_0(\lambda p_0)=\lambda(\lambda_0 p_0) \tag{13.7}$$

をみたす $\lambda_0\in G(D)$ の存在を示そう．任意の $p\in D$ に対し，$\sigma\in\Omega(D;p_0,p)$ をとると，$\psi(\sigma)\in\tilde{\Omega}(p_0',D')$ であるから，$\psi(\sigma_0)\cdot\psi(\sigma)\in\tilde{\Omega}(p_0',D')$ である．よって，$\psi^{-1}(\psi(\sigma_0)\cdot\psi(\sigma))=\sigma'$ とおくと，$\sigma'\in\tilde{\Omega}(p_0,D)$ である．$\sigma_1,\sigma_2\in\Omega(D; p_0,p)$ かつ $\sigma_1\sim\sigma_2$ ならば，$\sigma_1'(1)=\sigma_2'(1)$ であることが，補題 13.2 (2) によってたしかめられる．従って，$\lambda_0(p)=\sigma'(1)$ によって，写像 $\lambda_0: D\to D$ が定義できた．$\lambda_0\in\mathrm{Hol}(D,D)$ であることも容易にわかる．$\sigma(t)=g(t)\cdot p_0$ $(g(t)\in G_0(D))$ と書くと，補題 13.2 の証明をたどると，$\sigma'(1)=g(1)\cdot p_1$ となることがわかる．$\lambda=g(1)$ とおけば，$\lambda_0(\lambda p_0)=\lambda_0(p)=\sigma'(1)=\lambda(p_1)=\lambda(\lambda_0 p_0)$ となり，λ は任意の $G_0(D)$ の元とすることができるから (13.7) が証明された．また，$\psi(\sigma_0)$ の逆向きの道は $(\psi(\sigma_0))^{-1}\in\Omega(D;p_0')$ であるから，$\sigma_2=\psi^{-1}((\psi(\sigma_0))^{-1})$ とおくと，$\sigma_2\in\tilde{\Omega}(p_0,D)$ である．$\sigma_2(1)=p_2$ とおくと，$\tilde{\Phi}(p_2)=p_0'$ である．上の p_1 に対し存在した λ_0 と同じ方法で，$\lambda_1(\lambda p_0)=\lambda\lambda_1(p_0)$ をみた

す $\lambda_1\in \mathrm{Hol}(D,D)$ の存在がわかる．明かに $\lambda_1\lambda_0=\lambda_0\lambda_1=1_D$ をみたす．よって $\lambda_0\in G(D)$ がわかった．つぎに $\lambda_0\lambda=\lambda\lambda_0$ が任意の $\lambda\in G_0(D)$ に対し成立つことを示そう．任意の $p\in D$ は $p=\lambda' p_0$ $(\lambda'\in G_0(D))$ と書けるから，(13.7) を用いて，

$$\lambda_0\lambda p=\lambda_0(\lambda(\lambda' p_0))=\lambda_0((\lambda\lambda')p_0)=\lambda\lambda'(\lambda_0 p_0)=\lambda(\lambda'\lambda_0 p_0)=\lambda(\lambda_0\lambda' p_0)=\lambda\lambda_0 p.$$

特に，任意の $X\in\mathfrak{g}(D)$ と $t\in\boldsymbol{R}$ に対し，$\lambda_0(\mathrm{Exp}\,tX)\lambda_0^{-1}=\mathrm{Exp}\,tX$ が成立つ．$\lambda_0(\mathrm{Exp}\,tX)\lambda_0^{-1}=\mathrm{Exp}((d\lambda_0)tX)$（命題 4.9）より $d\lambda_0(X)=X$．仮定により，$\lambda_0=1_D$ であるが，これは $p_0\neq p_1=\lambda_0(p_0)$ に矛盾する．よって $\widetilde{\Phi}$ は同型写像である． （証終）

13.3 対 称 領 域

定義 13.5 D を $\boldsymbol{C}^n$ の等質領域とする．D の点 p_0，その近傍 U_0 と $\sigma\in G(D)$ が存在して，$\sigma\circ\sigma=1_D$，かつ $\{q\in U_0|\sigma(q)=q\}=\{p_0\}$ が成立つとき，D は**対称領域**(symmetric domain)であると言う．p_0 は σ の**孤立不動点**とよぶ．

例 13.1 単位円板 $D=\{z\in\boldsymbol{C}||z|<1\}$ は対称領域である．何故なら，$\sigma(z)=-z$ とおくと $\sigma\in G(D)$，$\sigma\circ\sigma=1_D$ であって，原点 0 は σ の孤立不動点である．また任意の $z_0\in D$ に対して，$\tau(z_0)=0$ をみたす $\tau\in G(D)$ が存在するから D は等質である．例えば，$\tau(z)=(z-z_0)/(1-\bar{z}_0 z)$．

例 13.2 対称領域の直積は明かに対称領域である．

対称領域については残念ながら，くわしい理論をのべる余裕がないので，証明なしで次の定理のみを引用する．

定理 13.6 $\boldsymbol{C}^n$ の対称有界領域は単連結である．

14. 2次元等質有界領域

14.1 C^1 の等質有界領域

C^1 の等質有界領域 D は半径1の円板 $|z|<1$ と同型であることが知られている．その証明の概略をのべよう．

まず D は原点0を含むとしてよい．$\mathfrak{g}_0=\{X\in\mathfrak{g}(D)|X(0)=0\}$ とおくと，$\mathfrak{g}_0$ は $\mathfrak{g}(D)$ の部分リー環であって，$G(D)$ の部分群 $G_0=\{\sigma\in G(D)|\sigma(0)=0\}$ に対応するリー環である．G_0 は原点をたもつから，適当な座標系に関し，線型写像である(定理 12.10)．G_0 はコンパクトであるから(定理 12.9)，（i）$\dim\mathfrak{g}_0=1$ または（ii）$\dim\mathfrak{g}_0=0$ であって，（i）の場合 G_0 は回転 $z\to ze^{i\theta}$ $(\theta\in\boldsymbol{R})$ を含むとしてよい．$\theta=\pi$ に対応する G_0 の元を σ とすれば，$\sigma\circ\sigma=1_D$ であって，0 は σ の孤立不動点となり，従って D は対称領域となる．定理 13.6 を用いると，D は単連結であるから，リーマン面の分類理論より D は円板 $|z|<1$ と同型になる．(D が単連結であることを用いなくとも，§6.6 の結果を用いて $\mathfrak{g}(D)$ の型を決定し，それから $D\simeq\{|z|<1\}$ を導くことも可能であるが，かなり証明は煩雑になるようである)．（ii）の場合，$\dim\mathfrak{g}=\dim_R D=2$ であるから，§6.6 によれば，$\mathfrak{g}$ が可換リー環の時は $\mathfrak{g}\simeq\{\partial/\partial z, \sqrt{-1}\cdot\partial/\partial z\}$ となり定理 13.1 に反する(以下，$\{\cdots\}_R$ の $\boldsymbol{R}$ は省略することがある)．従って，$\mathfrak{g}\simeq\{\partial/\partial z, z\cdot\partial/\partial z\}=\mathfrak{g}_1$ となる．いま，z 平面において，上半平面 $D_1=\{z|\mathrm{Im}\, z>0\}$ を考えると，$\mathfrak{g}_1$ は変換群 $G=\{\sigma_{a,t}|\sigma_{a,t}(z)=e^t z+a; t, a\in\boldsymbol{R}\}$ のリー環である．しかも $G(D_1)$ の元 σ で $\partial/\partial z$ と $z\cdot\partial/\partial z$ を不変にするものは $\sigma=1_{D_1}$ に限ることが容易にたしかめられる．D_1 は単連結であるから定理 13.5 により，$D\simeq D_1$ である．一方，$D_1\simeq\{z\in\boldsymbol{C}||z|<1\}$ であるから，次の定理が証明された．

定理 14.1 C^1 の等質有界領域 D は単位円板と同型である．特に，D は対称領域である．

14.2 C^2 の等質有界領域

C^2 の等質有界領域 D はつねに対称であることを示すのが目標である(定理 14.3). まず D が非対称であるとすれば D は 1 次元等質有界領域の直積にはならない. 何故なら, $D \simeq D_1 \times D_2$ であって, D_i が C^1 の等質有界領域であれば,定理 14.1 により, D_i は対称, 従って D も対称となるからである. C^2 の点を (z_1, z_2) で表わすと $\mathfrak{g}(D)=\mathfrak{g}_1 \oplus \mathfrak{g}_2$ であって, $\mathfrak{g}_1$ は z_1 についての, $\mathfrak{g}_2$ は z_2 についての正則ベクトル場からなるリー環となるような D は除外してよい.

補題 14.1 D を C^2 の等質有界領域とすれば, D は対称であるか, $\dim G(D)=5$ または 4 であるかのいずれかである.

証明 1 点 $p_0 \in D$ を固定し, $G(D)$ の p_0 における固定群 G_{p_0} を考える. §12.3 によれば, G_{p_0} は C^2 に作用するコンパクト線型群である. 従って $G_{p_0} \subset U(2)$ と考えてよい. もし $\dim G_{p_0} \geq 3$ ならば $G_{p_0} \supset SU(2)$ である(問題 6.2 参照). この時, $-1_{C^2} \in SU(2) \subset G_{p_0}$ であるから D は対称となる. $\dim G_{p_2}=2$ の時は $G_{p_0}=\{\sigma_{\theta,\varphi} | \theta, \varphi \in \boldsymbol{R},\ \sigma_{\theta,\varphi}(z_1, z_2)=(z_1 e^{i\theta}, z_2 e^{i\varphi})\}$ と考え得るので, $-1_{C^2} \in G_{p_0}$ となり, D は対称である. $\dim G_{p_0}=1, 0$ の場合は $\dim G(D)=\dim G_{p_0}+\dim_R D=5$ または 4 である. (証終)

以下, $\dim \mathfrak{g}(D)=5$ また 4 となる D について考察する. 注意 6.1 により, $G(D)$ は半単純ではない. 従って, $\mathfrak{g}(D)$ の根基 $\mathfrak{r}(D)$ は $\{0\}$ ではない. $(\mathfrak{r}(D))^{(k)} \neq \{0\}, (\mathfrak{r}(D))^{(k+1)}=\{0\}$ となる整数 $k \geq 0$ をとり, $\mathfrak{a}=\mathfrak{a}(D)=(\mathfrak{r}(D))^{(k)}$ とおくと, $\mathfrak{a}$ は $\mathfrak{g}(D)$ の可換イデアルである.

補題 14.2 ある点 $p_0 \in D$ とその近傍 U_0 および, U_0 の上の座標系 $\{w_1, w_2\}$ が存在して, $\mathfrak{a}|U_0=\{\partial/\partial w_1, \partial/\partial w_2\}$ または $\mathfrak{a}|U_0=\{\partial/\partial w_1\}$ が成立つ.

証明 $\mathfrak{a} \neq \{0\}$ だから, $X \in \mathfrak{a}$, $X \neq 0$ なる X がある. $X(p_1) \neq 0$ なる点 $p_1 \in D$ をとる. 定理 11.2 により, p_1 の近傍 U_1 とその上の座標系 $\{u_1, u_2\}$ が存在して, $X|U_1=\partial/\partial u_1$ であるとしてよい. さて, 任意の $Y \in \mathfrak{a}$ は U_1 上で, $Y=f(u_1, u_2) \cdot \partial/\partial u_1+g(u_1, u_2) \cdot \partial/\partial u_2$ と書ける. $[\partial/\partial u_1, Y]=0$ であるから, $\partial f/\partial u_1=\partial g/\partial u_1=0$. 即ち, f, g は u_2 のみの関数である: $Y=f(u_2) \cdot \partial/\partial u_1+$

$g(u_2)\cdot\partial/\partial u_2$. $g(u_2)\equiv 0$ なら, $f(u_2)\cdot\partial/\partial u_1\in\mathfrak{a}$ であるから, 系 13.1 により, $f(u_2)$ は定数である. よって, $\dim\mathfrak{a}\geq 2$ の場合は, $Y=f(u_2)\cdot\partial/\partial u_1+g(u_2)\cdot\partial/\partial u_2$ で $g(u_2)\neq 0$ なる元 $Y\in\mathfrak{a}$ がとれる. この Y に対し, 点 $p_0\in U_1$ とその近傍 U_2 が存在して, $g(p)\neq 0$ $(p\in U_2)$ としてよい. $[X, Y]=0$ であるから, p_0 の近傍 U_0 とその上の座標系 $\{w_1, w_2\}$ が存在して, U_0 上では $X=\partial/\partial w_1$, $Y=\partial/\partial w_2$ としてよい(問題 11.2).

この時, 実は $\mathfrak{a}=\{X, Y\}_R$ であることを示そう. 任意の $Z\in\mathfrak{a}$ は $Z=f\cdot\partial/\partial w_1+g\cdot\partial/\partial w_2$ と書けるが, $[\partial/\partial w_i, Z]=0$ $(i=1,2)$ であるから, $\partial f/\partial w_i=\partial g/\partial w_i=0$ $(i=1,2)$, 即ち f, g は定数である. $f=a+\sqrt{-1}b$, $g=a'+\sqrt{-1}b'$ $(a, a', b, b'\in\boldsymbol{R})$ とあらわすと, $(a+\sqrt{-1}b)\cdot\partial/\partial w_1+(a'+\sqrt{-1}b')\cdot\partial/\partial w_2\in\mathfrak{a}$. よって, $\sqrt{-1}(b\cdot\partial/\partial w_1+b'\cdot\partial/\partial w_2)\in\mathfrak{a}$, 他方, $b\cdot\partial/\partial w_1+b'\cdot\partial/\partial w_2\in\mathfrak{a}$ であるから, 定理 13.1 により $b=b'=0$. 即ち $Z=aX+a'Y$ $(a, a'\in\boldsymbol{R})$ と書ける. (証終)

14.3 $\dim\mathfrak{a}(D)=2$ の場合

この節の目標は, 非対称等質有界領域 $D\subset\boldsymbol{C}^2$ で $\dim\mathfrak{a}(D)=2$ なるものは存在しないことを示すことである.

補題 14.2 の U_0 の上で議論を進めるので, $X\in\mathfrak{g}(D)$ に対し, $X|U_0$ を単に X であらわすことにする (補題 6.9 により, $X\to X|U_0$ は 1 対 1 対応である).

補題 14.3 任意の $X\in\mathfrak{g}(D)$ に対し実数 a, b, c, a', b', c' と $A\in\mathfrak{a}$ が存在して,

$$X=(aw_1+bw_2+\sqrt{-1}c)\frac{\partial}{\partial w_1}+(a'w_1+b'w_2+\sqrt{-1}c')\frac{\partial}{\partial w_2}+A \tag{14.1}$$

と書ける. また, このようなあらわし方は一意的である.

証明 $X=f\cdot\partial/\partial w_1+g\cdot\partial/\partial w_2$ と書け $f, g\in\mathcal{O}_{U_0}$ である. $\mathfrak{a}\ni\partial/\partial w_1$, $\partial/\partial w_2$ (補題 14.2)であって, $\mathfrak{a}$ が $\mathfrak{g}(D)$ のイデアルであることより, $[\partial/\partial w_i, X]\in\mathfrak{a}$ $(i=1,2)$ である. 従って, $\partial f/\partial w_i$, $\partial g/\partial w_i$ $(i=1,2)$ は実定数である. 即ち $f=aw_1+bw_2+\alpha$, $g=a'w_1+b'w_2+\alpha'$; $a, a', b, b'\in\boldsymbol{R}$, $\alpha, \alpha'\in\boldsymbol{C}$ と書ける. $\alpha=d+\sqrt{-1}c$, $\alpha'=d'+\sqrt{-1}c'$ $(c, d, c', d'\in\boldsymbol{R})$ とあらわし, $A=d\cdot\partial/\partial w_1$

$+d_1'\cdot\partial/\partial w_2$ とおけば，(14.1) を得る．定理 13.1 を用いると，(14.1)のあらわし方は一意的であることがわかる． (証終)

定義 14.1 $X\in\mathfrak{g}$ に対し (14.1) によって，$a, b, a', b'\in \boldsymbol{R}$ がきまるから，U_0 上のベクトル場の集合 $\bar{\mathfrak{g}}=\{(aw_1+bw_2)\cdot\partial/\partial w_1+(a'w_1+b'w_2)\cdot\partial/\partial w_2\}$ が考えられる．このとき，$X\in\mathfrak{g}$ は，$X=X_1+X_2$，$X_1\in\bar{\mathfrak{g}}$，$X_2\in\mathfrak{a}+\sqrt{-1}\mathfrak{a}$ と一意的に書ける．

補題 14.4 X に対し X_1 を対応させる写像 $\psi:\mathfrak{g}\to\mathfrak{X}_0(U_0)$ はリー環の準同型である．特に $\bar{\mathfrak{g}}$ はリー環であって，かつ $\dim\bar{\mathfrak{g}}=\dim\mathfrak{g}(D)-2$ が成立つ．

証明 任意の $Y\in\mathfrak{g}(D)$ をとり，$Y=Y_1+Y_2$，$Y_1\in\bar{\mathfrak{g}}$，$Y_2\in\mathfrak{a}+\sqrt{-1}\mathfrak{a}$ と書くと，$[X, Y]=[X_1, Y_1]+[X_1, Y_2]+[X_2, Y_1]+[X_2, Y_2]$ であって，$[X_1, Y_1]\in\bar{\mathfrak{g}}, [X_1, Y_2], [X_2, Y_1], [X_2, Y_2]\in\mathfrak{a}+\sqrt{-1}\mathfrak{a}$ であることより，ψ はリー環の準同型であることがわかる．$\psi(\mathfrak{a})=0$ であるから，線型写像 $\bar{\psi}:\mathfrak{g}/\mathfrak{a}\to\bar{\mathfrak{g}}$ であって，$\bar{\psi}(\bar{X})=\psi(X)$ なるものが定義される．ただし $\bar{X}=X \bmod \mathfrak{a}$．$\bar{\psi}$ は全射であるから，$\bar{\psi}$ が単射であることを示せば，$\dim\bar{\mathfrak{g}}=\dim(\mathfrak{g}/\mathfrak{a})=\dim\mathfrak{g}-\dim\mathfrak{a}=\dim\mathfrak{g}-2$ が証明される．

$\bar{\psi}(X \bmod \mathfrak{a})=0$ とせよ．$\psi(X)=0$ であるから $X=A+\sqrt{-1}A', A, A'\in\mathfrak{a}$ と書ける．$X\in\mathfrak{g}$，$A\in\mathfrak{a}$ より $\sqrt{-1}A'\in\mathfrak{g}$．よって定理 13.1 により，$A'=0$，即ち $X=A\in\mathfrak{a}$，$\bar{X}=0$ である． (証終)

$\dim\mathfrak{g}(D)=5$ または 4 であったから，$\dim\bar{\mathfrak{g}}=3$ または 2 である．

(I) $\dim\bar{\mathfrak{g}}=3$ であって，$\bar{\mathfrak{g}}$ が単純リー環の場合．

$\bar{\mathfrak{g}}\subset\mathfrak{gl}(2, \boldsymbol{C})$ であるから，$\bar{\mathfrak{g}}=\mathfrak{sl}(2, \boldsymbol{C})$ としてよい(問題 6.1, 6.2 参照)．よって，$\bar{\mathfrak{g}}=\{w_1\cdot\partial/\partial w_1-w_2\cdot\partial/\partial w_2,\ w_1\cdot\partial/\partial w_2,\ w_2\cdot\partial/\partial w_1\}_R$ としてよい．$\mathfrak{g}$ の元 X，X'，X'' が存在して，$\psi(X)=w_1\cdot\partial/\partial w_1-w_2\cdot\partial/\partial w_2$，$\psi(X')=w_1\cdot\partial/\partial w_2$，$\psi(X'')=w_2\cdot\partial/\partial w_1$ となるが，ψ の定義により，$X=(w_1+\alpha)\cdot\partial/\partial w_1-(w_2+\alpha')\cdot\partial/\partial w_2$，$\alpha, \alpha'\ni\boldsymbol{C}$; $X'=\sqrt{-1}c\cdot\partial/\partial w_1+(w_1+\sqrt{-1}c')\cdot\partial/\partial w_2$; $c, c'\in\boldsymbol{R}$; $X''=(w_2+\sqrt{-1}d)\cdot\partial/\partial w_1+\sqrt{-1}d'\cdot\partial/\partial w_2$; $d, d'\in\boldsymbol{R}$ であるとしてよい．座標変換：$z=w_1+\alpha$，$w=w_2+\alpha'$ を行うと，$\partial/\partial z=\partial/\partial w_1$，$\partial/\partial w=\partial/\partial w_2$ であって，X, X', X'' は次のようにあらわせる：$X=z\cdot\partial/\partial z-w\cdot\partial/\partial w$，$X'\equiv\sqrt{-1}h\cdot\partial/\partial z$

$+(z+\sqrt{-1}h')\cdot\partial/\partial w$ (mod$\mathfrak{a}$), $X''\equiv(w+\sqrt{-1}k)\cdot\partial/\partial z+\sqrt{-1}k'\cdot\partial/\partial w$ (mod $\mathfrak{a}$), ただし $h, h', k, k'\in\boldsymbol{R}$. $[X, X']=Y$ とおくと, $Y\equiv-\sqrt{-1}h\cdot\partial/\partial z+(2z+\sqrt{-1}h')\cdot\partial/\partial w$(mod $\mathfrak{a}$) である. よって, $2X'-Y\equiv3\sqrt{-1}h\cdot\partial/\partial z+\sqrt{-1}h'\cdot\partial/\partial w$ (mod$\mathfrak{a}$). また, $[X, X'']\equiv-(2w+\sqrt{-1}k)\partial/\partial z+\sqrt{-1}k'\cdot\partial/\partial w$ (mod$\mathfrak{a}$). よって, $[X, X'']+2X''\equiv\sqrt{-1}k\cdot\partial/\partial z+3\sqrt{-1}k'\cdot\partial/\partial w$ (mod$\mathfrak{a}$). 定理 13.1 によって, $h=h'=k=k'=0$. 従って, $X''\equiv w\cdot\partial/\partial z$ (mod$\mathfrak{a}$). よって, $w\cdot\partial/\partial z$, $\partial/\partial z\in\mathfrak{g}(D)$となり, 定理 13.3 に反する. 従って, (I) の場合は起らない.

(II) $\bar{\mathfrak{g}}$ が単純でも可換でもない場合.

$\dim\bar{\mathfrak{g}}\leq3$ であるから, $\bar{\mathfrak{g}}$ が単純でなければ, $\bar{\mathfrak{g}}$ は可解である(§6.2 参照). よって定理 6.2 (i) により, $\bar{\mathfrak{g}}^{(1)}=\{w_1\cdot\partial/\partial w_2\}$. 従って, $\mathfrak{g}^{(1)}$ は $\partial/\partial w_1$, $\partial/\partial w_2$, $\sqrt{-1}c\cdot\partial/\partial w_1+(w_1+\sqrt{-1}c')\cdot\partial/\partial w_2$ $(c, c'\in\boldsymbol{R})$ なる形の3つの元で生成される. 故に $\mathfrak{g}^{(2)}=\{\partial/\partial w_2\}_{\boldsymbol{R}}$. よって, $\mathfrak{a}=\mathfrak{g}^{(2)}$ であるが, $\mathfrak{a}=\{\partial/\partial w_1, \partial/\partial w_2\}$ であるから矛盾である. 従って, (II) の場合も起らない.

(III) $\bar{\mathfrak{g}}$ が可換の場合.

定理 6.2 (ii) によれば, $\dim\bar{\mathfrak{g}}\leq2$ であるから, $\dim\bar{\mathfrak{g}}=2$ となる. 従って, $\bar{\mathfrak{g}}$ は次の $\bar{\mathfrak{g}}_i$ $(i=1,2,3)$ のいずれかとなる:

(i) $\bar{\mathfrak{g}}_1=\{w_1\cdot\partial/\partial w_1,\ w_2\cdot\partial/\partial w_2\}$,

(ii) $\bar{\mathfrak{g}}_2=\{w_1\cdot\partial/\partial w_1+w_2\cdot\partial/\partial w_2,\ w_1\cdot\partial/\partial w_2-w_2\cdot\partial/\partial w_1\}$,

(iii) $\bar{\mathfrak{g}}_3=\{w_1\cdot\partial/\partial w_1+w_2\cdot\partial/\partial w_2,\ w_1\cdot\partial/\partial w_2\}$.

まず (i) の場合.

$X, X'\in\mathfrak{g}(D)$ で, $\psi(X)=w_1\cdot\partial/\partial w_1$, $\psi(X')=w_2\cdot\partial/\partial w_2$ となるものがある. これらは, 次の形をしている: $X=(w_1+\sqrt{-1}c)\cdot\partial/\partial w_1+\sqrt{-1}d\cdot\partial/\partial w_2$; $c, d\in\boldsymbol{R}$; $X'=\sqrt{-1}c'\cdot\partial/\partial w_1+(w_2+\sqrt{-1}d')\cdot\partial/\partial w_2$; $c', d'\in\boldsymbol{R}$. いま座標変換: $z=w_1+\sqrt{-1}c$, $w=w_2+\sqrt{-1}d'$ を行うと, $X=z\cdot\partial/\partial z+\sqrt{-1}d\cdot\partial/\partial w$, $X'=\sqrt{-1}c'\partial/\partial z+w\cdot\partial/\partial w$ と書ける. よって, $X''=[X, X']=\sqrt{-1}d\cdot\partial/\partial w-\sqrt{-1}c'\cdot\partial/\partial z$. 従って, $Y=X-X'-X''=z\cdot\partial/\partial z-w\cdot\partial/\partial w\in\mathfrak{g}(D)$ である. $[X, Y]=-\sqrt{-1}d\cdot\partial/\partial w$ であるから, 定理 13.1 により, $d=0$. 故に $X=z\cdot\partial/\partial z$. 同様に $c'=0$ となって, $X'=w\cdot\partial/\partial w$. よって, $\mathfrak{g}(D)=\mathfrak{g}_1\oplus\mathfrak{g}_2$, $\mathfrak{g}_1=\{X, \partial/\partial z\}$,

$\mathfrak{g}_2=\{X', \partial/\partial w\}$ となり，定理 14.1（ii）の証明と同様にして，D は単位円板の直積と同型であることがわかる．

（ii）の場合．

$X, X'\in\mathfrak{g}(D)$ で，$\psi(X)=w_1\cdot\partial/\partial w_1+w_2\cdot\partial/\partial w_2$, $\psi(X')=w_1\cdot\partial/\partial w_2-w_2\cdot\partial/\partial w_1$ となるものがある．X, X' は次の形をしている：$X=(w_1+\sqrt{-1}c)\partial/\partial w_1+(w_2+\sqrt{-1}d)\cdot\partial/\partial w_2$, $X'=(w_1+\sqrt{-1}c')\cdot\partial/\partial w_2-(w_2+\sqrt{-1}d')\cdot\partial/\partial w_1$. 座標変換：$z=w_1+c$, $w=w_2+\sqrt{-1}d$ を行うと，$X=z\cdot\partial/\partial z+w\cdot\partial/\partial w$, $X'=(z+\sqrt{-1}k)\cdot\partial/\partial w-(w+\sqrt{-1}k')\cdot\partial/\partial z$, $k, k'\in\boldsymbol{R}$ と書ける．ところが，$[X, X']=\sqrt{-1}k'\cdot\partial/\partial z-\sqrt{-1}k\cdot\partial/\partial w$. よって，$X'+[X, X']=z\cdot\partial/\partial w-w\cdot\partial/\partial z\in\mathfrak{g}(D)$.

以上で，$\mathfrak{g}(D)$ は $z\cdot\partial/\partial z+w\cdot\partial/\partial w$, $z\cdot\partial/\partial w-w\cdot\partial/\partial z$, $\partial/\partial z$, $\partial/\partial w$ によって生成されることがわかった．さて，$\boldsymbol{C}^2$ の上で領域 $D_1=\{(z, w)\in\boldsymbol{C}^2 | \mathrm{Im}\, z\neq 0$ または $\mathrm{Im}\, w\neq 0\}=(\boldsymbol{C}-\boldsymbol{R})\times\boldsymbol{C}\cup\boldsymbol{C}\times(\boldsymbol{C}-\boldsymbol{R})$ を考え，D_1 上の 1 径数変換群 $\varphi_t(z, w)=(z+t, w)$, $\theta_t(z, w)=(z, w+t)$, $\omega_t(z, w)=(e^t z, e^t w)$, $\eta_t(z, w)=(\cos t\cdot z-\sin t\cdot w, \sin t\cdot z+\cos t\cdot w)$ $(t\in\boldsymbol{R})$ を考えると，$\varphi_t, \theta_t, \omega_t, \eta_t$ に対応するベクトル場はそれぞれ $\partial/\partial z$, $\partial/\partial w$, $z\cdot\partial/\partial z+w\cdot\partial/\partial w$, $z\cdot\partial/\partial w-w\cdot\partial/\partial z$ になっている．これら 1 径数群で生成される群 G_1 は D_1 の正の向きの相似変換群である．また $(0, i)\in D_1$ の G_1 による軌道 $G_1\cdot(0, i)$ が D_1 になることもたしかめられる．従って，$(D, G(0))$ と (D_1, G_1) とは局所同型である（注意 13.2）．定理 13.4 により，D_1 は超平面を含まないはずであるが，$D_1\supset\{i\}\times\boldsymbol{C}$ であるから矛盾である．従って，（ii）の場合は起らない．

(iii) の場合．

$X, X'\in\mathfrak{g}(D)$ で $\psi(X)=w_1\cdot\partial/\partial w_1+w_2\cdot\partial/\partial w_2$, $\psi(X')=w_1\cdot\partial/\partial w_2$ となるものがある．X, X' は，$X=(w_1+\sqrt{-1}c)\cdot\partial/\partial w_1+(w_2+\sqrt{-1}d)\cdot\partial/\partial w_2$; $c, d\in\boldsymbol{R}$; $X'=(w_1+\sqrt{-1}c')\cdot\partial/\partial w_2+\sqrt{-1}d'\cdot\partial/\partial w_1$; c', $d'\in\boldsymbol{R}$ の形をしている．座標変換：$z=w_1+\sqrt{-1}c$, $w=w_2+\sqrt{-1}d$ を行うと，$X=z\cdot\partial/\partial z+w\cdot\partial/\partial w$, $X'=(z+\sqrt{-1}h)\cdot\partial/\partial w+ih'\cdot\partial/\partial z, h, h'\in\boldsymbol{R}$ の形になる．よって，$[X, X']=z\cdot\partial/\partial w-(z+\sqrt{-1}h)\cdot\partial/\partial w-\sqrt{-1}h'\cdot\partial/\partial z$. 故に $X'+[X, X']=z\cdot\partial/\partial w\in\mathfrak{g}(D)$ を得る．一方 $\partial/\partial w\in\mathfrak{a}\subset\mathfrak{g}$ であったから定理 13.3 に反する．よって，(iii) の

場合は起らない．以上をまとめて，

定理 14.2　$\dim\mathfrak{a}(D)=2$ となる2次元等質有界領域 D は単位円板の直積と同型である．特に，D は対称領域である．

14.4　$\dim\mathfrak{a}(D)=1$ の場合

補題14.2により，$\mathfrak{a}=\{\partial/\partial w_1\}_R$ としてよい．任意の $X\in\mathfrak{g}(D)$ は $X=g(w_1, w_2)\cdot\partial/\partial w_1+\varphi(w_1, w_2)\cdot\partial/\partial w_2$ と書けるが，$\mathfrak{a}$ が $\mathfrak{g}(D)$ のイデアルであることより，$[\partial/\partial w_1, X]=\partial g/\partial w_1\cdot\partial/\partial w_1+\partial\varphi/\partial w_1\cdot\partial/\partial w_2\in\mathfrak{g}$，即ち $\partial g/\partial w_1=a\in\boldsymbol{R}$，かつ $\partial\varphi/\partial w_1=0$ である．よって，$g(w_1, w_2)=aw_1+f(w_2), \varphi(w_1, w_2)=\varphi(w_2)$ なる型になる．

補題 14.5　$X=(aw_1+f(w_2))\cdot\partial/\partial w_1+\varphi(w_2)\cdot\partial/\partial w_2$, $a\neq 0$ の型の元 $X\in\mathfrak{g}(D)$ が存在する．

証明　すべての $X\in\mathfrak{g}(D)$ は $X=f(w_2)\cdot\partial/\partial w_1+\varphi(w_2)\cdot\partial/\partial w_2$ の型であるとせよ．U_0 の1点 $p_0=(w_1^0, w_2^0)$ を固定し，$\mathfrak{g}_1=\{X\in\mathfrak{g}|\varphi(w_2^0)=0\}$ とおくと，$\mathfrak{g}_1$ は $\mathfrak{g}$ の部分リー環である．そこで，写像 $\psi:\mathfrak{g}_1\to\boldsymbol{C}\cdot\partial/\partial w_1$ を，$X=f\cdot\partial/\partial w_1+\varphi\cdot\partial/\partial w_2$ に対し $\psi(X)=f(w_2^0)\cdot\partial/\partial w_1$ によって定義すると，ψ は準同型であることがわかる．$(\mathfrak{g}(D))(p_0)=T_{p_0}(U_0)$ であるから $\dim\psi(\mathfrak{g}_1)=2$ である．即ち $\psi(\mathfrak{g}_1)=\boldsymbol{C}\cdot\partial/\partial w_1$．よって，$\psi(X)=\partial/\partial w_1$，$\psi(Y)=\sqrt{-1}\cdot\partial/\partial w_1$ をみたす $X, Y\in\mathfrak{g}_1$ が存在する．いま任意に $(w_1, w_2^0)\in U_0$ をとると，$Y(w_1, w_2^0)=\sqrt{-1}\cdot\partial/\partial w_1=\sqrt{-1}X(w_1, w_2^0)$ となり定理13.2に矛盾する．　（証終）

補題 14.6　$(w_1+f(w_2))\cdot\partial/\partial w_1$ なる形の元は $\mathfrak{g}(D)$ には入らない．

証明　$\mathfrak{g}=\mathfrak{g}(D)\ni(w_1+f(w_2))\cdot\partial/\partial w_1$ として矛盾を出す．座標変換：$z=w_1+f(w_2)$，$w=w_2$ を行うと，$z\cdot\partial/\partial z\in\mathfrak{g}(D)$ であって，$\mathfrak{a}=\{\partial/\partial z\}_R$ である．任意の $X\in\mathfrak{g}(D)$ は $X\equiv f(z)\cdot\partial/\partial z+\varphi(w)\cdot\partial/\partial w \pmod{z\cdot\partial/\partial z}$ である．何故なら，$\mathfrak{a}$ は $\mathfrak{g}(D)$ のイデアルであるから，$[\partial/\partial z, X]=a\cdot\partial/\partial z$ となる $a\in\boldsymbol{R}$ がある．よって，$X=f_1\cdot\partial/\partial z+\varphi_1\cdot\partial/\partial w$ の係数 f_1, φ_1 は $\partial f_1/\partial z=a$，$\partial\varphi_1/\partial z=0$ をみたすから，$f_1=az+f(w), \varphi_1(z, w)=\varphi(w)$ としてよい．つぎに，この $f(w), \varphi(w)$ に対し，$[z\cdot\partial/\partial z, f(w)\cdot\partial/\partial z+\varphi(w)\cdot\partial/\partial w]\in\mathfrak{g}(D)$ であるから，$f(w)\cdot\partial/\partial z$

$\in\mathfrak{g}(D)$ が得られる．よって，系 13.1 により，$f(w)$ は定数である．よって，$X\equiv\varphi(w)\cdot\partial/\partial w\ (\mathrm{mod}\,\partial/\partial z, z\cdot\partial/\partial z)$．即ち，任意の $X\in\mathfrak{g}(D)$ は $X=a\cdot\partial/\partial z+bz\cdot\partial/\partial z+\varphi(w)\cdot\partial/\partial w$ と書け，$a\cdot\partial/\partial z+bz\cdot\partial/\partial z\in\mathfrak{g}$，$\varphi(w)\cdot\partial/\partial w\in\mathfrak{g}$ である．よって $\mathfrak{g}_1=\{\partial/\partial z, z\cdot\partial/\partial z\}_R$，$\mathfrak{g}_2=\{\varphi(w)\cdot\partial/\partial w\in\mathfrak{g}\}$ とおくと，$\mathfrak{g}(D)=\mathfrak{g}_1\oplus\mathfrak{g}_2$ となり補題 14.1 の直前の $\mathfrak{g}(D)$ に対する仮定に反する． （証終）

定義 14.2 補題 14.5 により，$\mathfrak{g}(D)$ は $Y=(z+f(w))\cdot\partial/\partial z+\varphi(w)\cdot\partial/\partial w$ なる形の元を含む．一方 $X=\partial/\partial z\in\mathfrak{a}(D)$ であるから，$\mathfrak{g}(D)$ の基として，X, Y, $Z_i=f_i(w)\cdot\partial/\partial z+\varphi_i(w)\cdot\partial/\partial w$ なる形の元をとれる．ただし，$\dim\mathfrak{g}(D)=4, 5$ に従って $i=1,2$ または $i=1,2,3$ である．この基に対し，$\varphi(w)\cdot\partial/\partial w$，$\varphi_i(w)\cdot\partial/\partial w$ で張られる実ベクトル空間を $\mathfrak{h}$ であらわす．

定義 14.3 w 平面上の正則関数 f に対し $f'=df/dw$ と書く．

補題 14.7 $\mathfrak{h}$ はリー環をなす．

証明 $[\varphi\cdot\partial/\partial w, \varphi_i\cdot\partial/\partial w]=(\varphi\varphi_i'-\varphi'\cdot\varphi_i)\cdot\partial/\partial w$，かつ

$$[Y, Z_i]=(-f_i-\varphi_i\cdot f'+\varphi\cdot f_i')\frac{\partial}{\partial z}+(\varphi\cdot\varphi_i'-\varphi'\varphi_i)\frac{\partial}{\partial w} \tag{14.2}$$

であるから，$[\varphi\cdot\partial/\partial w, \varphi_i\cdot\partial/\partial w]\in\mathfrak{h}$ である．また，

$$[Z_i, Z_j]=(f_if_j'-f_i'f_j-\varphi_jf_i'+\varphi_if_j')\frac{\partial}{\partial z}+(\varphi_i\varphi_j'-\varphi_i'\varphi_j)\frac{\partial}{\partial w} \tag{14.3}$$

であるから，$[\varphi_i\cdot\partial/\partial w, \varphi_j\cdot\partial/\partial w]-(\varphi_i\varphi_j'-\varphi_i'\varphi_j)\cdot\partial/\partial w\in\mathfrak{h}$. （証終）

補題 14.8 $\varphi_i\cdot\partial/\partial w$ で張られるベクトル空間を $\mathfrak{a}_0$ と書くと，$\mathfrak{a}_0$ は $\mathfrak{h}$ のイデアルであって，$\{0\}\neq\mathfrak{a}_0\neq\mathfrak{h}$.

証明 (14.2) と (14.3) によって $\mathfrak{a}_0$ が $\mathfrak{h}$ のイデアルであることがわかる．また補題 14.6 により，$\varphi(w)\neq0$ であるから $\mathfrak{a}_0\neq\{0\}$．また，$\mathfrak{a}_0=\mathfrak{h}$ なら $\varphi(w)=\sum a_i\varphi_i$ となる $a_i\in\boldsymbol{R}$ が存在するので，$Y-\sum a_iZ_i=(z+f-\sum a_if_i)\partial/\partial z\in\mathfrak{g}(D)$ となり，やはり補題 14.6 に反する． （証終）

補題 14.9 $\mathfrak{h}$ は可解リー環であって，$\dim\mathfrak{g}(D)=4, 5$ に従って，$\dim\mathfrak{h}=3$ または 4 である．

証明 補題 14.8 により，$\mathfrak{h}$ は単純ではない．従って，定理 6.4 (i) によ

り $\mathfrak{h}$ は可解である．次に φ, φ_i が一次独立であることを示そう．$a\cdot\varphi+\sum b_i\varphi_i=0$ $(a, a_i\in\boldsymbol{R})$ とせよ．$aY+\sum b_iZ_i=\{az+a\cdot f(w)+\sum b_if_i(w)\}\cdot\partial/\partial z\in\mathfrak{g}(D)$ であるから，補題 14.6 により，$a=0$ である．よって，$\sum b_if_i(w)\cdot\partial/\partial w\in\mathfrak{g}(D)$．従って系 13.1 により，$\sum b_if_i$ は実定数である．一方 $a=0$ より $\sum b_i\varphi_i=0$，故に $\sum b_iZ_i=\sum b_if_i\cdot\partial/\partial z\in\boldsymbol{R}X$．$X$，$Z_i$ は一次独立であるから，$b_i=0$．これで，φ, φ_i の一次独立性が証明された． (証終)

補題 6.13, 6.14 によれば，$\mathfrak{h}$ は次の $\mathfrak{h}_1, \mathfrak{h}_2$ のいずれかに同型である：(1) $\mathfrak{h}_1=\{\partial/\partial w, \sqrt{-1}\cdot\partial/\partial w, (m+\sqrt{-1}n)w\cdot\partial/\partial w\}$，(2) $\mathfrak{h}_2=\{\partial/\partial w, \sqrt{-1}\partial/\partial w, w\cdot\partial/\partial w, \sqrt{-1}w\cdot\partial/\partial w\}$．

補題 14.10 (i) $\mathfrak{h}_1$ が 2 次元のイデアル $\mathfrak{a}_1$ を含めば，$\mathfrak{a}_1=\{\partial/\partial w, \sqrt{-1}\partial/\partial w\}$ である．(ii) $\mathfrak{h}_2$ が 3 次元のイデアル $\mathfrak{a}_2$ を含めば，$\mathfrak{a}_2\supset\{\partial/\partial w, \sqrt{-1}\partial/\partial w\}$ である．

証明 (i) $\alpha=m+\sqrt{-1}n$ とおく．任意の $X\in\mathfrak{a}_1$ は $X=a\cdot\partial/\partial w+\sqrt{-1}b\partial/\partial w+c\alpha w\cdot\partial/\partial w$ $(a, b, c\in\boldsymbol{R})$ と書ける．

$[\partial/\partial w, X]\in\mathfrak{a}_1$ であるから，

$$c\alpha\frac{\partial}{\partial w}\in\mathfrak{a}_1 \tag{14.4}$$

である．また，

$$\left[\alpha w\frac{\partial}{\partial w}, X\right]=-\alpha(a+\sqrt{-1}b)\frac{\partial}{\partial w}\in\mathfrak{a}_1. \tag{14.5}$$

次に，$c\neq0$ なる $X\in\mathfrak{a}_1$ があったとして矛盾を出す．$\dim\mathfrak{a}_1=2$ であるから，$0\neq X_1\in\mathfrak{a}_1$ が存在して，$X_1=a_1\cdot\partial/\partial w+\sqrt{-1}b_1\cdot\partial/\partial w$ と書ける．(14.4) より $\alpha\cdot\partial/\partial w\in\mathfrak{a}_1$．(14.5) において X の代りに $\alpha\cdot\partial/\partial w$ を代入すると $\alpha^2\cdot\partial/\partial w\in\mathfrak{a}_1$．$\{X, X_1\}$ は $\mathfrak{a}_1$ の基であるから．$\alpha\cdot\partial/\partial w$ も $\alpha^2\cdot\partial/\partial w$ も X_1 の実数倍である．よって $\alpha\in\boldsymbol{R}$ 即ち $n=0$ である．従って，$m\cdot\partial/\partial w\in\mathfrak{a}_1$ 即ち $\partial/\partial w\in\mathfrak{a}_1$．一方，$\mathfrak{a}_1\ni[\sqrt{-1}\cdot\partial/\partial w, X]=c\sqrt{-1}m\cdot\partial/\partial w$ だから $\sqrt{-1}\cdot\partial/\partial w\in\mathfrak{a}_1$．$\partial/\partial w$，$\sqrt{-1}\cdot\partial/\partial w\in\mathfrak{a}_1$ であるから $c\alpha w\cdot\partial/\partial w\in\mathfrak{a}_1$．即ち $w\cdot\partial/\partial w\in\mathfrak{a}_1$．よって $\mathfrak{a}_1=\mathfrak{h}$ となり矛盾である．従って $X\in\mathfrak{a}_1$ はつねに $X=a\cdot\partial/\partial w+\sqrt{-1}b\cdot\partial/\partial w$ と書ける．$\dim\mathfrak{a}_1=2$ だから $\mathfrak{a}_1=\{\partial/\partial w, \sqrt{-1}\cdot\partial/\partial w\}_{R}$．

（ii）　$\mathfrak{b}=\{\partial/\partial w, \sqrt{-1}\partial/\partial w\}_R$ とおく．$\dim \mathfrak{a}_2=3$，$\dim \mathfrak{h}_2=4$ であるから，0 でない $X_0 \in \mathfrak{a}_2 \frown \mathfrak{b}$ がある．$X_0=a\cdot\partial/\partial w+\sqrt{-1}b\cdot\partial/\partial w$ $(a, b\in \boldsymbol{R})$ と書く．$[\sqrt{-1}w\cdot\partial/\partial w, X_0]\in\mathfrak{a}_2$ だから，$-a\sqrt{-1}\cdot\partial/\partial w-\sqrt{-1}b\sqrt{-1}\cdot\partial/\partial w\in\mathfrak{a}_2$．よって $X_1=b\cdot\partial/\partial w-\sqrt{-1}a\cdot\partial/\partial w$ とおくと $X_1\in\mathfrak{a}_2\frown\mathfrak{b}$．$X_0$，$X_1$ は一次独立であるから，$\dim(\mathfrak{a}_2\frown\mathfrak{b})=2$，従って $\mathfrak{a}_2\frown\mathfrak{b}=\mathfrak{b}$．よって $\mathfrak{a}_2\supset\mathfrak{b}$ である．（証終）

系 14.1　（i）　$\mathfrak{g}(D)$ は次の形の4つの元を含む．

$$\frac{\partial}{\partial z},\quad (z+f(w))\frac{\partial}{\partial z}+(m+\sqrt{-1}n)w\frac{\partial}{\partial w},$$

$$f_1(w)\frac{\partial}{\partial z}+\frac{\partial}{\partial w},\quad f_2(w)\frac{\partial}{\partial z}+\sqrt{-1}\frac{\partial}{\partial w}.$$

（ii）　$\dim\mathfrak{g}(D)=5$ なら，更に $f_3(w)\cdot\partial/\partial z+\beta w\cdot\partial/\partial w$ を含む．

証明　$\mathfrak{h}$ は w の座標変換によって，$\mathfrak{h}_1$ または $\mathfrak{h}_2$ となる．しかるに $\mathfrak{h}$ はイデアル $\mathfrak{a}_0$ を含むから，$\mathfrak{h}_1$（または $\mathfrak{h}_2$）はイデアル $\mathfrak{a}_1$（または $\mathfrak{a}_2$）を含み，補題 14.10 により，$\mathfrak{a}_1$（または $\mathfrak{a}_2$）は $\partial/\partial w, \sqrt{-1}\partial/\partial w$ を含む．w 座標のみ座標変換を行うので，$\partial/\partial z$ は変らないことに注意すれば，$\mathfrak{g}(D)$ が求める形の4元（または5元）を含むことが容易にたしかめられる．（証終）

補題 14.11　$\mathfrak{g}(D)$ は可解リー環である．

証明　（i）　$\dim\mathfrak{g}(D)=4$ の場合 $\mathfrak{g}=\mathfrak{g}(D)$ の基として，$X=\partial/\partial z$，$Y=(z+f(w))\cdot\partial/\partial z+(m+\sqrt{-1}n)w\cdot\partial/\partial w$，$Z_1=f_1(w)\cdot\partial/\partial z+\partial/\partial w$，$Z_2=f_2(w)\cdot\partial/\partial z+\sqrt{-1}\cdot\partial/\partial w$ がとれる．これらの元の括弧積は：

$$(14.6)\begin{cases}[X, Y]=X,\ [X, Z_i]=0\ (i=1,2),\ [Z_1, Z_2]=(f_2'-\sqrt{-1}f_1')X,\\[Y, Z_1]=(-f_1-f'+\alpha wf_1')\dfrac{\partial}{\partial z}-\alpha\dfrac{\partial}{\partial w},\\[Y, Z_2]=(-f_2-\sqrt{-1}f'+\alpha wf_2')\dfrac{\partial}{\partial z}-\alpha\sqrt{-1}\dfrac{\partial}{\partial w},\ (\alpha=\mathrm{m}+\sqrt{-1}n).\end{cases}$$

よって，$\mathfrak{g}^{(1)}=\{X, Z_1, Z_2\}_R$，$\mathfrak{g}^{(2)}=\boldsymbol{R}\cdot[Z_1, Z_2]\subset\boldsymbol{R}\cdot X, \mathfrak{g}^{(3)}=\{0\}$．$\mathfrak{g}^{(2)}=\boldsymbol{R}\cdot X$ なるための必要十分条件は $f_2-\sqrt{-1}f_1'\neq 0$．

（ii）　$\dim\mathfrak{g}(D)=5$ の場合．$\mathfrak{g}$ の基として，上の X, Y, Z_1, Z_2 と $Z_3=f_3(w)\partial/\partial z+\beta w\cdot\partial/\partial w$ とがとれる．この時も計算によって，$[Z_2, Z_3]$，$[Y, Z_2]$，$[Y, Z_3]$

$\in \{Z_1, Z_2\}_R$ がわかり，（ i ）と同じ結論が得られる．（証終）

補題 14.12　$(\mathfrak{g}(D))^{(1)}$ は $\partial/\partial z, f_1(w)\cdot\partial/\partial z+\partial/\partial w, f_2(w)\cdot\partial/\partial z+\sqrt{-1}\cdot\partial/\partial w$ なる形の元を含む．

証明　(14.6) により，$\partial/\partial z \in (\mathfrak{g}(D))^{(1)}$ は明か．また (14.6) により，$[Y, Z_1], [Y, Z_2]$ の $\partial/\partial w$ 成分の係数は $-\alpha, -\alpha\sqrt{-1}$ である．ところが，α と $\alpha\sqrt{-1}$ とは $\boldsymbol{R}$ 上一次独立であるから，$[Y, Z_1], [Y, Z_2]$ の適当な実係数一次結合は求める型の元となる．（証終）

系 14.2　補題 14.11 の f_1, f_2 に対し，$f_2'-\sqrt{-1}f_1'$ は 0 でない実定数である．

証明　$[Z_1, Z_2]=(f_2'-\sqrt{-1}f_1')\cdot\partial/\partial z\in\mathfrak{g}(D)$ であるから，$f_2'-\sqrt{-1}f_1'$ は実定数である．もしそれが 0 ならば，$(\mathfrak{g}(D))^{(2)}=\{0\}$ となるから $\mathfrak{a}(D)=(\mathfrak{g}(D))^{(1)}$ となり，$\dim\mathfrak{a}(D)=1$ なる仮定に反する．（証終）

系 14.3　$\mathfrak{a}(D)=\boldsymbol{R}\cdot\partial/\partial z$ である．

証明　系 14.2 により $(\mathfrak{g}(D))^{(2)}=\boldsymbol{R}\cdot\partial/\partial z$ が成立つ．よって $\mathfrak{a}(D)=(\mathfrak{g}(D))^{(2)}$ である．（証終）

系 14.2 により $f_2'-\sqrt{-1}f_1'$ は実定数で 0 でないから，$f_2'-\sqrt{-1}f_1'=2$ としてよい．よって $f_2(w)-\sqrt{-1}f_1(w)=2w+c$, $c\in\boldsymbol{C}$ と書ける．$c=a+\sqrt{-1}b$, $a, b\in\boldsymbol{R}$ なら，$(f_1(w)+b)\cdot\partial/\partial z+\partial/\partial w$, $(f_2(w)+a)\cdot\partial/\partial z+\sqrt{-1}\partial/\partial w$ を考えることにより，$c=0$ としてよい．

補題 14.13　適当な座標変換 $(z, w)\to(\tilde{z}, \tilde{w})$ を行うと，$\mathfrak{g}=\mathfrak{g}(D)$ は $\partial/\partial\tilde{z}$, $[\tilde{z}+f(\tilde{w})]\cdot\partial/\partial\tilde{z}+(m+\sqrt{-1}n)\tilde{w}\cdot\partial/\partial\tilde{w}$, $\sqrt{-1}\tilde{w}\cdot\partial/\partial\tilde{z}+\partial/\partial\tilde{w}$, $\tilde{w}\cdot\partial/\partial\tilde{z}+\sqrt{-1}\partial/\partial\tilde{w}$ の形の元を含む．

証明　w の正則関数 $F(w)$ で $2\sqrt{-1}F'(w)=-(f_2(w)+\sqrt{-1}f_1(w))$ なるものを１つとる．座標変換：$\tilde{z}=z+F(w)$, $\tilde{w}=w$ を行うと，$\partial/\partial z=\partial/\partial\tilde{z}$, $\partial/\partial w=F'(w)\cdot\partial/\partial\tilde{z}+\partial/\partial\tilde{w}$ となるから，

$$f_1(w)\frac{\partial}{\partial z}+\frac{\partial}{\partial w}=(f_1(\tilde{w})+F'(\tilde{w}))\frac{\partial}{\partial\tilde{z}}+\frac{\partial}{\partial\tilde{w}},$$

$$f_2(w)\frac{\partial}{\partial z}+\sqrt{-1}\frac{\partial}{\partial w}=(f_2(\tilde{w})+\sqrt{-1}F'(\tilde{w}))\frac{\partial}{\partial\tilde{z}}+\sqrt{-1}\frac{\partial}{\partial\tilde{w}}.$$

いま $f_1(w)+F'(w)=\tilde{f}_1(w)$, $f_2(w)+\sqrt{-1}F'(w)=\tilde{f}_2(w)$ とおくと,

$$\tilde{f}_2(w)-\sqrt{-1}\tilde{f}_1(w)=f_2(w)-\sqrt{-1}f_1(w)=2w,$$

$$\tilde{f}_2(w)+\sqrt{-1}\tilde{f}_1(w)=f_2(w)+\sqrt{-1}f_1(w)+2\sqrt{-1}F'(w)=0.$$

従って, $\tilde{f}_2(w)=w$, $\tilde{f}_2(w)=\sqrt{-1}w$ となり $\mathfrak{g}(D)$ は $\sqrt{-1}\tilde{w}\cdot\partial/\partial\tilde{z}+\partial/\partial\tilde{w}$, $\tilde{w}\cdot\partial/\partial\tilde{z}+\sqrt{-1}\partial/\partial\tilde{w}$ なる元を含むことがわかった. 一方, $(z+f(w))\cdot\partial/\partial z+(m+\sqrt{-1}n)w\cdot\partial/\partial w$ は上の座標変換を行っても同じ形をしている. (証終)

以下, 上の $\tilde{z},\tilde{w}$ を改めて z,w と書くことにすると, $\dim\mathfrak{g}(D)=4$ の場合, $\mathfrak{g}(D)$ は次の4つの元で張られる.

$$(14.7)\quad \begin{cases} X=\dfrac{\partial}{\partial z}, \qquad Y=(z+f(w))\dfrac{\partial}{\partial z}+(m+\sqrt{-1}n)w\dfrac{\partial}{\partial w}, \\ Z_1=\sqrt{-1}w\dfrac{\partial}{\partial z}+\dfrac{\partial}{\partial w}, \qquad Z_2=w\dfrac{\partial}{\partial z}+\sqrt{-1}\dfrac{\partial}{\partial w}. \end{cases}$$

注意 14.1 $\dim\mathfrak{g}(D)=5$ なら, 上の4元と $Z_3=f_3(w)\cdot\partial/\partial z+\beta\cdot w\cdot\partial/\partial w$ とによって $\mathfrak{g}(D)$ は張られる. 何故なら, 上の座標変換 $(z,w)\to(\tilde{z},\tilde{w})$ によって Z_3 の型の元は同じ型の元になるからである(補題 14.11 の (ii) 参照).

補題 14.14 (14.7) の記号を用いて, A,B を

$$A=(\sqrt{-1}(m+1+\sqrt{-1}n)w-f'(w))\frac{\partial}{\partial z}-(m+\sqrt{-1}n)\frac{\partial}{\partial w},$$

$$B=((m-1+\sqrt{-1}n)w-\sqrt{-1}f'(w))\frac{\partial}{\partial z}+(n-\sqrt{-1}m)\frac{\partial}{\partial w}$$

によって定義すると, $A,B\in\mathfrak{g}(D)$ である.

証明 $[Y,Z_1]=A$, $[Y,Z_2]=B$ となるからである. (証終)

補題 14.15 $(\sqrt{-1}(2m-1)w-f'(w))\cdot\partial/\partial z$, $((2m-1)w-\sqrt{-1}f'(w))\cdot\partial/\partial z$ は共に $\mathfrak{g}(D)$ の元である.

証明 $A+mZ_1+nZ_2=(\sqrt{-1}(2m-1)w-f'(w))\cdot\partial/\partial z$, $B-nZ_1+mZ_2=((2m-1)w-\sqrt{-1}f'(w))\cdot\partial/\partial z$ となるからである. (証終)

補題 14.16 $m=1/2$, $f'(w)=0$ が成立する.

証明 系 13.1 と補題 14.15 により, $\sqrt{-1}(2m-1)w-f'(w)=a$ と $(2m-1)w-\sqrt{-1}f'(w)=b$ は共に実定数である. よって $b-\sqrt{-1}a=2(2m-1)w$.

従って $2m-1=0=b-\sqrt{-1}a$，即ち $a=b=0$，$m=1/2$ となる．よって $f'(w)=0$ も成立する．（証終）

補題 14.17　$\dim\mathfrak{g}(D)=4$ ならば，$\mathfrak{g}(D)$ は次の形の 4 つの元によって張られる．

$$(14.8)\qquad \begin{cases} X_1=\dfrac{\partial}{\partial z}, & X_2=2z\dfrac{\partial}{\partial z}+(1+\sqrt{-1}n)w\dfrac{\partial}{\partial w}, \\ X_3=\sqrt{-1}w\dfrac{\partial}{\partial z}+\dfrac{\partial}{\partial w}, & X_4=w\dfrac{\partial}{\partial z}+\sqrt{-1}\dfrac{\partial}{\partial w}. \end{cases}$$

証明　補題 14.16 により，$f(w)=c$ は定数であるから，座標変換：$(z,w)\to(z+c,w)$ を行えば，$m=1/2$ に注意すると，(14.7) の元は (14.8) の型になることがわかる．（証終）

注意 14.1 により，$\dim\mathfrak{g}(D)=5$ の場合は，$\mathfrak{g}(D)$ は (14.8) の 4 元と $X_5=f_3(w)\cdot\partial/\partial z+\beta w\cdot\partial/\partial w$ とによって張られる．この $f_3(w)$ と β について次の補題が成立する．

補題 14.18　$f_3(w)$ は実定数であり，β は純虚数である．

証明　$A=[X_3,X_5]$，$B=[X_4,X_5]$ とおくと，$A=\beta\cdot\partial/\partial w+f_3'\cdot\partial/\partial z-\beta w\sqrt{-1}\cdot\partial/\partial z$，$B=\sqrt{-1}\beta\cdot\partial/\partial w-\beta w\cdot\partial/\partial z+\sqrt{-1}f_3'\cdot\partial/\partial z$ が成立するから，$\beta=a+\sqrt{-1}b$，$a,b\in\boldsymbol{R}$ と書くと，実数 c,d,e,c',d',e' が存在して，次のようにあらわせる．

$$(14.9)\qquad A=aX_3+bX_4+cX_1+dX_2+eX_5,$$

$$(14.10)\qquad B=-bX_3+aX_4+c'X_1+d'X_2+e'X_5.$$

(14.9) の両辺の $\partial/\partial z$ の係数を比較すると，$f_3'-\beta w\sqrt{-1}=a\sqrt{-1}w+bw+c+2zd+e\cdot f_3$ を得る．即ち，

$$(14.11)\qquad f_3'-2aw\sqrt{-1}+ef_3=c+2dz$$

が成立つ．(14.11) の左辺は w のみの，右辺は z のみの関数であるから，両辺共に定数，従って $d=0$ を得，(14.9) に代入して，両辺の $w\cdot\partial/\partial w$ の係数を比較すると，$e=0$ を得る．よって，(14.11) により，

$$(14.12)\qquad f_3'=2a\sqrt{-1}w+c.$$

次に (14.10) の両辺の $\partial/\partial z$ の係数を比較して，$-\beta w+\sqrt{-1}f_3{}'=-b\sqrt{-1}w+aw+c'+2d'z+e'f_3$，従って，$\sqrt{-1}f_3{}'-2aw-e'f_3=c'+2d'z$．よって上と同じ論法により，$d'=e'=0$ を得，次の式が成立つ．

(14.13)
$$\sqrt{-1}f_3{}'=2aw+c'.$$

(14.12) と (14.13) より，$2a\sqrt{-1}w+c'=-2a\sqrt{-1}w+\sqrt{-1}c'$ となり，$a=c=c'=0$ が導かれる．従って，$\mathrm{Re}\,\beta=a=0$，$f_3{}'=0$，即ち，$f_3=r$ は定数である．ところが，$[X_5, X_2]=[r\cdot\partial/\partial z+\sqrt{-1}w\cdot\partial/\partial w,\ 2z\cdot\partial/\partial z+(1+\sqrt{-1}n)w\,\partial/\partial w]=2r\cdot\partial/\partial z\in\mathfrak{g}$ であるから，$r\in\boldsymbol{R}$ である．（証終）

補題 14.18 により，X_5 は $\sqrt{-1}w\cdot\partial/\partial w$ としてよいから，補題 14.17 によって，次の命題が証明された．

命題 14.1　$\dim\mathfrak{a}(D)=1$ の場合，$\mathfrak{g}(D)$ は次の $\mathfrak{g}_1$ または $\mathfrak{g}_2$ のいずれかである．

$$\mathfrak{g}_1=\left\{\frac{\partial}{\partial z}, 2z\frac{\partial}{\partial z}+(1+\sqrt{-1}n)w\frac{\partial}{\partial w}, \sqrt{-1}w\frac{\partial}{\partial z}+\frac{\partial}{\partial w}, w\frac{\partial}{\partial z}+\sqrt{-1}\frac{\partial}{\partial w}\right\},$$

$$\mathfrak{g}_2=\left\{\frac{\partial}{\partial z}, 2z\frac{\partial}{\partial z}+w\frac{\partial}{\partial w}, \sqrt{-1}w\frac{\partial}{\partial w}, \sqrt{-1}w\frac{\partial}{\partial z}+\frac{\partial}{\partial w}, w\frac{\partial}{\partial z}+\sqrt{-1}\frac{\partial}{\partial w}\right\}.$$

14.5　2 次元等質有界領域の分類

定義 14.4　$\boldsymbol{C}^2$ の領域 D_1 を次式で定義する．

$$D_1=\left\{(z, w)\in\boldsymbol{C}^2\,|\,\mathrm{Im}\,z-\frac{1}{2}|w|^2>0\right\}.$$

補題 14.19　D_1 に対し，そのリー環が $\mathfrak{g}_1$（命題 14.1）となるような，D_1 のリー変換群 G_1 が存在して，G_1 は D_1 に推移的に作用する．

証明　$\boldsymbol{C}^2$ の 1 径数変換群 $\omega_t, \psi_t, \varphi_t, \theta_t$ が

$$\omega_t(z, w)=(z+t, w),\quad \psi_t(z, w)=(e^{2t}z, e^{(1+\sqrt{-1}n)t}w),$$

$$\varphi_t(z, w)=\left((z+\sqrt{-1}tw+\frac{1}{2}\sqrt{-1}t^2, w+t\right),$$

$$\theta_t(z, w)=\left(z+tw+\frac{1}{2}\sqrt{-1}t^2, w+\sqrt{-1}t\right)$$

によって定義できる．また，$\omega_t, \psi_t, \varphi_t, \theta_t$ から導かれた正則ベクトル場はそれぞれ X_1, X_2, X_3, X_4 であることも容易にたしかめられる．これら4つの1径数群で生成される変換群を G_1 とすると，G_1 の点 $p_0=(\sqrt{-1}, 0)\in \boldsymbol{C}^2$ を通る軌道 $G_1\cdot p_0$ は次式で与えられる．

$$G_1\cdot p_0=\left\{\left(e^{2u}\sqrt{-1}+\frac{1}{2}\sqrt{-1}(s^2+t^2)+a,\ s+\sqrt{-1}t\right)\middle| a, s, t, u\in \boldsymbol{R}\right\}.$$

$z=x_1+\sqrt{-1}x_2$, $w=y_1+\sqrt{-1}y_2$, $x_1, x_2, y_1, y_2\in \boldsymbol{R}$ と書くと，$G\cdot p_0=\{(z, w)|x_2-1/2\cdot(y_1{}^2+y_2{}^2)>0\}=D_1$ が得られる．　(証終)

補題 14.20　D_1 は複素2次元の単位球 D_0 と同型であって，特に単連結である：$D_1\simeq D_0=\{(z, w)||z|^2+|w|^2<1\}$.

証明　$\boldsymbol{C}^2$ は $P^2(\boldsymbol{C})$ の中へ $\boldsymbol{C}^2\ni(z, w)\xrightarrow{\rho}(z;w;1)\in P^2(\boldsymbol{C})$ によって埋蔵される(例 11.2 参照)．$P^2(\boldsymbol{C})$ において，$(z_1/z_3;z_2/z_3;1)=(z_1;z_2;z_3)$ $(z_3\neq 0)$ であるから，$\rho(D_1)=\{(z_1;z_2;z_3)|\mathrm{Im}(z_1/z_3)-1/2|z_2/z_3|^2>0\}$ となる．ところで，$\mathrm{Im}(z_1/z_3)-1/2|z_2/z_3|^2=(1/2\sqrt{-1})(z_1/z_3-\bar{z}_1/\bar{z}_3)-1/2\cdot z_2/z_3\cdot\bar{z}_2/\bar{z}_3=(1/2z_3\bar{z}_3)(\sqrt{-1}(z_3\bar{z}_1-z_1\bar{z}_3)-z_2\bar{z}_3)$，従って，$\rho(D_1)=\{(z_1;z_2;z_3)|\sqrt{-1}(z_3\bar{z}_1-z_1\bar{z}_3)-z_2\bar{z}_2>0\}$ となる．同様にして，$\rho(D_0)=\{(z_1;z_2;z_3)|z_1\bar{z}_1+z_2\bar{z}_2-z_3\bar{z}_3<0\}$ が成立つ．一方，エルミート形式 $\theta_1=-\sqrt{-1}(z_3\bar{z}_1-z_1\bar{z}_3)+z_2\bar{z}_2$ の固有値は $\{1, 1, -1\}$ である．何故なら，θ_1 に対応する行列 A は $A=\begin{pmatrix} 0 & 0 & \sqrt{-1} \\ 0 & 1 & 0 \\ -\sqrt{-1} & 0 & 0 \end{pmatrix}$ であるから，容易に固有方程式が $(1-\lambda^2)(1-\lambda)=0$ であることがわかる．エルミート形式 $\theta_0=z_1\bar{z}_1+z_2\bar{z}_2-z_3\bar{z}_3$ も固有値は $\{1, 1, -1\}$ であるから，θ_0 と θ_1 とは正則行列 M で互いに変換される．従って，M から導かれる射影変換 ψ: $P^2(\boldsymbol{C})\to P^2(\boldsymbol{C})$ によって，$\psi(\rho(D_0))=\rho(D_1)$ が得られ，$\rho(D_0)\simeq\rho(D_1)$，従って $D_0\simeq D_1$ が成立つ．　(証終)

補題 14.21　$\sigma\in\mathrm{Aut}(D_1)$ が $(d\sigma)X_i=X_i$ $(i=1, 2, 3, 4)$ をみたせば，$\sigma=1_{D_1}$ である．ただし，X_i は命題 14.1 の $\mathfrak{g}_1$ の基である．

証明　$\sigma(z, w)=(\Psi_1(z, w), \Psi_2(z, w))$ とする．$(d\sigma)(\partial/\partial z)=\partial\Psi_1/\partial z\cdot\partial/\partial z+\partial\Psi_2/\partial z\cdot\partial/\partial w=\partial/\partial z$ であるから，$\partial\Psi_1/\partial z=1$，$\partial\Psi_2/\partial z=0$．従って $\Psi_2(z, w)$

$=\Phi(w), \Psi_1(z,w)=z+F(w)$と書ける．また，$(d\sigma)X_3=X_3$ より，$\partial\Phi/\partial w=1$, $\sqrt{-1}w\circ\sigma^{-1}+[\partial\Psi_1/\partial w]_{\sigma^{-1}(z,w)}=\sqrt{-1}w$．従って，

$$\sqrt{-1}w+F'(w)=\sqrt{-1}\Phi(w) \tag{14.14}$$

が得られる．同様にして，$(d\sigma)X_4=X_4$ より

$$\sqrt{-1}F'(w)+w=\Phi(w) \tag{14.15}$$

が得られるから，(14.14) と (14.15) より，$2F'(w)=0$．従って，$\Phi(w)=w$, $F(w)=\alpha\in\boldsymbol{C}$ を得る．次に，$(d\sigma)X_2=X_2$ より $\alpha=0$ が導かれる．よって $\sigma(z,w)=(z,w)$．（証終）

我々の等質有界領域 D は，$\mathfrak{g}(D)\simeq\mathfrak{g}_1$ であるから，D_1 に局所同型であって，さらに，補題 14.20 により，D_1 は単連結で，かつ定理 13.5 の条件をみたしている．従って，$D\simeq D_1$ が得られた．$\mathfrak{g}(D)=\mathfrak{g}_2$ の場合も同じ D_1 を用いて，$\mathfrak{g}_1$ の場合と同様に議論ができ，$D\simeq D_1$ を結論できる．$D_1\simeq D_0$ であったから $D\simeq D_0$.

一方，2次元対称有界領域は，単位円板の直積か，2次元単位球に限ることが知られているので，結局次の定理が証明された．

定理 14.3　C^2 の等質有界領域は対称領域であって，複素2次元単位球または，単位円板の直積に同型である．

問題解答のヒント

1.3 $\xi\in K$ と十分小な s を固定し，$y(t)=\Phi_t(\Phi_s(\xi))$，$z(t)=\Phi_{t+s}(\xi)$ とおくと，$y(0)=\Phi_s(\xi)=z(0)$，$dy/dt=f(y(t))$，$dz/dt=f(z(t))$．よって解の一意性より $y(t)=z(t)$ を得る．

2.2 $0\neq v_1\in V$ をとり，$v_2=f(v_1)$ とおくと，v_1，v_2 は一次独立，$V\neq\{v_1, v_2\}_{\boldsymbol{R}}$ なら $v\in V$，$v\notin\{v_1, v_2\}_{\boldsymbol{R}}$ をとり，$v_4=f(v_3)$ とおくと v_1, v_2, v_3, v_4 は一次独立．以下この操作をくりかえす．

2.3 n についての帰納法．$f(v)=0$ なる $0\neq v\in V$ がとれるから $V/\{v\}_{\boldsymbol{R}}=\bar{V}$ とおく．$\bar{f}:\bar{V}\to\bar{V}$ が $\bar{f}(\bar{w})=\overline{f(w)}$ $(\bar{w}\in\bar{V})$ によって定義できて，$\bar{f}^m=0$．$\bar{f}$ に対し帰納法の仮定を用いる．

3.4 $x_0\in M$ を固定し，$M'=\{y\in M|\,\exists x_1, \cdots, x_N=y,\ (x_i, x_{i+1})\in D\ (i=0, \cdots, N-1)\}$ とおく．M' が M の中の開かつ閉集合であることを言えばよい．

4.6 $\bar{U}$ がコンパクトな開集合 U で，$U\supset K$ なるものをとる．$\bar{U}$ に対し $\varepsilon>0$ がとれ $\bar{U}$ 上の1径数局所変換群 $\{\Phi_t\}$ $(|t|<\varepsilon)$ が X から生成される．$\Phi_t(p)=p$ $(p\in M-K, t\in\boldsymbol{R})$ とおくと $\{\Phi_t\}$ $(|t|<\varepsilon)$ は M 上の X によって生成された変換群である．

4.7 $M=\boldsymbol{R}^n$ なら1径数群 $\{\Phi_t\}$ が存在して $\Phi_1(p)=q$ とできる．一般の場合，まず十分小さい連結座標近傍 U に入る2点 p, q に対し，U の外では 0 となるベクトル場の生成する1径数群 $\{\Phi_t\}$（前問）を用いて $\Phi_1(p)=q$ をみたすようにする．任意の2点 p, q に対しては，$p=p_0, p_1, \cdots, p_N=q$ なる点 p_1 をとり $\Phi_1{}^{(i)}(p_1)=p_{i+1}$ $(i=0, 1, \cdots, N-1)$ なる $\Phi_t{}^{(i)}$ がとれるようにし，$\Phi=\Phi_1{}^{(N-1)}\circ\cdots\circ\Phi_1{}^{(0)}$ を考えればよい．

5.1 M を $\boldsymbol{R}^2$ とし，M' を $\boldsymbol{R}^2$ の中の8の字型の曲線とする M' に適当な C^∞ 構造を入れよ．

6.1 （2）$(a_{ij})\to\sum a_{ij}x_j\cdot\partial/\partial x_j$ なる対応を考えよ．

6.2（1）は容易．（2）$X_1=\begin{pmatrix} i & 0 \\ 0 & 0 \end{pmatrix}$，$X_2=\begin{pmatrix} i & 0 \\ 0 & -i \end{pmatrix}$，$X_3=\begin{pmatrix} 0 & 1 \\ -1 & 0 \end{pmatrix}$，$X_4=\begin{pmatrix} 0 & i \\ i & 0 \end{pmatrix}$ とおくと，$X_1, \cdots, X_4$ は $\mathfrak{g}$ の基となり，$[X_1, X_2]=0$，$[X_1, X_3]=X_4$，$[X_1, X_4]=-X_3$，$[X_2, X_3]=2X_4$，$[X_2, X_4]=-2X_3$，$[X_3, X_4]=2X_2$．いま $\mathfrak{h}$ の基 Y_1, Y_2, Y_3 を $X_1, \cdots, X_4$ を用いてあらわすと，もし $\mathfrak{h}\neq\mathfrak{g}\frown\mathfrak{sl}(2, \boldsymbol{C})$ ならば，$Y_1=X_1+a_2X_2+a_3X_3+a_4X_4$，$Y_2=b_2X_2+b_3X_3+q_4X_4$，$Y_3=c_3X_3+c_4X_4$ としてよい．（i）$b_2\neq0$ なら $b_2=1$ としてよ

く，この場合，$c_3 \neq 0$ のときと $c_3=0$ のときにわけて，いずれの場合も起らないことを示す．(ii) $b_2=0$ なら $Y_2=X_3$, $Y_3=X_4$ としてよく，$[Y_2, Y_3]=2X_2 \in \mathfrak{h}$ より $X_2 \in \mathfrak{h}$ となり，$X_1 \in \mathfrak{h}$ がわかって，$\mathfrak{h}=\mathfrak{g}$ となり，$\dim \mathfrak{h}=3$ に反する．

7.3 $d \in D$ を固定し，$\Phi: G \to G$ を $\Phi(g)=gdg^{-1}d^{-1}$ で定義すると $\Phi(G) \subset D$ は連結かつディスクリート．よって $\Phi(G)=\{e\}$．ゆえに $g \cdot d=d \cdot g$.

7.5 $\iota: G \to G$, $\iota(g)=g^{-1}$ が連続であることを言うのに，M のコンパクト性を用いる．

8.2 (1) $f:(R,0) \to (S^1,1)$ を $f(t)=e^{2\pi\sqrt{-1}t}$ で定義すると，f は被覆写像である．$\pi_1(S',1) \ni [\sigma]$ に対し，σ の f によるリフト $\tilde{\sigma}$ の終点 $\tilde{\sigma}(1)$ は整数である．$\varphi([\sigma])=\tilde{\sigma}(1)$ により同型 $\varphi: \pi_1(S^1,1) \to \boldsymbol{Z}$ がひきおこされる．(2) S^n を北，南半球の和であらわし，n についての帰納法で証明する．

9.1 $GL(n, \boldsymbol{C}) \subset \boldsymbol{C}^{n \times n}$ と考える．$\boldsymbol{C}^{n \times n}$ の座標を (z_{ij}) $(i, j=1, \cdots, n)$ とし，$z_{ij}=x_{ij}+\sqrt{-1}\,y_{ij}$ $(x_{ij}, y_{ij} \in \boldsymbol{R})$ とおく．$\mathfrak{g} \ni X$ に対し $a_{ij}=X_e(x_{ij})+\sqrt{-1}\,X_e(y_{ij})$ とおき，対応 $X \to (a_{ij}) \in \mathfrak{gl}(n, \boldsymbol{C})$ を考えればよい．

9.2 $X \in \mathfrak{gl}(m, \boldsymbol{C})$ に対し $\sum (1/n!) \cdot X^n$ はつねに収束する．$\theta(t)=\exp(tX)$ とおくと $\theta: R \to GL(n, \boldsymbol{C})$ は1径数部分群であって，$(d\theta)_0(d/dt)=X$ がわかる．

9.3 適当な $U \in GL(n, \boldsymbol{R})$ をとると $UAU^{-1}=\begin{pmatrix} 1 & & & & & \\ & \ddots & & & & \\ & & 1 & & & \\ & & & -1 & & \\ & & & & \ddots & \\ & & & & & -1 \end{pmatrix}$ の型にできる．$\det A=1$ であるから -1 の個数 $2k$ は偶数である．$Y=\begin{pmatrix} 1 & & & & & \\ & \ddots & & & & \\ & & 1 & & & \\ & & & J & & \\ & & & & \ddots & \\ & & & & & J \end{pmatrix}$ (J は k 個)，$J=\begin{pmatrix} 0 & \pi \\ -\pi & 0 \end{pmatrix}$ とおき，$X=UYU^{-1}$ とおけば，$A=\exp X$ である．

10.2 $r>1$ に対し $C_r=\{\zeta \in C \mid |\zeta|=r\}$ とおき，$F(z)=(1/2\pi i)\int_{C_r} f(\zeta\text{-}z)\,d\zeta/(\zeta-1)$ を考える．$\varphi(\zeta)=f(\zeta \cdot z)$ とおくと，$F(z)=(1/2\pi i)\int_{C_r} \varphi(\zeta)\,d\zeta/(\zeta-1)=\varphi(1)=f(z)$．一方，$|\zeta|>1$ なら，$1/(\zeta-1)=\sum_{n=0}^{\infty} 1/\zeta^{n+1}$ であるから，$F(z)=\sum (1/2\pi i)\int_{C_r} f(\zeta \cdot z)\,d\zeta/\zeta^{n+1}$ となる．よって，$P_n(z)=(1/2\pi i)\int_{C_r} f(\zeta \cdot z)\,d\zeta/\zeta^{n+1}$ とおくと，$f(z)=F(z)=\sum P_n(z)$ となる．$P_n(z)$ が z の k 次斉次多項式となることは $P_n(e^{i\theta}z)=e^{in\theta}P_n(z)$ $(\theta \in R)$ なることよりわかる．

また $\zeta=re^{i\theta}$ とおくと，$P_n(z)=(1/2\pi i)\int_0^{2\pi}f(re^{i\theta}\cdot z)ie^{i\theta}rd\theta/(r^{n+1}e^{i(n+1)\theta})=(1/2\pi)\int_0^{2\pi}e^{-ni\theta}f(re^{i\theta}\cdot z)d\theta/r^{n+1}$ となる．ここで，$r\to 1$ とすればよい．

10.3　この問題は非常にむずかしい．参考書［10］を見られたい．

11.1　左辺から右辺を引いたものを $S(X,Y)$ とおくと，任意の $f,g\in C^\infty(M)$ に対し，$S(fX,gY)=f\cdot gS(X,Y)$, $S(X+X',Y)=S(X,Y)+S(X',Y)$, $S(X,Y)=S(Y,X)$ 等がわかるので，$X=\partial/\partial x_i$, $Y=\partial/\partial y_j$ に対し，$S(X,Y)=0$ を言えば十分である．これは J の定義から殆んど明か．

11.2　定理 5.1 の証明と大体平行に証明される．

参　考　書

本書を書くにあたって参考とした文献，および本書に続いて読むとよい本等について，本文の補足もかねて注意を記したい．

1～9 章については次の本を参考とした．

［1］ 松島与三：多様体入門，裳華房 (1962).

［2］ 村上信吾：多様体，共立出版 (1969).

［3］ Narashimhan, R. : Analysis on real and complex manifolds, Masson, Paris (1968).

［4］ Helgason, S. : Differential geometry and symmetric spaces, Acad. Press, New York (1962).

［5］ Chevalley, C. : Theory of Lie groups, Princeton Univ. Press, Princeton (1946).

［6］ Pontrjagin, L. : Topological groups, Princeton Univ. Press, Prinrceton (1946).

［7］ Greenberg, M. : Lectures on Algebraic topology, Benjamin, New York (1967).

1～2 章で用いた行列式の性質および 14 章で用いたエルミート形式については，次の本を参考にされたい．

［8］ 佐武一郎：行列と行列式，裳華房 (1958).

10 章については，

［9］ Gunning, R. C.-Rossi, H. : Analytic functions of several complex variables Prentice-Hall, Englewood Cliffs (1965).

［10］ Hervé, M. : Several complex variables, Oxford Univ. Press, Oxford (1963).

を参考にされたい．この章で用いた 1 変数関数論については，次の本を参考にされたい．

［11］ 能代　清：初等函数論，培風館 (1954).

11 章については［4］Chap. VIII を参考にした．

12 章では，

［12］ Cartan, H : Sur les groupes de transformations analytiques, Hermann, Paris (1935).

［13］ Cartan, H. : Les fonctions de plusieurs variables complexes, Math. Zeitschr. 35 (1932), 760-773.

の主要部分を紹介した．ただ，定理 12.4 の証明中に用いた，局所リー変換群の存在についてのリーの基本定理は，紙数の関係上証明できなかったので［6］Chap XI を参照されたい．

13～14 章では，有界領域についての古典とも言うべき有名な論文

[14] Cartan, E. : Sur les domaines bornés homogènes de l'espace de n variables complexes, Abh. Math. Seminar Hamburg 11 (1935), 116-162.

の Chap. I, III を紹介した．原論文の読みづらさを幾分でも緩和するよう努力したが，証明を克明に追うのは，かなり骨が折れるかも知れない．

有界領域について，もっと勉強されたい方は，

[15] Piateskii-Shapiro : Geometry of classical domains and theory of automorphic functions, Fizmatgiz, Moscow (1961).

[16] Kaup, W.—Matsushima, Y.—Ochiai, T. : On the automorphisms and equivalences of generalized Siegel domains, Amer. J. of Math. 92 (1970), 475-498.

[17] Vey, J. : Sur la division des domaines de Siegel, Ann. Ec. Norm. Sup. 3 (1970), 479-506.

を読まれるとよいと思う．

終りに，有界領域以外の分野の微分解析幾何学の“入門書”の出現を期待したい．

索　　引

ア　行

カ　行

サ 行

タ 行

著者略歴

森本明彦（もりもとあきひこ）

1927年　大阪市に生れる
1951年　東京大学理学部卒業
現　在　名古屋大学名誉教授・理学博士

基礎数学シリーズ17
微分解析幾何学入門　　定価はカバーに表示

1972年5月25日　初版第1刷
2004年12月1日　復刊第1刷

著　者　森　本　明　彦
発行者　朝　倉　邦　造
発行所　株式会社　朝　倉　書　店
東京都新宿区新小川町6-29
郵便番号　162-8707
電　話　03(3260)0141
FAX　03(3260)0180
http://www. asakura. co. jp

〈検印省略〉

中央印刷・渡辺製本

ISBN 4-254-11717-5　C 3341　　Printed in Japan